职业教育工学一体化教学精品教材

普通车工一体化

公茂金　朱俊达　主　编
郝风伦　高保香　副主编
徐　桃　解纯玉　杨　超
张建利　李　阳　刘　涛　参　编

电子工业出版社
Publishing House of Electronics Industry
北京·BEIJING

内 容 简 介

为了更好地适应职业院校数控专业的教学要求，提升教学质量，在充分调研企业生产和学校教学情况、广泛听取教师反馈意见的基础上，吸收和借鉴各地职业技术院校教学改革的成功经验，对车工工艺和技能训练内容进行了整合，编写了本书。本书主要内容包括车削基础知识、车外圆柱面、车内圆柱面、车槽和切断、加工套类零件、车内外圆锥面、加工螺纹、车成形面和表面修饰、车偏心工件等。全书在内容上突出新知识、新技术、新设备、新材料等，体现教材的先进性；采用最新的国家技术标准，使内容更加科学和规范。

全书内容翔实、图文并茂，可作为技师类院校和职业院校一体化教学的教学用书，也可供广大车工、技术人员和科技工作者参考。

未经许可，不得以任何方式复制或抄袭本书之部分或全部内容。
版权所有，侵权必究。

图书在版编目（CIP）数据

普通车工一体化/公茂金，朱俊达主编. —北京：电子工业出版社，2017.8
ISBN 978-7-121-31789-7

Ⅰ．①普… Ⅱ．①公… ②朱… Ⅲ．①车削－中等专业学校－教材 Ⅳ．①TG510.6

中国版本图书馆 CIP 数据核字（2017）第 129506 号

策划编辑：王昭松
责任编辑：康　霞
印　　刷：三河市良远印务有限公司
装　　订：三河市良远印务有限公司
出版发行：电子工业出版社
　　　　　北京市海淀区万寿路 173 信箱　邮编　100036
开　　本：787×1 092　1/16　印张：15.75　字数：403.2 千字
版　　次：2017 年 8 月第 1 版
印　　次：2023 年 8 月第 8 次印刷
定　　价：36.00 元

凡所购买电子工业出版社图书有缺损问题，请向购买书店调换。若书店售缺，请与本社发行部联系，联系及邮购电话：（010）88254888，88258888。
质量投诉请发邮件至 zlts@phei.com.cn，盗版侵权举报请发邮件至 dbqq@phei.com.cn。
本书咨询联系方式：（010）88254015；wangzs@phei.com.cn；QQ：83169290。

前　言

为了更好地适应全国中等职业技术学校数控专业的教学要求，全面提升教学质量，在充分调研企业生产和学校教学情况、广泛听取教师对现有教材使用情况的反馈意见的基础上，我们吸收和借鉴各地职业技术院校教学改革的成功经验，对现有全国中等技术学院机械类通用教材中的车工工艺学、技能训练教材进行整合编写了本书。

本书的特色主要体现在以下几个方面：

第一，合理定位工艺学和技能训练两种教材的配合关系。

根据学校实际教学开展情况，进一步梳理了各种对应工艺学和技能训练教材的配合关系，在教学内容设计上力求同步，充分发挥工艺教学对技能训练的支撑作用，使工艺学和技能训练两种教材既可单独使用，也可配套使用，从而适应不同学校工学一体化教学模式的需要。

第二，及时更新教材内容。

根据企业岗位的需要和教学实际情况的变化，确定学生应具备的能力与知识结构，对部分教材内容及其深度、难度做了适当调整；根据相关专业领域的最新发展，在教材中充实新知识、新技术、新设备、新材料等方面的内容，体现教材的先进性；采用最新国家技术标准，使教材更加科学和规范。

第三，做好与职业技能鉴定要求的衔接。

本书的编写以 2009 年修订的《车工国家职业技能标准》为依据，涵盖了《国家职业技能标准（中级）》的知识和技能要求。

第四，精心设计教材形式。

在教材内容的呈现形式上，尽可能使用图片、实物照片和表格等形式将知识点生动地展示出来，力求让学生更直观地理解和掌握所学内容。尤其是在插图的制作中采用了立体造型技术，增强了表现力。

本书主要内容包括车削基础知识、车外圆柱面、车内圆柱面、车槽和切断、加工套类零件、车内外圆锥面、加工螺纹、车成形面和表面修饰、车偏心工件等。

本书由公茂金、朱俊达任主编，郝风伦、高保香任副主编，徐桃、解纯玉、杨超、张建利、李阳、刘涛参与编写。

编　者

目 录

项目1 车削基础知识 ··· 1
 任务1-1 认识车削 ··· 1
 任务1-2 车床的润滑和日常维护 ··· 9
 任务1-3 车削运动和操纵车床 ·· 18
 任务1-4 装卸三爪自定心卡盘的卡爪 ··· 28

项目2 车外圆柱面 ·· 32
 任务2-1 认识车刀 ··· 32
 任务2-2 选择车阶台轴用车刀 ·· 43
 任务2-3 车刀的刃磨 ·· 49
 任务2-4 常用量具 ··· 56
 任务2-5 手动车削体验 ··· 65
 任务2-6 车削阶台轴 ·· 74

项目3 车槽和切断 ·· 82
 任务3-1 车槽 ··· 82
 任务3-2 切断 ··· 98

项目4 加工套类零件 ··· 105
 任务4-1 刃磨麻花钻及钻孔 ··· 105
 任务4-2 扩孔 ··· 118
 任务4-3 车孔 ··· 124

项目5 车内外圆锥面 ··· 134
 任务5-1 车外圆锥面 ·· 134
 任务5-2 车内圆锥面 ·· 146

项目6 加工螺纹 ··· 152
 任务6-1 车螺纹的准备 ··· 152
 任务6-2 车普通外螺纹 ··· 166
 任务6-3 用圆板牙套外螺纹 ··· 176
 任务6-4 高速车普通外螺纹 ··· 183
 任务6-5 低速车普通内螺纹 ··· 191
 任务6-6 车梯形螺纹 ·· 201

项目 7　滚花、车成形面和车偏心工件 ··· 215

　　任务 7-1　滚花 ·· 215

　　任务 7-2　双手控制法车成形面 ·· 225

　　任务 7-3　在三爪自定心卡盘上车偏心工件 ·· 238

参考文献 ··· 246

车削基础知识

任务 1-1 认识车削

学习目标

(1) 了解车削在机械制造业中的地位。
(2) 了解车削的基本内容,判断车削的工件种类。
(3) 参观了解常用车削设备,体验车间生产氛围,提高学习兴趣。
(4) 了解本课程的性质。
(5) 重视安全文明生产。

问题与思考

车工是国家重要的技能人才。在车床上能车削出多种类型的工件,这些工件的形状都有哪些共同特点?车削与机械制造业中的钻削、铣削、刨削、磨削等加工方法相比较,又有哪些特点呢?

工作任务

要熟练地操作车床,首先要认识车床。本任务就是要带领大家参观车削实训车间,体验车间生产氛围,认识进行机械制造应用最广泛的设备——车床,了解车削的应用范围及加工特点,了解本课程的学习内容。

预备知识

一、车削在机械制造业中的地位

步入机械制造实习车间,是一台台各种各样的高速旋转的机床设备,学生在老师的指导下操纵着这些机器。这些高速旋转的机器,也就是通常讲的金属切削机床,如车床、铣床、磨床、钻床、数控车床、加工中心机床等。通常情况下,在机械制造企业中,车床占机床总

数的 30%～50%。操纵这些机床的分别有车工（见图 1-1-1（a））、铣工、磨工、钳工、数控车工和加工中心操作工等职业（工种），其中车工是最重要的职业（工种）之一。

车工是操作车床，进行工件旋转表面切削加工的一个职业（工种）。车削（见图 1-1-1（b））在机械制造业中占有举足轻重的地位。

（a）车工

（b）车削

图 1-1-1 车工和车削

二、车削的基本内容

车削的加工范围很广，就其基本内容来说，有车端面、车外圆、切断和车槽、钻中心孔、钻孔、车孔、铰孔、车圆锥、车成形面、滚花、车螺纹、车复杂工件和车细长轴等，如表 1-1-1 所示。

如果在车床上装上一些附件和夹具，还可进行镗削、磨削、研磨和抛光等。

表 1-1-1 车削的基本内容

| 车端面 | 车外圆 |
| 切断和车槽 | 钻中心孔 |

项目1 车削基础知识

续表

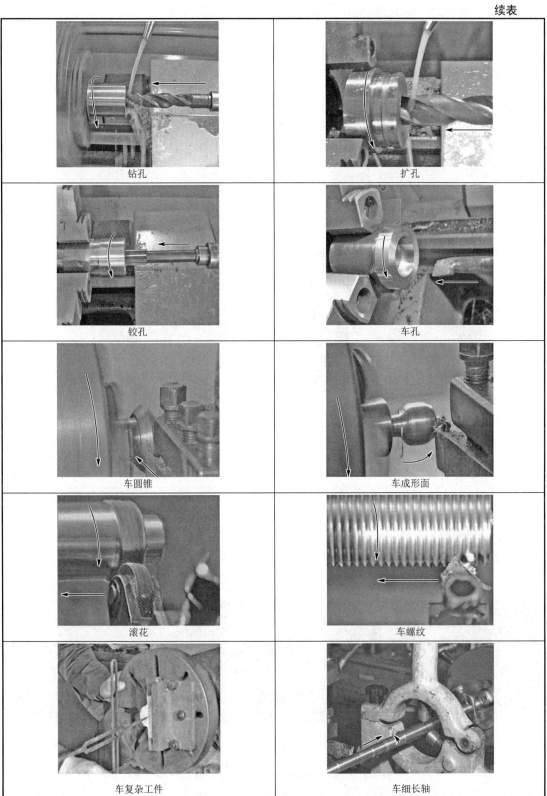

钻孔	扩孔
铰孔	车孔
车圆锥	车成形面
滚花	车螺纹
车复杂工件	车细长轴

三、《车工工艺与技能》课程的性质

《车工工艺与技能》是根据技术上先进、经济上合理的原则,研究将毛坯车削成合格工件的加工方法和过程的一门技术和学科。它是中等职业技术学校机械类车工专业集工艺理论知识和技能训练方法于一体的专业课,是广大车工、技术人员和科技工作者在长期的车削实践中通过不断总结、长期积累、逐步升华而成的车工专业工艺与技能一体化课程。

四、车削时的安全操作规程

(1)车削时应穿工作服、戴套袖,不要系领带。长发的同学应戴工作帽,将长发塞入帽子里。夏季禁止穿裙子和凉鞋上机操作(见图1-1-2)。在车床上操作不允许戴手表、手套和戒指等。

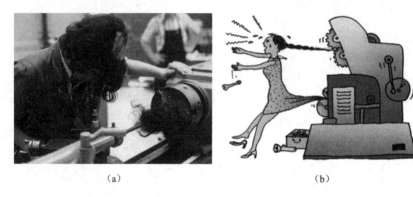

(a)　　　　　　　　　　　(b)

图1-1-2　长发和裙子会被机床卷入而造成伤害

(2)车削时,头不能离工件太近,以防止切屑飞入眼中。为防止切屑崩碎飞散伤人,必须戴防护眼镜。

(3)车削时,必须集中精力,注意手、身体和衣服不能靠近正在旋转的机件(如工件、带轮、胶带、齿轮等)。

(4)工件和车刀必须装夹牢固,以防飞出伤人。卡盘必须装有保险装置(见图1-1-3)。工件装夹好后,卡盘扳手必须随即从卡盘上取下(见图1-1-4)。

(5)装卸工件、更换刀具、测量工件尺寸及变换速度时,必须先停机(见图1-1-5)。

图1-1-3　卡盘的保险装置　　图1-1-4　取下卡盘扳手　　图1-1-5　先停机后变换速度

(6)车床运转时,不得用手去触摸工件表面;尤其是加工螺纹时,严禁用手触摸螺纹,以免伤手。严禁用棉纱擦回转中的工件。不准用手去刹转动着的卡盘。

（7）应用专用铁钩清除切屑，绝不允许用手直接清除。

（8）棒料毛坯从主轴孔尾端伸出不能太长，并应使用料架（见图1-1-6）或挡板，防止甩弯后伤人。

（9）不要随意拆装电气设备，以免发生触电事故。

（10）切削液对人的皮肤有刺激作用，经常接触可能会引起皮疹或感染。应尽量少接触这些液体，如果无法避免，接触后要尽快洗手。

（11）一定时间、一定强度的噪声会对听觉造成永久性损伤，因此可以佩戴降噪耳塞（见图1-1-7）等听力保护装置。

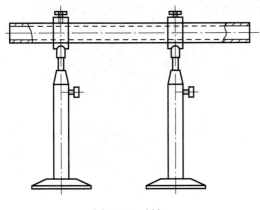

图1-1-6　料架

图1-1-7　降噪耳塞

（12）工作中若发现机构、电气装备有故障，应及时申报，由专业人员检修。未修复不得使用。

任务实施

组织学生进行一次车工一体化车间参观活动。

一、做好安全防护

日常的安全防护措施如表1-1-2所示。

表1-1-2　安全防护

序号	内容	图示
1	穿好工作服、戴好安全帽	扣紧风纪扣　扣紧袖口

续表

序号	内容	图示
2	戴好防护眼镜	
3	穿好工作鞋	

二、参观车削实训车间，体验车削氛围

步入车工一体化车间，看到的是一台台各式各样正在旋转的车床，学生在老师的指导下操作这些机器，如图 1-1-8 所示。

图 1-1-8　车削实训车间

三、认识最常用的车床——卧式车床

卧式车床的外形结构如图 1-1-9 所示。

项目1　车削基础知识

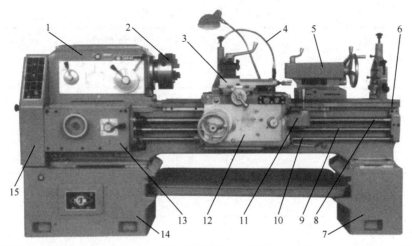

1—主轴箱；2—卡盘；3—刀架部分；4—冷却、照明装置；5—尾座；6—床身；7、14—床脚；8—丝杠；
9—光杠；10—操纵杆；11—快移机构；12—溜板箱；13—进给箱；15—交换齿轮箱

图 1-1-9　CA6140 型卧式车床

四、观赏车削实习作品

在参观生产设备时，可同时参观历届学生的车削实习作品（见图 1-1-10），并填写表 1-1-3 所示的参观记录表。

图 1-1-10　车削实习作品

表 1-1-3　现场参观记录表

参观单位		参观时间	年　月　日
所参观的车间里有哪些主要部门和科室			
参观时接触了哪些人员			
所见到的车床型号	车 床 名 称	加 工 内 容	
和同学们一起谈一谈这次参观的见闻、体会和收获			
谈一谈自己对车削的认识，以及对未来将从事这一职业的感想和展望			
指导教师签字：			

任务测评

请将参观情况填入表 1-1-4。

表 1-1-4　参观情况记录表

工作内容	完成情况	存在问题	改进措施
防护用品的穿戴			
组织纪律			
车床结构的组成及用途			
指导教师评价	指导教师：　　　　　年　月　日		

课后小结

（根据参观情况进行课后小结）

_____
_____
_____
_____
_____

任务1-2 车床的润滑和日常维护

学习目标

（1）能够独立完成启动车床前和结束操作前应做的工作。
（2）了解车床润滑和维护保养的重要意义。
（3）掌握车床日常注油部位和注油方式。
（4）掌握车床润滑和维护保养的方法。

问题与思考

人每天都要摄取足够的营养，汽车也需要定期保养，车床需要保养吗？怎样去保养呢？

工作任务

爱护车床是操作者应具备的品质。要培养人机感情，应从坚持车床的日常维护与保养开始，首先要做的就是对车床的润滑。

对车床的所有摩擦部位进行润滑是为了保证车床的正常运转，降低磨损和功率损失，延长使用寿命。

本任务将带领大家完成对CA6140型车床的润滑操作，从而了解车床日常清洁、维护、保养的部位及车床的润滑情况，养成文明生产的习惯。

预备知识

一、车削时的文明生产

（1）启动车床前应做的工作如下。
① 检查车床各机构及防护设备是否完好。
② 检查各手柄是否灵活，其空挡或原始位置是否正确。
③ 检查各注油孔，并进行润滑。
④ 使主轴低速空转1～2min，待车床运转正常后才能工作；若发现车床有故障，应立即停机、申报检修。
（2）主轴变速必须先停机，变换进给箱手柄应在低速或停机状态下进行。为保持丝杠的精度，除车削螺纹外，不能使用丝杠进行机动进给。
（3）工具、夹具及量具等工艺装备的放置要稳妥、整齐、合理，有固定的位置，便于操作时取用，用后应放回原处。要便于操作时取用，稳妥、整齐、合理。主轴箱盖上不应放置任何物品，如图1-2-1所示。
（4）工具箱应分类摆放物件。精度高的工具应放置稳妥，重物放下层，轻物放上层。不可随意乱放，以免工具损坏和丢失。
（5）正确使用和爱护量具。经常保持清洁，用后擦净、涂油，然后放入盒内，并及时归还工具室，如图 1-2-2 所示。所使用量具必须定期校检，以保证其度量准确。

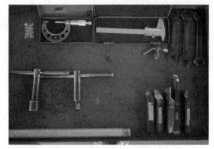

图 1-2-1　工艺装备的摆放　　　　　　　图 1-2-2　量具放入盒内

（6）不允许在卡盘及床身导轨上敲击或校直工件，床面上不准放置工具或工件。装夹、找正较重工件时，应用木板保护床面，如图 1-2-3 所示。下班时若工件不卸下，应用千斤顶支撑。

（7）车刀磨损后，应及时刃磨，不允许用钝刃车刀继续车削，以免增加车床负荷且损坏车床，从而影响工件表面的加工质量和生产效率。

（8）批量生产的零件，首件应送检。在确认合格后，方可继续加工。精车完的工件要注意防锈处理。

（9）毛坯、半成品和成品应分开放置。半成品和成品应堆放整齐、轻拿轻放，严防碰伤已加工表面。

（10）图样、工艺卡片应放置于便于阅读的位置，并注意保持其清洁和完整。

（11）使用切削液前，应在床身导轨上涂润滑油。若车削铸铁或气割下料的工件，应擦去导轨上的润滑油，如图 1-2-4 所示。铸件上的型砂、杂质应尽量去除干净，以免损坏床身导轨面。切削液应定期更换。

图 1-2-3　用木板保护床面　　　　　图 1-2-4　车削铸铁等工件时应擦去导轨上的润滑油

（12）工作场地周围应保持清洁整齐，以免杂物堆放，避免绊倒。

（13）结束操作前应做的工作如下：

① 将所用过的物件擦净归位。

② 清理机床，刷去切屑，擦净机床各部位的油污；按规定加注润滑油，如图 1-2-5 所示。

③ 将床鞍摇至床尾一端，各转动手柄放到空挡位置。

④ 把工作地打扫干净。

⑤ 关闭电源，如图 1-2-6 所示。

图 1-2-5 加注润滑油

图 1-2-6 关闭电源

二、车床的润滑方式

CA6140 型卧式车床的不同部位采用不同的润滑方式，常用以下几种。

1．浇油润滑

浇油润滑常用于外露的滑动表面，如床身导轨面和滑板导轨面等。一般用油壶（见图 1-2-7）进行浇油润滑。

2．溅油润滑

溅油润滑常用于密闭的箱体中，如车床主轴箱中的转动齿轮将箱底的润滑油溅射到箱体上部的油槽中，然后经槽内油孔流到各润滑点进行润滑。

图 1-2-7 油壶

3．油绳导油润滑

油绳导油润滑利用毛线既易吸油又易渗油的特性，通过毛线把油引入润滑点，间断地滴油润滑（见图 1-2-8（a）），常用于进给箱和溜板箱的油池中。一般用油壶对毛线和油池进行浇油。

4．弹子油杯润滑

弹子油杯润滑是指定期地用油壶端头油嘴压下油杯上的弹子将油注入。油嘴撤去，弹子又恢复原位，封住注油口，以防尘屑入内（见图 1-2-8（b）），常用于尾座、中小滑板上的摇动手柄及三杠（丝杠、光杠、开关杠）支架的轴承处。

5．油脂杯润滑

油脂杯润滑是指事先在油脂杯中加满钙基润滑脂（黄油），需要润滑时，拧紧油杯盖，则杯中的润滑脂就被挤压到润滑点（如轴承套）中去（见图 1-2-8（c）），常用于交换齿轮箱挂轮架的中间轴或不便经常润滑处。

6．油泵循环润滑

油泵循环润滑常用于转速高、需要大量润滑油连续强制润滑的场合。例如，主轴箱、进给箱内许多润滑点就采用这种方式。

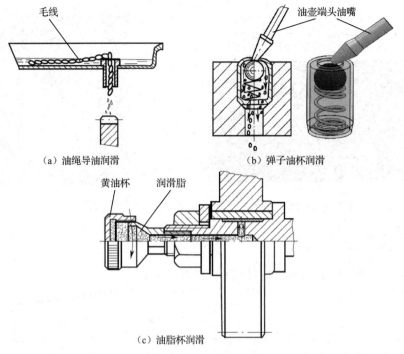

图 1-2-8　润滑的几种方式

三、车床的润滑系统和润滑要求

识读如图 1-2-9 所示的车床润滑系统标牌，可以了解 CA6140 型车床润滑系统的润滑部位、润滑周期、润滑要求和润滑剂牌号，归纳至表 1-2-1 中。

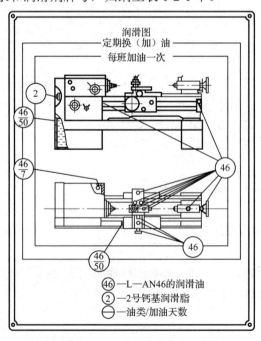

图 1-2-9　CA6140 型车床的润滑系统标牌

表 1-2-1　CA6140 车床润滑系统的润滑要求

周期	数字	意　义	符号	含　义	润滑部位	数量
每班	整数形式	"○"中数字表示润滑油牌号，每班加油1次	②	用 2 号钙基润滑脂进行脂润滑，每班拧动油杯盖 1 次	交换齿轮箱中的中间齿轮轴	1 处
			㊻	使用牌号为 L-AN46 的润滑油（相当于旧牌号的 30 号机械油），每班加油 1 次	多处，见图 1-2-9	13 处
经常性	分数形式	"$\frac{分子}{分母}$"中分子表示润滑油牌号，分母表示两班制工作时换（添）油间隔的天数（每班工作时间为 8h）	$\frac{46}{7}$	分子"46"表示使用牌号为 L-AN46 的润滑油，分母"7"表示加油间隔为 7 天	主轴箱后面电器箱内的床身立轴套	1 处
			$\frac{46}{50}$	分子"46"表示使用牌号为 L-AN46 的润滑油，分母"50"表示换油间隔为 50～60 天	左床脚内的油箱和溜板箱	2 处

任务实施

一、每天对车床进行润滑工作

1．操作准备

准备好所需工具，如棉纱、油枪、油壶、油桶、2 号钙基润滑脂（黄油）、L-AN46 的润滑油等，如图 1-2-10 所示。

图 1-2-10　加油工具

2．擦拭车床润滑表面

在加油润滑前，应用棉纱对将要润滑的表面擦净，否则将适得其反。擦拭车床润滑表面具体操作见表 1-2-2。

表 1-2-2　擦拭车床润滑表面

步　骤	图　例
用棉纱擦净小滑板导轨面	

续表

步　　骤	图　　例
用棉纱擦净中滑板导轨面	
用棉纱擦净尾座套筒表面	
用棉纱擦净尾座导轨面	
用棉纱擦净溜板导轨面	

3. 润滑内容

车床上每天要完成润滑内容，必须按照图 1-2-11 所示车床润滑点的分布，按照表 1-2-3 的顺序和要求进行。

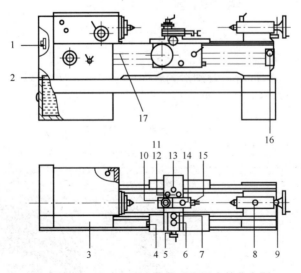

图 1-2-11　CA6140 型车床每天润滑点的分布图

表 1-2-3　车床每天的润滑内容

部　位	润　滑　点	方式	润　滑　步　骤	润滑油
主轴箱	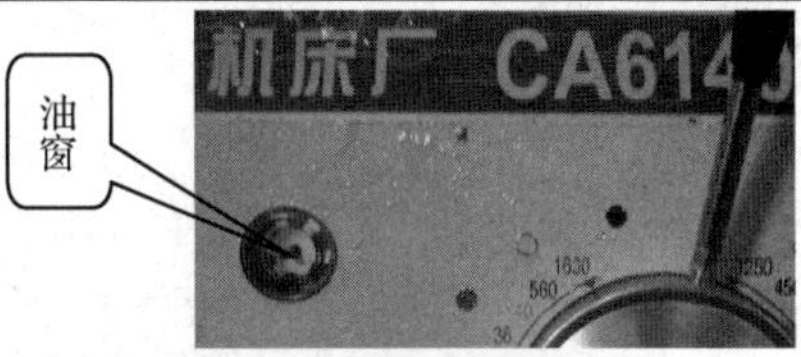  油窗／油管／齿轮／油泵	油泵循环润滑和溅油润滑	（1）启动电动机，观察主轴箱油窗内已有油输出 （2）电动机空转 1min 后箱内形成油雾，油泵循环润滑系统使各润滑点得到润滑，主轴方可启动 （3）如果油窗内没有油输出，说明润滑系统有故障，应立即检查断油原因 　一般原因是主轴箱后端三角形过滤器堵塞，应用煤油清洗	牌号 L-AN 46 的润滑油
进给箱和溜板箱	 油绳导油润滑／进给箱／溜板箱油标 	溅油润滑和油绳导油润滑	（1）观察进给和溜板箱油标内的油面不低于中心线；否则，应将油箱（润滑点 2,4）注入新润滑油 （2）使主轴低速空转 1～2min，从而使进给箱内的润滑油通过溅油润滑各齿轮；冬天尤其重要 （3）进给箱还要用进给箱上部的储油槽通过油绳导油润滑的方式润滑。每班应用油壶给储油槽（润滑点 3）加一次油	
三杠轴颈	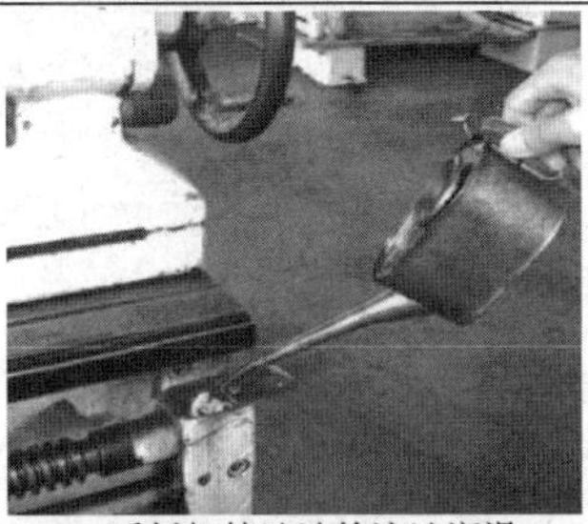 后托架储油池的注油润滑／弹子油杯润滑／丝杠左端的弹子油杯润滑 	油绳导油润滑和弹子油杯润滑	（1）丝杠、光杠及操纵杠的轴颈润滑是通过后托架储油池内的油绳导油润滑方式实现的，每班应用油壶给储油池（润滑点 16）加一次油 （2）用油壶对丝杠左端的弹子油杯（润滑点 17）进行注油润滑	

续表

部 位	润 滑 点	方式	润 滑 步 骤	润滑油
床鞍、导轨面和刀架部分	 （图示润滑点 13、12、10、7）	浇油润滑和弹子油杯润滑	（1）每班工作前、后都要擦净床身导轨和中小滑板燕尾导轨 （2）用油枪浇油润滑各导轨表面 （3）摇动中滑板手柄，露出油盒并打开油盒盖，用油枪注满油盒（润滑点 7）并盖好油盒盖 （4）每班应用油壶对刀架和中小滑板丝杠轴颈处的弹子油杯进行注油润滑（润滑点 5、6、10、11、12、13、14、15）	牌号 L-AN 46 的润滑油
尾座	 （图示润滑点 8、9）	弹子油杯润滑	每班用油壶对尾座上的弹子油杯（润滑点 8、9）进行注油润滑	
交换齿轮箱中间齿轮	 （图示中间齿轮轴）	油脂杯润滑	每班把交换齿轮箱中的中间齿轮轴轴头的螺塞拧动一次，使轴内的润滑脂供应到轴与套之间进行润滑（润滑点 1）	2 号钙基润滑脂

二、完成车床的日常保养

为了保证车床的加工精度、延长其使用寿命、保证加工质量、提高生产效率，车工除了能熟练地操作机床外，还必须学会对车床进行合理的维护、保养。车床的日常保养内容参见车削文明生产要点。

 任务测评

请将操作情况填入表 1-2-4。

表 1-2-4　操作情况记录表

工作内容	完成情况	存在问题	改进措施
车床表面的洁净			
注油孔的识别			
注油的选择			
安全文明操作			
劳动态度			
指导教师评价	指导教师：　　　　　　年　　月　　日		

课后小结

（根据实操完成情况进行小结）

_____
_____
_____
_____
_____
_____
_____
_____
_____
_____
_____
_____
_____
_____
_____

任务 1-3　车削运动和操纵车床

学习目标

（1）掌握车削运动。
（2）能指出车削时工件上形成的表面。
（3）熟悉车床手柄和手轮的位置及用途。
（4）具备车床空运转的操作技能。

问题与思考

车床是一种重要的加工机床。车削时工件相对于刀具旋转，刀具沿工件轴线纵向或横向运动，从而完成对工件的加工。车床是怎样加工各种回转表面和回转体端面的呢？

工作任务

操作车床前，首先要熟练操作车床上的各个操作手柄，以及熟悉各个手柄的作用。本任务将带领学生了解车床各操作机构并掌握其操作方法，从而加深对车床的认识。

预备知识

一、车削运动

车削时，为了切除多余的金属，必须使工件和车刀产生相对车削运动。按运动的作用不同，车削运动可分为主运动和进给运动两种，如图 1-3-1 所示。

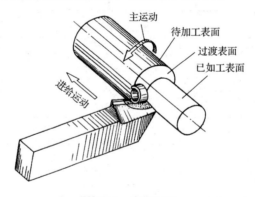

图 1-3-1　车削运动

1. 主运动

机床的主运动消耗机床的主要动力。车削时，工件的旋转运动是主运动。通常主运动的速度较高。

2. 进给运动

进给运动是使工件的多余材料不断被去除的切削运动，如车外圆时的纵向进给运动，车端面时的横向进给运动等。图 1-3-1 所示的进给运动为纵向进给运动。

二、工件上形成的表面

车削时，工件上会形成已加工表面、过渡表面和待加工表面，如图 1-3-2 所示。

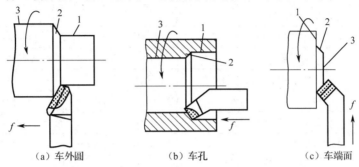

（a）车外圆　　　　　　　（b）车孔　　　　　　　（c）车端面

1—已加工表面；2—过渡表面；3—待加工表面

图 1-3-2　车削时工件上的三个表面

1. 已加工表面
工件上经车刀车削后产生的新表面为已加工表面。

2. 过渡表面
工件上由切削刃正在形成的那部分表面为过渡表面。

3. 待加工表面
工件上有待切除的表面为待加工表面。

图 1-3-2 所示为车外圆、车孔和车端面时，工件上形成的三个表面。

三、CA6140 型车床的操作手柄

在加工工件之前，首先应熟悉车床手柄和手轮的位置及用途（表 1-3-1），然后再练习其基本操作。

表 1-3-1　车床的操作手柄

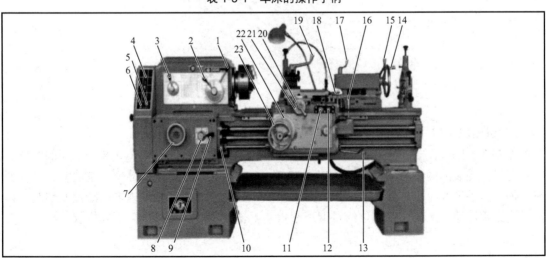

续表

图上编号	名　称	图上编号	名　称
1，2	主轴变速（长、短）手柄	15	尾座快速紧固手柄
3	加大螺距及左、右螺纹变换手柄	16	机动进给手柄及快速移动按钮
4	电源总开关（有开和关两个位置）	17	尾座套筒固定手柄
5	电源开关锁（有1和0两个位置）	18	小滑板移动手柄
6	冷却泵总开关	19	方刀架转位及固定手柄
7，8	进给量和螺距变换手轮、手柄	20	中滑板手柄
9	螺纹种类及丝杠、光杠变换手柄	21	中滑板刻度盘
10，13	主轴正/反转操纵手柄	22	床鞍刻度盘
11	停止（或急停）按钮（红色）	23	床鞍手轮
12	启动按钮（绿色）	24	小滑板刻度盘（见图1-3-6）
14	尾座套筒移动手轮	25	照明开关（见图1-3-7）

图1-3-3　CA6140型车床的主轴变速操作手柄

1．主轴箱手柄

（1）车床主轴变速手柄。车床主轴的变速通过改变主轴箱正面右侧两个叠套的长、短手柄1、2的位置来控制。外面的短手柄2在圆周上有6个挡位，每个挡位都有由4种颜色标志的4级转速；里面的长手柄1除有两个空挡外，还有由4种颜色标志的4个挡位，如图1-3-3所示。

（2）加大螺距及左、右螺纹变换手柄。主轴箱正面左侧的手柄3在加大螺距及螺纹左、右旋向变换时使用，其有4个挡位，如图1-3-4所示。纵向、横向进给车削时，一般放在右上挡位。

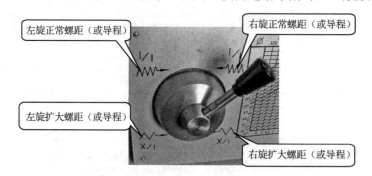

图1-3-4　加大螺距及左、右螺纹变换手柄

2．进给箱手柄

如图1-3-5所示的车床进给箱，其正面左侧有一个手轮7，有1~8共8个不同的挡位。右侧有里外叠装的两个手柄8、9，外手柄9有A、B、C、D共4个挡位，是丝杠、光杠变换手柄；里手柄8有Ⅰ、Ⅱ、Ⅲ、Ⅳ共4个挡位。应先根据加工要求确定进给量及螺距，再根据进给箱油池盖上的螺纹和进给量调配表扳动手轮和手柄，使其达到正确位置。

项目1 车削基础知识

7—进给量和螺距变换手轮；8—进给量和螺距变换手柄（里手柄）；9—螺纹种类及丝杠、光杠变换手柄（外手柄）

图1-3-5 进给箱手柄位置

当里手柄8处于正上方时是第Ⅴ挡，此时交换齿轮箱的运动不经进给箱变速，而与丝杠直接相连。

3. 刻度盘

如图1-3-6所示的床鞍、中滑板和小滑板的移动依靠手轮和手柄来实现，移动的距离依靠刻度盘来控制，见表1-3-2。

16—机动进给手柄；18—小滑板手柄；20—中滑板手柄；21—中滑板刻度盘；22—床鞍刻度盘；23—床鞍手轮；24—小滑板刻度盘

图1-3-6 溜板箱及刀架部分

表1-3-2 车床刻度盘的使用

刻度盘	度量移动的距离	手动时操作	机动时操作	整圈格数	车刀移动距离/格
床鞍刻度盘	纵向移动距离	床鞍手轮	机动进给手柄及快速移动按钮	300格	1mm
中滑板刻度盘	横向移动距离	中滑板手柄		100格	0.05mm
小滑板刻度盘	纵向移动距离	小滑板手柄	无机动进给	100格	0.05mm

一、刀架部分、刻度盘和尾座的手动操作

1. 刀架部分的手动操作

（1）床鞍。逆时针转动溜板箱左侧的床鞍手轮 23，床鞍向左纵向移动，简称"鞍进"；反之向右，简称"鞍退"。

（2）中滑板。顺时针转动中滑板手柄 20，中滑板向远离操作者的方向移动，即横向进给，简称"中进"；反之，中滑板向靠近操作者的方向移动，即横向退出，简称"中退"。

（3）小滑板。顺时针转动小滑板移动手柄 18，小滑板向左移动，简称"小进"；反之向右移动，简称"小退"。

（4）刀架。逆时针转动刀架手柄 19，刀架随之逆时针转动，以调换车刀；顺时针转动刀架手柄，锁紧刀架。

> **操作提示：**
> 当刀架上装有车刀时，转动刀架，其上的车刀也随之转动，应避免车刀与工件或卡盘或尾座相撞。要求在刀架转位前就把中滑板向后退出适当距离。

2. 刻度盘的手动操作

（1）床鞍刻度盘。转动床鞍手轮 23，每转过 1 格，床鞍移动 1mm；刻度盘逆时针转过 200 格，床鞍向左纵向进给 200mm。

（2）中滑板刻度盘。转动中滑板手柄 20，每转过 1 格，中滑板横向移动 0.05mm；刻度盘顺时针转过 20 格，中滑板横向进给 1mm。

（3）小滑板刻度盘。转动小滑板手柄 18，每转过 1 格，小滑板横向移动 0.05mm；刻度盘顺时针转过 10 格，小滑板向左纵向进给 0.5mm。

3. 尾座的手动操作

（1）尾座套筒的进退和固定。逆时针扳动尾座套筒固定手柄 17，松开尾座套筒。顺时针转动尾座手轮 14，使尾座套筒伸出，简称"尾进"；反之，尾座套筒缩回，简称"尾退"。顺时针扳动手柄 17，可以将套筒固定在所需位置。

（2）尾座位置的固定。向后（顺时针）扳动尾座快速紧固手柄 15，松开尾座。把尾座沿床身纵向移动到所需位置，向前（逆时针）扳动手柄 15，快速地把尾座固定在床身上。

二、车床的变速操作和空运转练习

1. 车床启动前的准备步骤

（1）检查车床开关、手柄和手轮是否处于中间空挡位置，如主轴正/反转操纵手柄 10、13 要处于中间停止位置，机动进给手柄 16 要处于十字槽中央停止位置等。

（2）将交换齿轮保护罩前面开关面板上的电源开关锁 5 旋至"1"位置，如图 1-3-7 所示。

（3）向上将电源总开关 4 的位置由"OFF"扳动至"ON"，即电源由"断开"变为"接通"状态，车床通电，如图 1-3-7 所示。同时床鞍上的刻度盘照明灯亮。

（4）按图 1-3-7 所示面板上的按钮 25，使车床照明灯亮。

项目1 车削基础知识

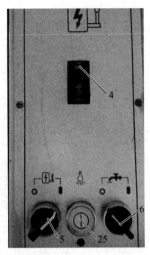

4—电源总开关；5—电源开关锁；6—冷却泵总开关；25—照明开关

图1-3-7 开关面板

2. 车床主轴转速的变速操作

以调整车床主轴转速 450r/min 为例，选择某一级转速的变速操作，见表1-3-3。

表1-3-3 车床主轴转速的变速操作步骤

步骤	操作步骤的内容	图示
1	找出要调整的车床主轴转速是圆周哪个挡位的数字	找出 450r/min 在圆周右边位置的挡位
2	将短手柄拨到此位置的数字上，并记住该数字的颜色	短手柄指向黑色数字"450"所在一组数字的箭头上

续表

步　骤	操作步骤的内容	图　示
3	相应地将长手柄拨到与该数字颜色相同的挡位上	将长手柄拨到在黑颜色的挡位上

3．车床主轴正转的空运转操作

（1）按照表 1-3-4 中车床主轴转速的变速操作步骤，变速至 11r/min。

（2）按床鞍上的绿色启动按钮（见图 1-3-8），启动电动机，但此时车床主轴不转。

（3）观察车床主轴箱的油窗和进给箱、溜板箱油标，完成每天的润滑工作。

（4）将进给箱右下侧操纵杆手柄 13 向上提起，实现车床主轴正转，此时车床主轴转速为 11r/min。

图 1-3-8　床鞍上的操作按钮

4．车床主轴反转的空运转操作

只要将车床操纵杆手柄 13 向下扳动，就可实现车床主轴反转；其他操作和主轴正转的空运转操作相同。

> **操作提示：**
> 1．操纵手柄不要由正转直接变反转。
> 2．应由正转经中间刹车位置稍停 2s 左右再至反转位置，这样有利于提高车床的使用寿命。

5．车床停止的操作

（1）使操纵杆处于中间位置，车床主轴停止转动。

（2）按床鞍上的红色停止（或急停）按钮（见图 1-3-8）。

如果车床长时间停止，则必须再完成下面的（3）和（4）。

（3）关闭车床电源总开关 4。向下扳动电源总开关 4 使其由"ON"变至"OFF"位置，即电源由"接通"变为"断开"状态，车床不带电，见图 1-3-7。同时床鞍上的刻度盘照明灯灭。

（4）将开关面板上的电源开关锁 5 旋至“0”位置，如图 1-3-8 所示；再把钥匙拔出收好。拔出钥匙后，电源总开关 4 是合不上的，车床仍不得电。

三、进给箱变速操作

进给箱变速操作是将纵向、横向进给量，根据在车床进给箱铭牌（表 1-3-4）中的位置，变换并调整主轴箱、进给箱上手轮与手柄的位置来实现的。

例如，选择表 1-3-4 中的纵向进给量为 0.20mm/r，其手柄、手轮变换的具体步骤见表 1-3-5。

表 1-3-4 CA6140 型车床进给箱上的进给量铭牌（局部）

	A					C					A					
	X/1	1/1				X/1				1/1				X/1		
	Ⅰ		Ⅱ	Ⅲ	Ⅳ		Ⅲ Ⅰ	Ⅳ Ⅱ	Ⅳ Ⅱ	Ⅲ Ⅰ	Ⅳ		Ⅲ	Ⅱ	Ⅰ	
1	0.028	0.08	0.16	0.33	0.66	1.59	3.16	6.33	3.16	1.58	0.79	0.33	0.16	0.08	0.040	0.014
2	0.032	0.09	0.18	0.36	0.71	1.47	2.93	5.87	2.92	1.46	0.73	0.35	0.17	0.09	0.045	0.016
3	0.036	0.10	0.20	0.41	0.81	1.29	2.57	5.14	2.56	1.28	0.64	0.40	0.20	0.10	0.050	0.018
4	0.039	0.11	0.23	0.46	0.91	1.15	2.28	4.56	2.28	1.14	0.57	0.45	0.22	0.11	0.055	0.019
5	0.043	0.12	0.24	0.48	0.96	1.09	2.16	4.32	2.16	1.08	0.54	0.48	0.24	0.12	0.060	0.021
6	0.046	0.13	0.26	0.51	1.02	1.03	2.05	4.11	2.04	1.02	0.51	0.50	0.25	0.13	0.065	0.023
7	0.050	0.14	0.28	0.56	1.12	0.94	1.87	3.74	1.88	0.94	0.47	0.56	0.28	0.14	0.070	0.025
8	0.054	0.15	0.30	0.61	1.22	0.86	1.71	3.42	1.72	0.86	0.43	0.61	0.30	0.15	0.075	0.027

z_A—63 z_B—100 z_C—75

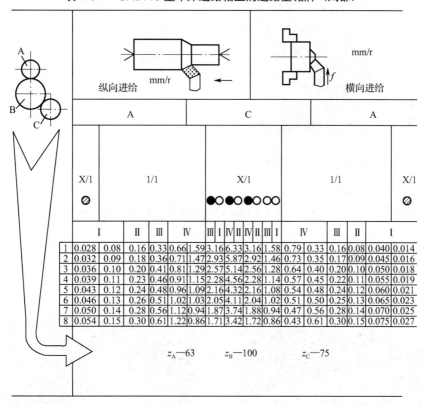

表 1-3-5 纵向进给量为 0.20mm/r 时，手柄、手轮的变换步骤

步 骤	图 示	说 明
1		把主轴箱正面左侧的左、右螺纹变换手柄放在“1/1”位置

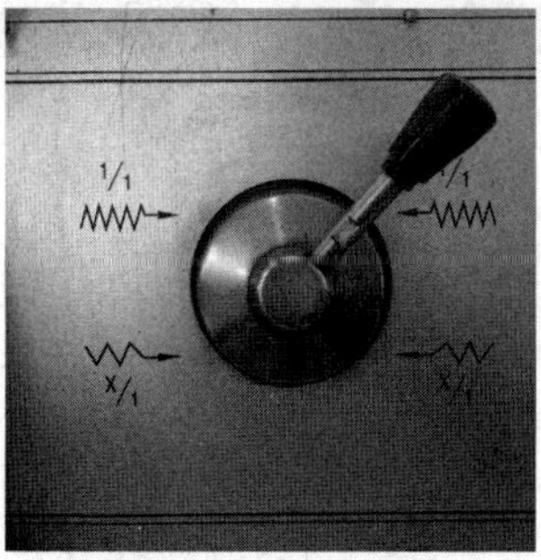

续表

步骤	图示	说明
2		把进给箱正面右侧的长手柄放在"A"位置，圆手轮放在"Ⅱ"位置
3		进给箱正面左侧手轮有数字1～8，表示8个位置。向外拉出手轮，选择3位置后再推进去

四、刀架的机动进给操作

1. 纵向机动进给操作

（1）把溜板箱右侧的机动进给手柄 16 向左扳动，使刀架向左纵向机动进给，如图 1-3-9 所示。

（2）向右扳动手柄 16，使刀架向右纵向机动进给。

2. 横向机动进给操作

（1）把机动进给手柄 16 向前扳动，使刀架向前横向机动进给，如图 1-3-10 所示。

图 1-3-9　刀架向左纵向机动进给

图 1-3-10　刀架向前横向机动进给

（2）向后扳动机动进给手柄 16，使刀架向后横向机动进给。

五、刀架的快速移动操作

1. 纵向快速移动操作

（1）向左扳动手柄 16，按下手柄顶部的快进按钮，实现刀架向左快速纵向移动。

（2）放开快进按钮，向右扳动手柄 16，按下手柄顶部的快进按钮，刀架向右快速纵向移动。

2．横向快速移动操作

（1）向前扳动手柄 16，按下手柄顶部的快进按钮，实现刀架向前快速横向移动。

（2）放开快进按钮，向后扳动手柄 16，按下手柄顶部的快进按钮，实现刀架向后快速横向移动。

> 操作提示：
> 1．当刀架纵向快速移动到离卡盘或尾座有一定距离时，应立即放开快进按钮，停止快进变成纵向机动进给，以避免刀架因来不及停止而撞击卡盘或尾座。
> 2．当中滑板向前伸出较远时，应立即停止快进或机动进给，避免因中滑板悬伸太长而使燕尾导轨受损，从而影响运动精度。
> 3．在离卡盘或尾座的一定距离处，可用金属笔在导轨上画出一条安全警示线；也可在中滑板伸出的极限位置附近画出一条安全警示线。

任务测评

根据车床操作技能的动作情况，看操作者是否达到反应灵敏、双手动作配合协调、娴熟、自然等要求，并填入表 1-3-6。

表 1-3-6　车床操作技能情况记录表

工 作 内 容	完 成 情 况	存 在 问 题	改 进 措 施
刀架部分的手动操作			
车床的变速操作和空运转练习			
进给箱的变速操作			
刀架的机动进给操作			
刀架的快速移动操作			
指导教师评价	指导教师：　　　　　年　　月　　日		

课后小结

（根据实操完成情况进行小结）

_____

_____

_____

_____

任务 1-4　装卸三爪自定心卡盘的卡爪

（1）了解三爪自定心卡盘的规格和结构。
（2）识别三爪自定心卡盘卡爪的号码。
（3）快速装卸三爪自定心卡盘的卡爪。

前面任务提到卡盘是机床上用来夹紧工件的机械装置，利用均布在卡盘体上的活动卡爪的径向移动，把工件夹紧和定位。卡爪是怎样做径向移动的呢？

三爪自定心卡盘是车床上应用最广泛的一种通用夹具，用于装夹工件并随主轴一起旋转做主运动，能够自动定心装夹工件，快捷方便，一般用于精度要求不是很高，形状规则（如圆柱形、正三角形、正六边形等）的中小型工件装夹，如图 1-4-1 所示。

（a）装夹圆柱形　　　　　　　　　　　　（b）装夹正六边形

图 1-4-1　三爪自定心卡盘装夹工件

学生应掌握三爪自定心卡盘的装卸方法，以便于掌握工件的装夹方法。

一、三爪自定心卡盘卡爪的类型和规格

三爪自定心卡盘卡爪的类型有正卡爪和反卡爪，如图 1-4-2 所示。正卡爪用于装夹外圆直径较小和内孔直径较大的工件；反卡爪用于装夹外圆直径较大的工件。

三爪自定心卡盘常用的规格有 ϕ150mm、ϕ200mm、ϕ250mm 3 种。

（a）正卡爪　　　　　　　　　（b）反卡爪

图1-4-2　三爪自定心卡盘

二、三爪自定心卡盘的结构

三爪自定心卡盘的结构如图1-4-3所示，它主要由外壳体、3个卡爪、3个小锥齿轮、一个大锥齿轮等零件组成。当卡盘扳手的方榫插入小锥齿轮2的方孔1中转动时，小锥齿轮就带动大锥齿轮3转动，大锥齿轮的背面是平面螺纹4，卡爪5背面的螺纹与平面螺纹啮合，从而驱动3个卡爪同时沿径向夹紧或松开工件。

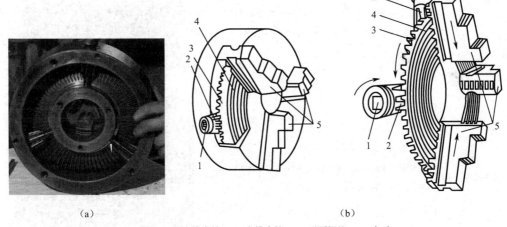

（a）　　　　　　　　　　　　　　（b）

1—方孔；2—小锥齿轮；3—大锥齿轮；4—平面螺纹；5—卡爪

图1-4-3　三爪自定心卡盘的结构

任务实施

一、卡盘装卸前的准备工作

（1）装卸卡盘前应切断电动机电源，即向下扳动电源总开关由"ON"至"OFF"位置。
（2）将卡盘及卡爪等部件的各表面（尤其是定位配合表面）擦净并涂油。
（3）在靠近主轴处的床身导轨上垫一块木板，以保护导轨面不受意外撞击。

二、三爪自定心卡盘卡爪的装卸（表 1-4-1）

表 1-4-1 装卸三爪自定心卡盘的卡爪

步　骤	内　容	图　示
1. 识别三爪自定心卡盘卡爪的号码并排序	（1）观察卡爪侧面的号码 （2）若侧面的号码不清晰，则可把 3 个卡爪并排放在一起，比较卡爪背面螺纹牙的位置，螺纹牙最靠近卡爪夹持面的为 1 号卡爪，螺纹牙最远离卡爪夹持面的为 3 号卡爪	 1—1 号卡爪；2—2 号卡爪；3—3 号卡爪
2. 安装 1 号卡爪	将卡盘扳手的方榫插入卡盘外壳圆柱面上的方孔中，按顺时针方向旋转，以带动大锥齿轮背面的平面螺纹，当平面螺纹的端扣转到将要接近壳体上的 1 槽时，将 1 号卡爪插入壳体槽内	
3. 安装 2 号卡爪	继续顺时针转动卡盘扳手，用同样的方法，在卡盘壳体上的 2 槽装入 2 号卡爪	
4. 安装 3 号卡爪	用同样的方法在 3 槽装入 3 号卡爪	

续表

步骤	内容	图示
5. 拆卸三爪自定心卡盘的卡爪	按照与安装卡爪相反的步骤拆卸三爪自定心卡盘的卡爪	

操作提示：

1. 卡盘高速旋转时必须夹持工件，否则卡爪会在离心力作用下飞出伤人。
2. 卡盘扳手用后必须随时取下。
3. 三爪自定心卡盘的极限转速 $n<1600 \text{r/min}$。

任务测评

请将加工情况填入表 1-4-2。

表 1-4-2　加工情况记录表

工作内容	完成情况	存在问题	改进措施
卡爪的识别与排序			
卡爪的拆卸与安装			
安全文明生产			
指导教师评价	指导教师：　　　　　年　　月　　日		

课后小结

（根据实操完成情况进行小结）

项目 2

车外圆柱面

任务 2-1 认识车刀

学习目标

（1）了解常用车刀的种类和用途。
（2）掌握车刀几何要素的名称和主要作用。
（3）能指出测量车刀角度的三个基准坐标平面。
（4）掌握车刀切削部分的几何参数及其主要作用并能进行初步选择。
（5）判别左车刀和右车刀。
（6）识读车刀几何角度的标注。

问题与思考

当切蔬菜、切肉、切骨头时，是否采用同一把刀？若采用不同的刀，说明选用不同刀的原则是什么？

工作任务

机械制造业中车刀、钻头等的各种切削角度是人类智慧的结晶，是人们在长期实践中的经验总结。

任何工件在加工之前，先要根据其形状和精度要求来选用合适的车刀，选择合理的车刀几何角度。这就要求我们必须首先要认识车刀，了解常用车刀和常用车刀材料的种类和用途。掌握车刀切削部分的几何角度及其主要作用，才能根据工件的加工要求进行合理选择。

预备知识

一、车刀的种类和用途

车削时，需根据不同的车削要求选用不同种类的车刀，常用的焊接车刀及其车削内容相

同的先进硬质合金不重磨车刀见表2-1-1。

表2-1-1 车刀的种类和应用

车刀种类	焊接车刀	用途	车削示例	硬质合金不重磨车刀
90°车刀（偏刀）	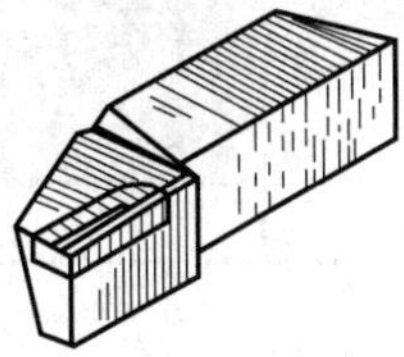	车削工件的外圆、阶台和端面	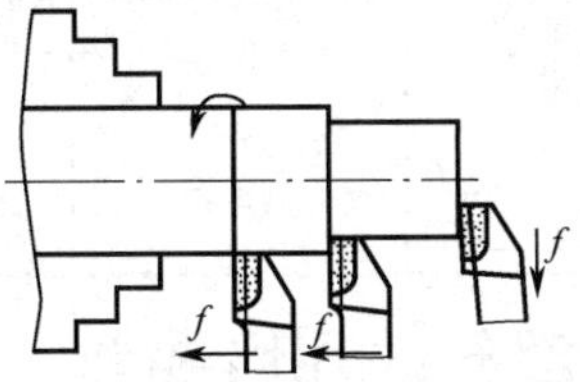	
75°车刀	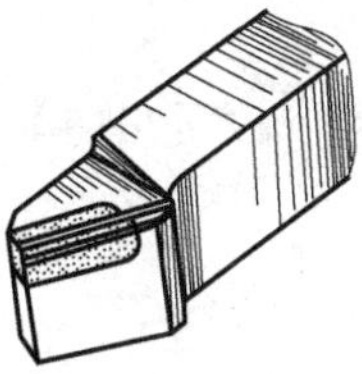	车削工件的外圆和端面	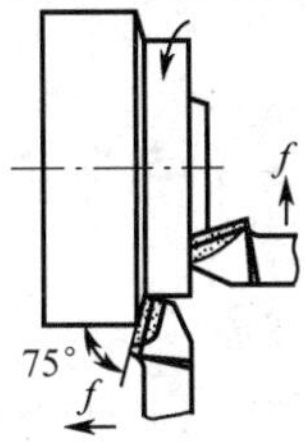	
45°车刀（弯头车刀）	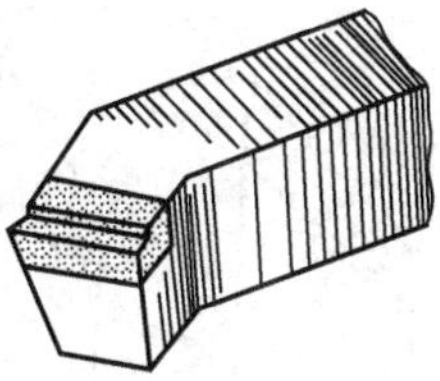	车削工件的外圆、端面或进行45°倒角	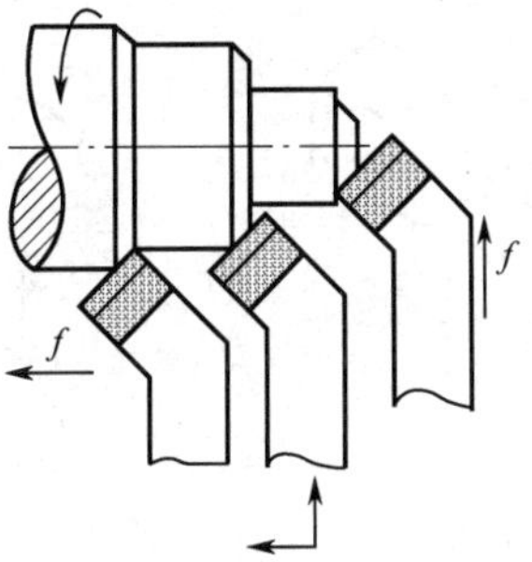	
切断刀	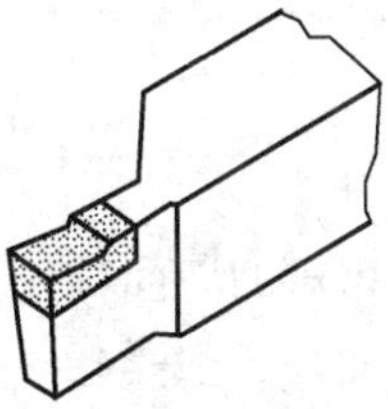	切断或在工件上车槽	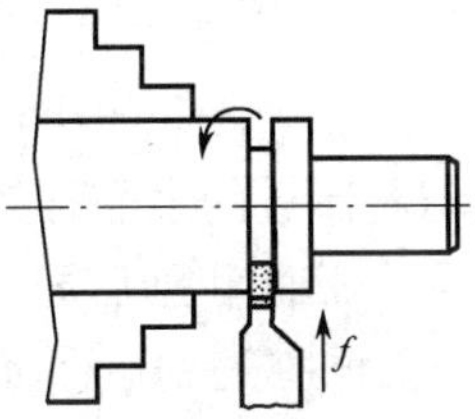	
内孔车刀		车削工件的内孔	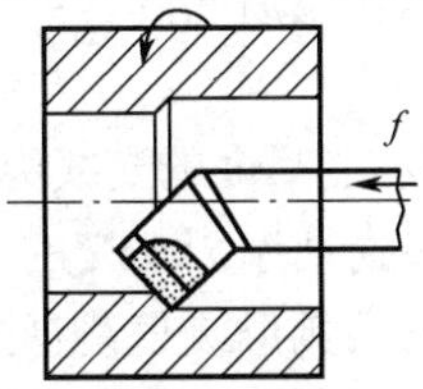	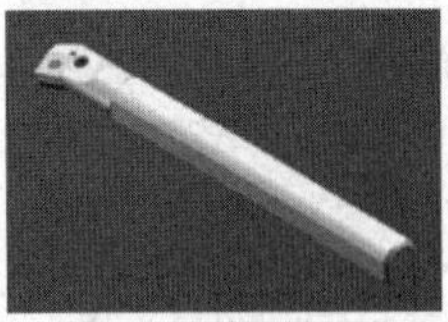
圆头车刀	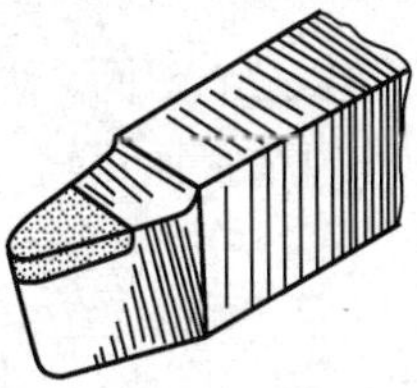	车削工件的圆弧面或成形面	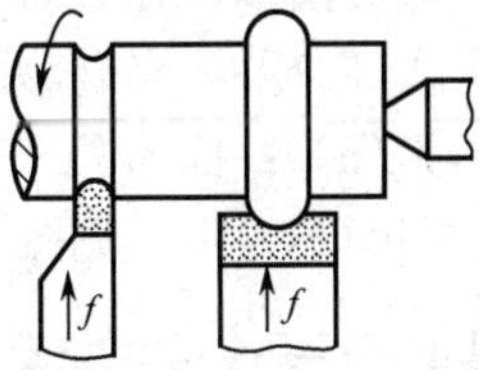	

续表

车刀种类	焊接车刀	用途	车削示例	硬质合金不重磨车刀
螺纹车刀		车削螺纹		

二、车刀切削部分的几何要素

1. 车刀的组成部分

车刀由刀头（或刀片）和刀柄两部分组成。刀头担负切削任务，故又叫切削部分；刀柄是车刀装夹在刀架上的夹持部分。

2. 车刀切削部分的几何要素

刀头由若干刀面和切削刃组成，如图 2-1-1 所示。

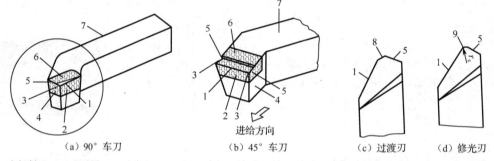

1—主切削刃；2—主后面；3—刀尖；4—副后面；5—副切削刃；6—前面；7—刀柄；8—直线形过渡刃；9—圆弧过渡刃

图 2-1-1 车刀的组成

（1）前面 A_γ。刀具上切屑流过的表面称为前面，又称为前刀面。

（2）后面 A_α。后面分为主后面和副后面。与工件上过渡表面相对的刀面称为主后面 A_α；与工件上已加工表面相对的刀面称为副后面 A'_α。后面又称为后刀面，一般是指主后面。

（3）主切削刃 S。前面和主后面的交线称为主切削刃。它担负着主要切削工作，在工件上加工出过渡表面。

（4）副切削刃 S'。前面和副后面的交线称为副切削刃。它配合主切削刃完成少量切削工作。

（5）刀尖。主切削刃和副切削刃汇交的一小段切削刃称为刀尖。为了提高刀尖强度和延长车刀寿命，多将刀尖磨成圆弧形或直线形过渡刃（见图 2-1-1（c））。圆弧过渡刃又称刀尖圆弧，一般硬质合金车刀的刀尖圆弧半径 r_ε 为 0.5～1mm。

所有车刀刀头的上述组成部分并不完全相同。例如，90°车刀由三个刀面、两条切削刃和一个刀尖组成（见图 2-1-1（a））；而 45°车刀却有四个刀面（其中副后面两个）、三条切削刃（其中副切削刃两条）和两个刀尖（见图 2-1-1（b））。

三、测量车刀角度的三个基准坐标平面

为了测量车刀的角度，需要假想 3 个基准坐标平面。

1. 基面 p_r

通过切削刃上某选定点,垂直于该点主运动方向的平面称为基面,如图 2-1-2(a)所示。对于车削,一般可认为基面是水平面。

2. 切削平面 p_s

通过切削刃上某选定点,与切削刃相切并垂直于基面的平面称为切削平面。其中,选定点在主切削刃上的为主切削平面 p_s,选定点在副切削刃上的为副切削平面 p'_s,如图 2-1-3 所示。切削平面一般指主切削平面。

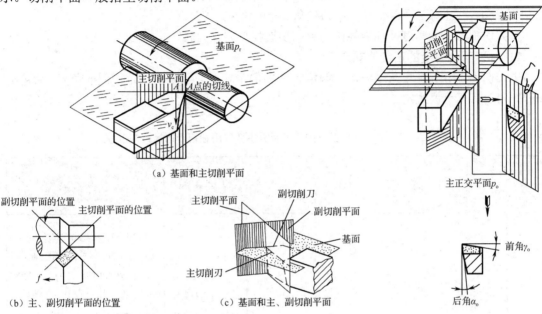

图 2-1-2 基面和切削平面

图 2-1-3 测量车刀角度的三个基准坐标平面

对于车削,一般可认为切削平面是铅垂面。

3. 正交平面 p_o

通过切削刃上的某选定点,并同时垂直于基面和切削平面的平面称为正交平面;也可以认为,正交平面是指通过切削刃上的某选定点,并垂直于切削刃在基面上投影的平面,如图 2-1-4 所示。

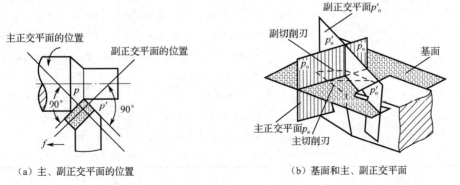

图 2-1-4 主正交平面和副正交平面

通过主切削刃上 p 点的正交平面简称主正交平面 p_o，通过副切削刃上 p' 点的正交平面简称副正交平面 p'_o。正交平面一般是指主正交平面。

对于车削，一般可认为正交平面是铅垂面。

四、车刀切削部分的几何参数

1. 车刀切削部分的几何参数及其主要作用和初步选择

车刀切削部分有 6 个独立的基本角度：主偏角 κ_r、副偏角 κ'_r、前角 γ_o、主后角 α_o、副后角 α'_o 和刃倾角 λ_s；还有 2 个派生角度：刀尖角 ε_r 和楔角 β_o。

车刀切削部分的角度及其主要作用和初步选择见表 2-1-2。

2. 车刀部分角度的正负值规定

车刀切削部分的基本角度中，主偏角 κ_r 和副偏角 κ'_r 没有正负值规定，但前角 γ_o、后角 α_o 和刃倾角 λ_s 有正负值规定。

表 2-1-2　车刀切削部分的角度及其主要作用和初步选择一览表

所在基准坐标平面	图示	角度	定义	主要作用	初步选择
基面 p_r		主偏角 κ_r	主偏角是指主切削刃在基面上的投影与进给方向间的夹角。常用的有 45°、60°、75°和 90°	改变主切削刃的受力及刀头导热能力，影响切屑的薄厚	(1) 应首先考虑工件的形状，如加工工件的阶台时，必须选取 $\kappa_r \geq 90°$；加工中间切入的工件表面时，一般选用 κ_r 为 45°～60° (2) 要根据工件的刚度和工件材料选择。工件的刚度好或工件的材料较硬，应选较小的主偏角；反之，应选较大的主偏角
		副偏角 κ'_r	副偏角是指副切削刃在基面上的投影与背离进给方向间的夹角	可以减小副切削刃与已加工表面间的摩擦。减小副偏角，可减小工件表面粗糙度，但不能太小，否则将使背向力增大	(1) 副偏角一般选取 κ'_r 为 6°～8° (2) 精车时，如果在副切削刃上刃磨修光刃，则取 $\kappa'_r = 0$ (3) 加工中间切入的工件表面时，副偏角应取 κ'_r 为 45°～60°
		刀尖角 ε_r	主、副切削刃在基面上投影间的夹角	影响刀尖强度和散热性能	可用下式计算： $\varepsilon_r = 180° - (\kappa_r + \kappa'_r)$

续表

所在基准坐标平面	图示	角度	定义	主要作用	初步选择
主正交平面 p_o	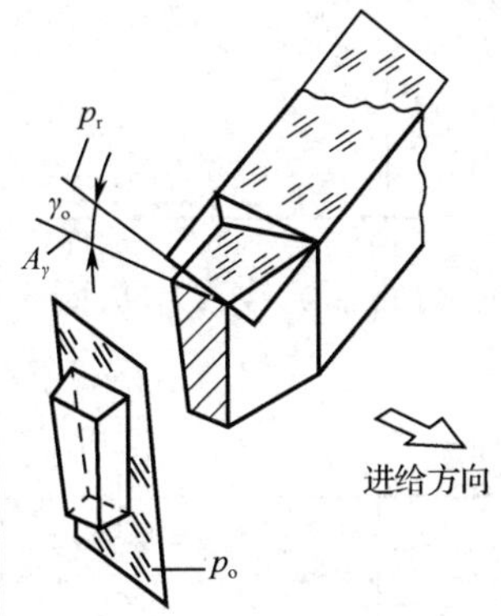	前角 γ_o	前面和基面间的夹角	影响刃口的锋利程度和强度，从而影响切削变形和切削力；前角增大能使车刀刃口锋利，减小切削变形，从而可使切削省力，并使切屑顺利排出。负前角能增加切削刃强度并使之耐冲击，见表2-1-3	（1）车削塑性材料（如钢料）或工件材料较软时，可选取较大的前角；车削脆性材料（如灰铸铁）或工件材料较硬时，可选取较小的前角。 （2）粗加工，尤其是车削有硬皮的铸锻件时，应选取较小的前角；精加工时，应选取较大的前角。 （3）车刀材料的强度和韧性较差时（如硬质合金车刀），前角应取小值；反之（如高速钢车刀），可取较大值。 车刀前角一般选择 $\gamma_o = -5° \sim 35°$。车削中碳钢（如45号钢）工件，用高速钢车刀时选取 $\gamma_o = 20° \sim 25°$。用硬质合金车刀粗车时选取 $\gamma_o = 10° \sim 15°$；精车时选取 $\gamma_o = 13° \sim 18°$
	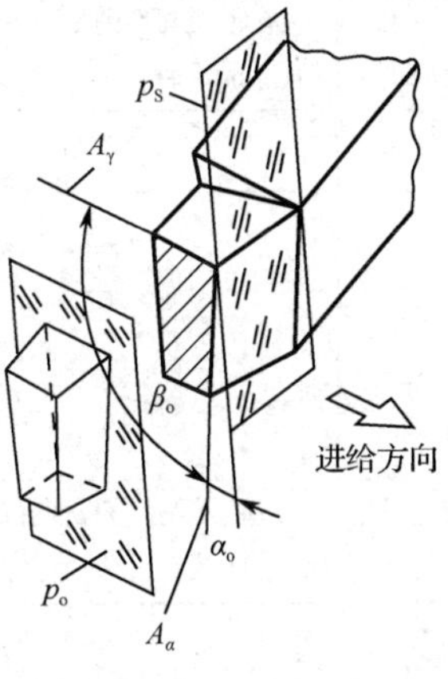	主后角 α_o	主后面和主切削平面间的夹角	减小车刀主后面和工件过渡表面间的摩擦	（1）粗加工时，应取较小的后角；精加工时，应取较大的后角。 （2）工件材料较硬时，后角宜取小值；工件材料较软时，后角宜取大值。 车刀后角一般选择 $\alpha_o = 4° \sim 12°$。车削中碳钢工件，用高速钢车刀时，粗车选取 $\alpha_o = 6° \sim 8°$，精车选取 $\alpha_o = 8° \sim 12°$；用硬质合金车刀时，粗车选取 $\alpha_o = 5° \sim 7°$，精车选取 $\alpha_o = 6° \sim 9°$
		楔角 β_o	前面和后面间的夹角	影响刀头截面的大小，从而影响刀头的强度	可用下式计算： $\beta_o = 90° - (\gamma_o + \alpha_o)$
副正交平面 p_o'	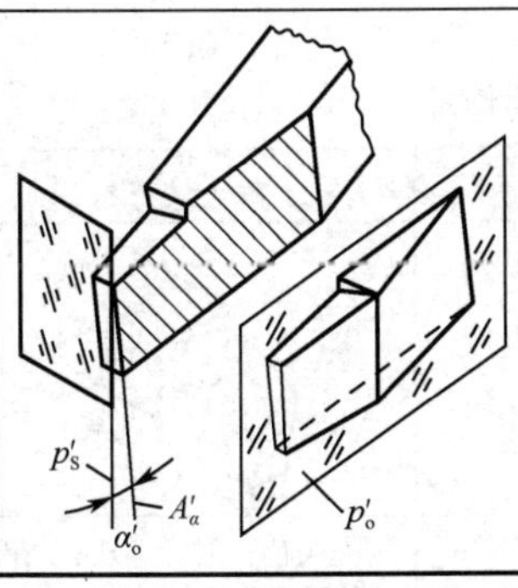	副后角 α_o'	副后面和副切削平面间的夹角	减小车刀副后面和工件已加工表面间的摩擦	（1）副后角 α_o' 一般磨成与后角 α_o 相等。 （2）像切断刀等特殊情况，为了保证刀具的强度，副后角应取较小的数值：$\alpha_o' = 1° \sim 2°$

续表

所在基准坐标平面	图示	角度	定义	主要作用	初步选择
主切削平面 p_s	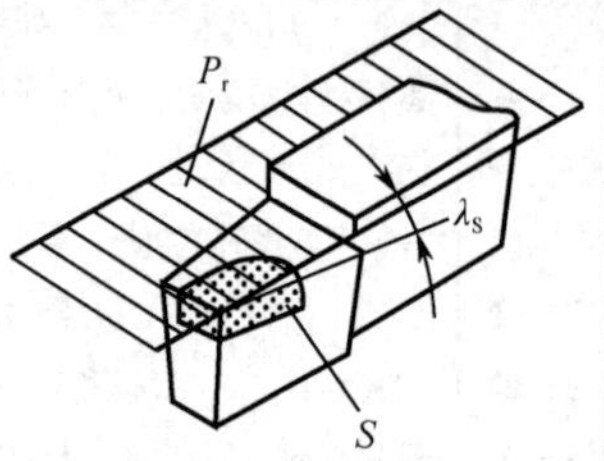	刃倾角 λ_s	主切削刃与基面间的夹角	控制排屑方向。当刃倾角为负值时,可增加刀头强度,并在车刀受冲击时保护刀尖,见表2-1-4	见表2-1-4所述的适用场合

（1）车刀前角和后角的正负值规定。车刀前角和后角分别有正值、零度和负值3种,见表2-1-3。

表2-1-3 车刀前角和后角的正负值规定

	角度值	$\gamma_o>0$	$\gamma_o=0$	$\gamma_o<0$
前角 γ_o	图示	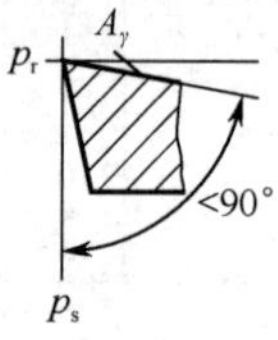	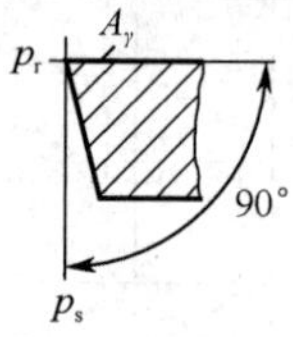	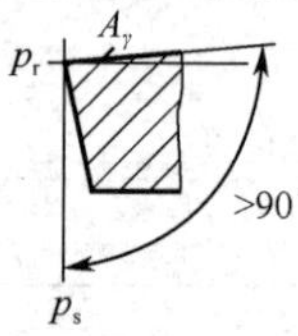
	正负值规定	前面 A_γ 与切削平面 p_s 间的夹角小于90°时	前面 A_γ 与切削平面 p_s 间的夹角等于90°时	前面 A_γ 与切削平面 p_s 间的夹角大于90°时
	角度值	$\alpha_o>0$	$\alpha_o=0$	$\alpha_o<0$
后角 α_o	图示	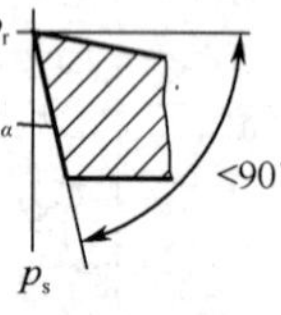	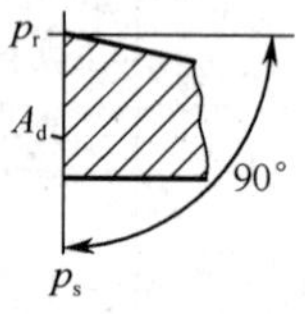	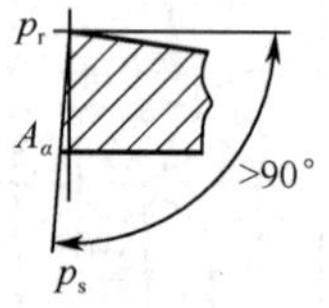
	正负值规定	后面 A_α 与基面 p_r 间的夹角小于90°时	后面 A_α 与基面 p_r 间的夹角等于90°时	后面 A_α 与基面 p_r 间的夹角大于90°时

（2）车刀刃倾角 λ_s 的正负值规定。车刀刃倾角有正值、零度和负值3种规定,其排出切屑情况、刀尖强度和冲击点先接触车刀的位置见表2-1-4。

表2-1-4 刃倾角正负值的规定及使用情况

角度值	$\lambda_s>0$	$\lambda_s=0$	$\lambda_s<0$
正负值的规定	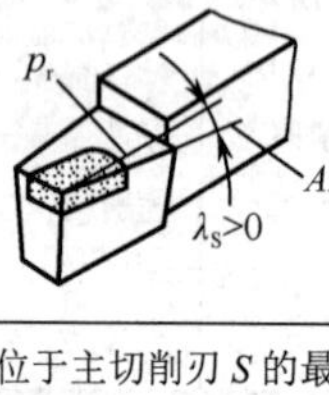	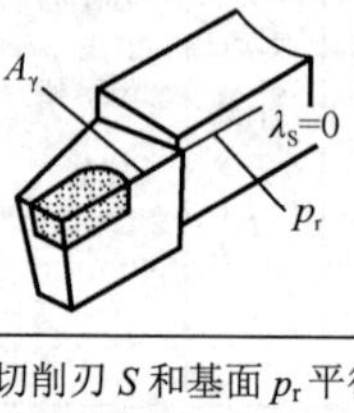	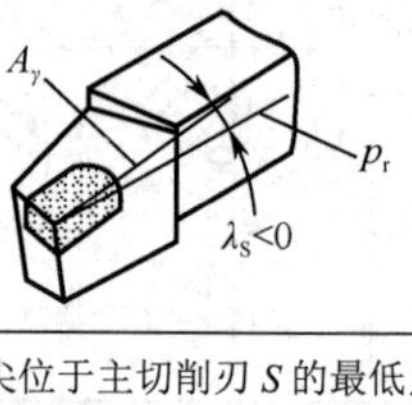
	刀尖位于主切削刃 S 的最高点	主切削刃 S 和基面 p_r 平行	刀尖位于主切削刃 S 的最低点

续表

角度值	$\lambda_s>0$	$\lambda_s=0$	$\lambda_s<0$
车削时的排出切屑情况	切屑排向工件的待加工表面方向，切屑不易擦毛已加工表面，车出的工件表面粗糙度小	切屑基本上沿垂直于主切削刃方向排出	切屑排向工件的已加工表面方向，容易划伤已加工表面
刀尖强度和冲击点先接触车刀的位置	刀尖强度较差，尤其是在车削不圆整的工件受冲击时，冲击点先接触刀尖，刀尖易损坏	刀尖强度一般，冲击点同时接触刀尖和切削刃	刀尖强度好，在车削有冲击的工件时，冲击点先接触远离刀尖的切削刃处，从而保护了刀尖
适用场合	精车时，λ_s应取正值，$0<\lambda_s<8°$	外形圆整、余量均匀的工件一般车削时，应取$\lambda_s=0$	断续车削时，为了增加刀头强度，应取负值$\lambda_s=-15°\sim-5°$

五、常用车刀材料

车刀切削部分在很高的切削温度下工作，经受强烈的摩擦，并承受很大的切削力和冲击，所以车刀切削部分的材料必须具备的基本性能是：较高的硬度；较高的耐磨性；足够的强度和韧性；较高的耐热性；较好的导热性；良好的工艺性和经济性。目前，车刀切削部分常用的材料有高速钢和硬质合金两大类。

1. 高速钢

高速钢是含钨（W）、钼（Mo）、铬（Cr）、钒（V）等合金元素较多的工具钢。高速钢刀具制造简单，刃磨方便，容易通过刃磨得到锋利的刃口，且韧性较好，常用于承受冲击力较大的场合，特别适用于制造各种结构复杂的成形刀具和孔加工刀具，如成形车刀、螺纹刀具、钻头和铰刀等，但是高速钢的耐热性较差，因此不能用于高速切削。

高速钢的类别、常用牌号、性质及应用见表2-1-5。

表2-1-5 高速钢的类别、常用牌号、性质及应用一览表

类别	常用牌号	性质	应用
钨系	W18Cr4V（18-4-1）	性能稳定，刃磨及热处理工艺控制较方便	金属钨的价格较高，以后使用将逐渐减少
钨钼系	W6Mo5Cr4V2（6-5-4-2）	最初是国外为解决缺钨而研制出来的以取代W18Cr4V的高速钢（以1%的钼代替2%的钨）。其高温塑性与韧度都超过W18Cr4V，而其切削性能却大致相同	制造热轧工具，如麻花钻等
	W9Mo3Cr4V（9-3-4-1）	根据我国资源的实际情况而研制的刀具材料，其强度和韧性比W6Mo5Cr4V2好，高温塑性及切削性能均良好	使用将逐渐增多

2. 硬质合金

硬质合金是目前应用最广泛的一种车刀材料，其硬度、耐磨性和耐热性均高于高速钢。切削钢时，切削速度可达约 220m/min；其缺点是韧性较差，承受不了大的冲击力。

硬质合金的分类、用途、性能、代号及与旧牌号的对照见表 2-1-6。

表 2-1-6　硬质合金的分类、用途、性能、代号及与旧牌号的对照一览表

类 别	用 途	被加工材料	常用代号	性能 耐磨性	性能 韧性	适用加工阶段	相当于旧牌号
K 类（钨钴类）	适用于加工铸铁、有色金属等脆性材料或用于冲击性较大的场合，但在切削难加工材料或在振动较大（如断续切削塑性金属）的特殊情况时也较合适	适于加工短切屑的黑色金属、有色金属及非金属材料	K01	↑	↓	精加工	YG3
			K10			半精加工	YG6
			K20			粗加工	YG8
P 类（钨钛钴类）	适用于加工钢或其他韧性较大的塑性金属，不宜用于加工脆性金属	适于加工长切屑的黑色金属	P01	↑	↓	精加工	YT30
			P10			半精加工	YT15
			P30			粗加工	YT5
M 类（钨钛钽铌钴类）	既可加工铸铁、有色金属，又可加工碳素钢、合金钢，故又称通用合金。主要用于加工高温合金、高锰钢、不锈钢及可锻铸铁、球墨铸铁、合金铸铁等难加工材料	适于加工长切屑或短切屑的黑色金属和有色金属	M10	↑	↓	精加工、半精加工	YW1
			M20			半精加工、粗加工	YW2

任务实施

一、左车刀和右车刀的判别

按进给方向的不同，车刀可分为左车刀和右车刀两种，其判别方法见表 2-1-7。

表 2-1-7　车刀按进给方向的分类和判别

车 刀	右 车 刀	左 车 刀
45°车刀（弯头车刀）	45°　45° 45°右车刀	45°　45° 45°左车刀
75°车刀	8°　75° 75°右车刀	8°　75° 75°左车刀

项目 2 车外圆柱面

续表

车 刀	右 车 刀	左 车 刀
90°车刀（偏刀）	右偏刀（又称正偏刀）	左偏刀
说明	右车刀的主切削刃在刀柄左侧，由车床的右侧向左侧纵向进给	左车刀的主切削刃在刀柄右侧，由车床的左侧向右侧纵向进给
左右手判别法	将平摊的右手手心向下放在刀柄的上面，指尖指向刀头方向，如果主切削刃和右手拇指在同一侧，则该车刀为右车刀	反之，则为左车刀

二、识读车刀几何角度的标注

硬质合金外圆车刀切削部分几何角度的标注如图 2-1-5 所示。

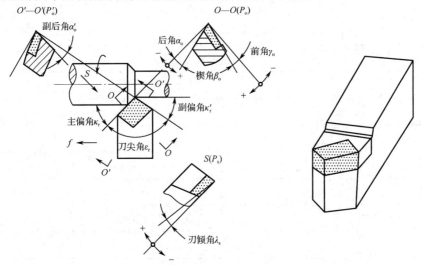

(a) 车刀切削部分几何角度的标注　　　　(b) 车刀外形图

图 2-1-5　硬质合金外圆车刀切削部分几何角度的标注

任务测评

请将加工情况填入表 2-1-8。

表 2-1-8　加工情况记录表

工作内容	完成情况	存在问题	改进措施
车刀种类的区分			
车刀切削部分几何要素的识别			

续表

工 作 内 容	完 成 情 况	存 在 问 题	改 进 措 施
3个基准坐标平面的区分			
车刀切削部分的几何参数及其主要作用			
常用车刀材料有哪些			
区分左、右车刀			
指导教师评价	指导教师：　　　　年　　月　　日		

课后小结

（根据实操完成情况进行小结）

项目2 车外圆柱面

任务 2-2 选择车阶台轴用车刀

（1）能合理选用车阶台轴用车刀。
（2）能合理选择粗车刀、精车刀切削部分的几何参数。
（3）刃磨并保证粗车刀、精车刀切削部分的几何参数。
（4）会选择车刀材料。

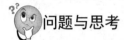

有句俗话叫"七分刀具三分手艺"。车床操作一个十分重要的环节就是刀具的选择和刃磨。能否合理的选用和正确地刃磨车刀，对保证加工质量、提高生产效率有很大影响。那么，该如何选择车刀呢？

工作任务

图 2-2-1 所示的阶台轴是典型的轴类工件，一般由外圆柱面、端面、阶台、倒角等结构要素构成。车削阶台轴时，要保证图样上标注的尺寸精度和表面粗糙度等要求。

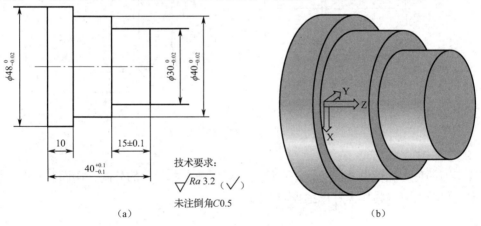

图 2-2-1 阶台轴

车削工件时，一般分为粗车和精车两个阶段。粗车和精车的目的不同，对所用车刀的要求也存在较大差别。本任务将根据不同的加工阶段和工件的结构特点，首先考虑选用哪几种车刀最合适，如何确定车刀合理的几何参数。

一、车阶台轴常用车刀

常用的车外圆、端面和阶台用车刀的主偏角有 45°、75° 和 90° 等几种。

1. 45°车刀

45°车刀的刀尖角ε_r=90°，刀尖强度和散热性都较好，常用于车削工件的端面和进行45°倒角，也可用来车削长度较短的外圆，如图2-2-2所示。

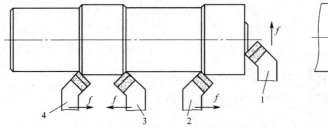

1，3，6—右车刀；2，4，5—左车刀

图2-2-2　45°车刀的应用

2. 75°车刀

75°车刀的刀尖角ε_r>90°，刀尖强度高，较耐用，适用于粗车阶台轴的外圆，也可用于对加工余量较大的铸、锻件外圆进行强力车削。75°左车刀还适用于车削铸、锻件的大端面，如图2-2-3所示。

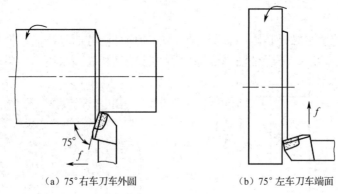

(a) 75°右车刀车外圆　　　　　　(b) 75°左车刀车端面

图2-2-3　75°车刀的应用

3. 90°车刀

90°车刀的使用如图2-2-4所示，右偏刀一般用来车削工件的外圆、端面和右向阶台。因为其主偏角较大，不易使工件产生径向弯曲。

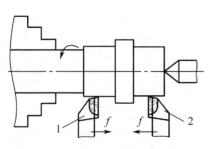 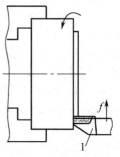

(a) 用左、右偏刀车台阶　　　　　　(b) 用左偏刀车端面

1—左偏刀；2—右偏刀

图2-2-4　偏刀的使用

左偏刀一般用来车削工件的外圆和左向阶台，也适用于车削直径较大且长度较短工件的端面。

用右偏刀车端面时，如果车刀由工件外缘向中心进给，则是用副切削刃车削。当背吃刀量较大时，因切削力的作用会使车刀扎入工件而形成凹面（见图 2-2-5（a））。为防止产生凹面，可采用由中心向外缘进给的方法，利用主切削刃进行车削（见图 2-2-5（b）），但是背吃刀量应小些。

（a）右偏刀由外缘向中心进给产生凹面　　（b）右偏刀由中心向外缘进给

图 2-2-5　车端面

二、车阶台轴用车刀的几何参数

1. 外圆粗车刀几何参数的选择

为了适应粗车时吃刀深和进给快的特点，粗车刀要有足够的强度，能在一次进给中车去较多的余量。选择粗车刀几何参数的一般原则如下。

（1）主偏角 κ_r 不宜太小，否则车削时容易引起振动。当工件外圆形状许可时，主偏角最好选择 75°左右，以使车刀有较大的刀尖角（ε_r），从而车刀不但能承受较大的切削力，从而利于切削刃散热。

（2）为了增加刀头强度，前角 γ_o 和后角 α_o 应选小些，但必须注意，前角太小会使切削力增大。

（3）粗车刀一般采用负值刃倾角，即 $\lambda_s=-3°\sim 0$，以增加刀头强度。

（4）粗车塑性金属（如中碳钢）时，为使切屑能自行折断，应在车刀前面上磨出断屑槽。常用的断屑槽有直线型和圆弧型两种，断屑槽的尺寸主要取决于背吃刀量和进给量。

> **操作提示：**
>
> 为了增加刀尖强度，改善散热条件，使车刀耐用，刀尖处应磨有过渡刃。采用直线型过渡刃时，过渡刃偏角 $\kappa_{r\varepsilon}=\dfrac{1}{2}\kappa_r$，过渡刃长度 b_ε 为 0.5～2mm，如图 2-2-6 所示。
>
> 为了增加切削刃的强度，主切削刃上应磨有倒棱，倒棱宽度 $b_{\gamma1}=(0.5\sim 0.8)f$，倒棱前角 $\gamma_{o1}=-10°\sim -5°$，如图 2-2-7 所示。

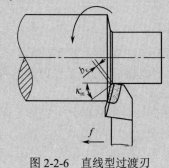　　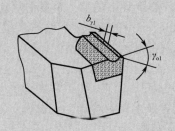　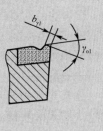

图 2-2-6　直线型过渡刃　　　　　　图 2-2-7　倒棱

2. 精车刀几何参数的选择

要求精车刀锋利，切削刃平直光滑，必要时还可磨出修光刃，但是对车刀强度的要求相对不高。精车时，必须保证使切屑排向工件的待加工表面。精车刀几何参数的选择如下：

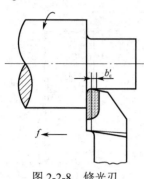

图 2-2-8　修光刃

（1）应取较小的副偏角 κ_r' 或在副切削刃上磨出修光刃。一般修光刃长度为 $b_\varepsilon'=(1.2\sim1.5)f$，如图 2-2-8 所示。

（2）前角 γ_o 应大些，以使车刀锋利，车削轻快。

（3）后角 α_o 也应大些，以减小车刀和工件之间的摩擦。精车时对车刀强度的要求相对不高，允许取较大的后角。

（4）为了使切屑排向工件的待加工表面，应选用正值刃倾角，即 $\lambda_s=3°\sim8°$。

（5）精车塑性金属时，为保证排屑顺利，前面应磨出相应宽度的断屑槽。

任务实施

一、识读阶台轴图样

图 2-2-1 所示的阶台轴共有 2 级阶台，即中间的 $\phi40_{-0.02}^{0}$ mm 外圆和右端的 $\phi32_{-0.02}^{0}$ mm 外圆构成一级阶台，中间的 $\phi40_{-0.02}^{0}$ mm 外圆和左端的 $\phi48_{-0.02}^{0}$ mm 外圆构成另一级阶台。

1．尺寸公差

图 2-2-1 中的阶台轴有 3 段外圆柱面，中间一段 $\phi40_{-0.02}^{0}$ mm 的外圆未标注倒角，按规定外圆两端应倒钝锐边。

左端外圆 $\phi48_{-0.02}^{0}$ mm×10mm，倒角 C0.5mm。

右端外圆 $\phi32_{-0.02}^{0}$ mm×（15±0.1）mm，倒角 C0.5mm。

2．表面粗糙度

图样右下角的符号"$\sqrt{Ra\,3.2}$（$\sqrt{}$）"表示外圆各表面的表面粗糙度均为 Ra 3.2μm。

二、分析车削工艺

1．分析车削工艺方案

（1）阶台轴的车削工艺方案较多，因为数量为 1 件/人，采用单件加工的车削工艺较合理。

（2）如图 2-2-1 所示的阶台轴形状较简单，有 2 个阶台，尺寸变化不大，但精度要求较高，加工时应分粗车和精车两个阶段。

（3）粗车的目的是尽快将毛坯上的加工余量切除。粗车时，对加工表面没有严格的要求，只需留有一定的半精车余量（2～2.5mm）和精车余量（0.8～1mm）即可。粗车的另一个作用是及时发现毛坯材料内部的缺陷，如夹渣、砂眼、裂纹等，也能消除毛坯工件内部的残余应力并防止热变形。

（4）精车是车削的末道加工工序，加工余量较小，需要达到图样要求的尺寸精度、形位精度和较小的表面粗糙度等技术要求。

2．确定阶台轴的加工方案

根据阶台轴的形状合理选择车刀并正确刃磨车刀→粗车阶台轴→精车阶台轴。

三、选择车阶台轴用车刀

加工本任务中所对应的阶台轴，可选用 45°车刀、90°车刀和 75°，见表 2-2-1。

表 2-2-1 车阶台轴用车刀的选择

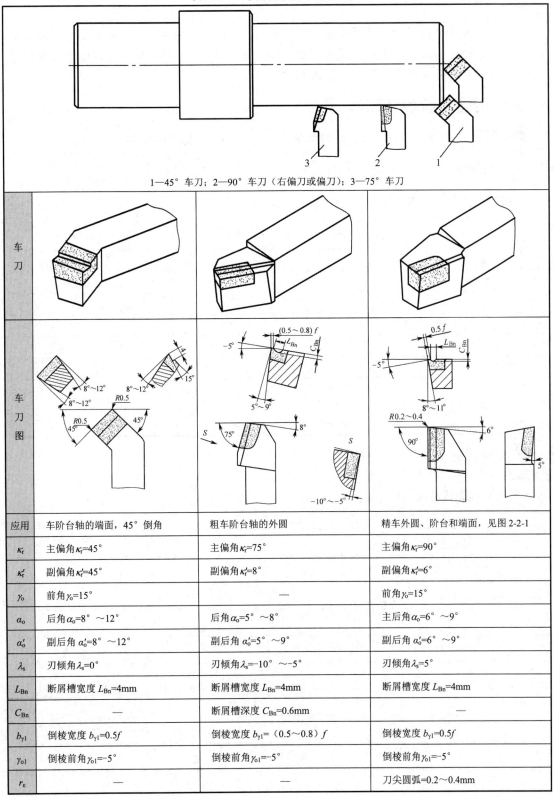

1—45°车刀；2—90°车刀（右偏刀或偏刀）；3—75°车刀

车刀			
车刀图			
应用	车阶台轴的端面，45°倒角	粗车阶台轴的外圆	精车外圆、阶台和端面，见图 2-2-1
κ_r	主偏角 $\kappa_r=45°$	主偏角 $\kappa_r=75°$	主偏角 $\kappa_r=90°$
κ_r'	副偏角 $\kappa_r'=45°$	副偏角 $\kappa_r'=8°$	副偏角 $\kappa_r'=6°$
γ_o	前角 $\gamma_o=15°$	—	前角 $\gamma_o=15°$
α_o	后角 $\alpha_o=8°\sim12°$	后角 $\alpha_o=5°\sim8°$	主后角 $\alpha_o=6°\sim9°$
α_o'	副后角 $\alpha_o'=8°\sim12°$	副后角 $\alpha_o'=5°\sim9°$	副后角 $\alpha_o'=6°\sim9°$
λ_s	刃倾角 $\lambda_s=0°$	刃倾角 $\lambda_s=-10°\sim-5°$	刃倾角 $\lambda_s=5°$
L_{Bn}	断屑槽宽度 $L_{Bn}=4$mm	断屑槽宽度 $L_{Bn}=4$mm	断屑槽宽度 $L_{Bn}=4$mm
C_{Bn}	—	断屑槽深度 $C_{Bn}=0.6$mm	—
$b_{\gamma 1}$	倒棱宽度 $b_{\gamma 1}=0.5f$	倒棱宽度 $b_{\gamma 1}=(0.5\sim0.8)f$	倒棱宽度 $b_{\gamma 1}=0.5f$
γ_{o1}	倒棱前角 $\gamma_{o1}=-5°$	倒棱前角 $\gamma_{o1}=-5°$	倒棱前角 $\gamma_{o1}=-5°$
r_ε	—	—	刀尖圆弧=$0.2\sim0.4$mm

四、选用车刀材料

加工本单元中的阶台轴,工件材料为 45 号钢,车削工件的外圆、阶台和端面。常选用的刀具材料是硬质合金,粗车时选用的硬质合金代号为 P30,半精车时选用的硬质合金代号为 P10,精车时选用的硬质合金代号为 P01。

五、刃磨车阶台轴用车刀

车阶台轴用的 45°车刀、75°车刀与 90°车刀的刃磨方法基本相同。

**任务测评**

请将加工情况填入表 2-2-2。

表 2-2-2　　情况记录表

工作内容	完成情况	存在问题	改进措施
分析并写出车削工艺方案			
确定阶台轴的加工方案			
选择车阶台轴用车刀种类和几何参数			
刃磨车阶台轴用车刀材料			
安全文明生产			
指导教师评价	指导教师：　　　　年　月　日		

课后小结

（根据实操完成情况进行小结）

项目 2 车外圆柱面

任务 2-3 车刀的刃磨

学习目标

（1）具有根据刀具材料选择砂轮的能力。
（2）具备正确使用砂轮机的技能。
（3）刃磨 90°、45°硬质合金焊接车刀。

问题与思考

古语曰：磨刀不误砍柴工。费一些时间把刀磨好，砍柴的速度与效率会大大提高，砍同样的柴反而用时比钝刀少。车刀刃磨与此有什么异同点？

工作任务

选择好车刀后，必须通过刃磨来得到合适的切削刃和正确的车刀几何角度。在车削过程中，车刀切削刃将逐渐变钝从而失去切削能力，这时也只有通过刃磨才能恢复切削刃的锋利和正确的车刀角度。因此，车工不仅要能够合理地选择车刀几何角度，还必须熟练地掌握车刀的刃磨技能。

本任务将和学生以 90°硬质合金焊接车刀为例，练习车刀刃磨方法。45°车刀、75°车刀和 90°车刀的刃磨方法基本相同。

预备知识

一、砂轮

刃磨车刀之前，首先要根据车刀材料来选择砂轮的种类，否则将达不到良好的刃磨效果。刃磨车刀的砂轮大多采用平形砂轮，精磨时也可采用杯形砂轮，如图 2-3-1 所示。

（a）平形砂轮

（b）杯形砂轮

图 2-3-1 砂轮

按磨料不同，常用的砂轮有氧化铝砂轮和碳化硅砂轮两类，其用途见表 2-2-1。

表 2-2-1 砂轮的种类和用途

砂轮种类	颜 色	适 用 场 合
氧化铝	白色	刃磨高速钢刀具和硬质合金车刀的刀柄部分
碳化硅	绿色	刃磨硬质合金刀具的硬质合金部分

二、砂轮机

砂轮机是用来刃磨各种刀具、工具的常用设备,由机座 1、防护罩 2、电动机 3、砂轮 4、控制开关 5 等部分组成,如图 2-2-2 所示。

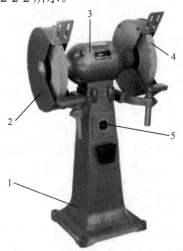

1—机座;2—防护罩;3—电动机;4—砂轮;5—控制开关(绿色和红色 2 个开关)

图 2-3-2　砂轮机

砂轮机上有绿色和红色控制开关,用于启动和停止砂轮机。

> **操作提示:**
>
> 1. 新安装的砂轮必须经严格检查。在使用前要检查外表有无裂纹,可用硬木轻敲砂轮,检查其声音是否清脆。如果有碎裂声必须重新更换砂轮。
> 2. 在试转合格后才能使用。新砂轮安装完毕后,应先点动或低速试转,若无明显振动,再改用正常转速,空转 10min,情况正常后才能使用。
> 3. 安装后必须保证装夹牢靠,运转平稳。砂轮机启动后,应在砂轮旋转平稳后再进行刃磨。
> 4. 砂轮旋转速度应小于允许的线速度,过高会爆裂伤人,过低又会影响刃磨质量。
> 5. 若砂轮跳动明显,应及时修整。平形砂轮一般可用砂轮刀在砂轮上来回修整,杯形细粒度砂轮可用金刚石笔或硬砂条修整。如图 2-3-3 所示。
> 6. 刃磨结束后,应随手关闭砂轮机电源。

图 2-3-3　用砂轮刀修整砂轮

三、刃磨姿势和方法

刃磨车刀时,操作者应站立在砂轮机的侧面,以防砂轮碎裂时碎片飞出伤人,还可防止砂粒飞入眼中。双手握车刀,两肘应夹紧腰部,这样可以减轻刃磨时的抖动。

刃磨时,车刀应放在砂轮的水平中心,刀尖略微上翘 3°～8°,车刀接触砂轮后应进行左、右方向水平移动；车刀离开砂轮时，刀尖需向上抬起，以免砂轮触碰已磨好的刀刃。

操作提示：

1. 充分认识到越是简单的高速旋转设备就越危险。刃磨时须戴防护眼镜，操作者应站立在砂轮机的侧面，一台砂轮机以一人操作为好。
2. 如果砂粒飞入眼中，不能用手去擦，应立即去医务室清除。
3. 使用平形砂轮时，应尽量避免在砂轮的端面上刃磨。
4. 刃磨高速工具钢车刀时，应及时冷却，以防刀刃退火，致使硬度降低；而刃磨硬质合金焊接车刀时，则不能浸水冷却，以防刀片因骤冷而崩裂。
5. 刃磨时，砂轮旋转方向必须由刃口向刀体方向转动，避免使刀刃出现锯齿形缺陷。
6. 磨刀时不能用力过大，以免打滑伤手。

四、测量车刀角度

车刀磨好后，必须测量角度是否合乎图样要求。常用样板检测。

一般可用图 2-3-4 所示的方法。先用样板测量车刀的后角 α_o，然后检测楔角 β_o。如果这两个角度已合乎要求，那么前角 γ_o 也就正确了。

（a）检测后角　　　　（b）检测楔角

图 2-3-4　用样板检测量车刀的角度

任务实施

一、识读 90°硬质合金车刀图

车削 45 号钢料用的 90°硬质合金车刀，又称为偏刀。如图 2-3-5 所示。

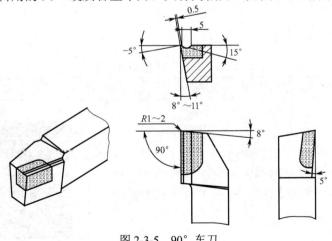

图 2-3-5　90°车刀

其几何参数如下。

(1) 主偏角 κ_r=90°,副偏角 κ_r'=8°。
(2) 前角 γ_o=15°。
(3) 主后角 α_o=8°～11°。
(4) 刃倾角 λ_s=5°。
(5) 断屑槽宽度为 5mm。
(6) 刀尖圆弧半径 r_ε=1～2mm。
(7) 倒棱宽度为 0.5mm,倒棱前角为-5°。

二、工艺分析

(1) 以图 2-3-5 所示的 90°硬质合金焊接车刀为例,练习刃磨车刀。
(2) 可以先用刀体练习磨刀,再刃磨 90°硬质合金焊接车刀。
(3) 45°、75°车刀的刃磨方法与 90°车刀的刃磨方法基本相同。

三、准备工作

(1) 90°硬质合金焊接车刀如图 2-3-6 所示。
(2) 设备:砂轮机若干台。
(3) 砂轮的选用。

针对刃磨 90°焊接车刀的不同部位,选用不同的砂轮,见表 2-3-2。

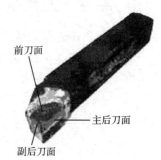

图 2-3-6　90°硬质合金焊接车刀

表 2-3-2　刃磨 90°车刀的砂轮选用

刃磨车刀部位	刃磨车刀刀柄部分	粗磨车刀切削部分	刃磨断屑槽	精磨车刀切削部分
选用的砂轮	粒度号为 24#～36#、硬度为 K 或 L 的白色氧化铝砂轮	粒度号为 36#～60#、硬度为 G 或 H 的绿色碳化硅砂轮		粒度号为 180# 或 220# 的硬度为 G 或 H 的绿色碳化硅砂轮

(4) 量具及油石:角度样板、车刀量角器、油石。

四、刃磨步骤

90°车刀刃磨步骤见表 2-3-3。

表 2-3-3　90°车刀的刃磨步骤

步　骤	内　容	图　示
1. 磨主后面	人站在砂轮左侧面,两脚分开,腰稍弯,右手捏刀头,左手握刀柄,刀柄与砂轮轴线平行,车刀放在砂轮水平中心位置。磨出主后面(角度为 5°～8°)、主偏角(角度大约为 90°)	

续表

步　骤	内　容	图　示
2. 磨副后面	人站在砂轮偏右侧一些，左手捏刀头，右手握刀柄，其他与磨主后面相同，同时磨出副后面、副后角（角度为5°～8°）、副偏角（角度为8°～12°）	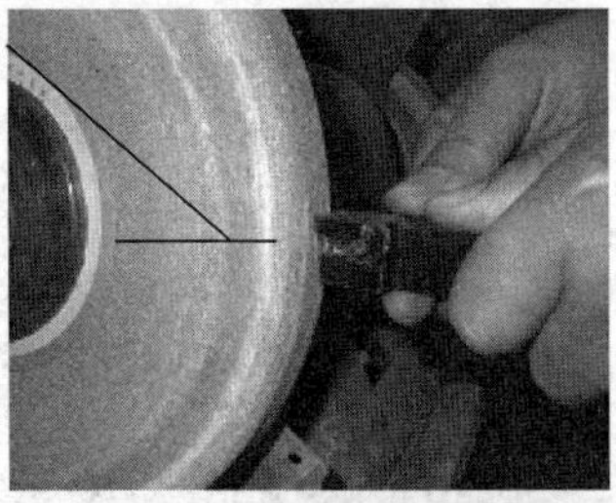
3. 磨前面	一般是左手捏刀头，右手握刀柄，刀柄保持平直，磨出前面	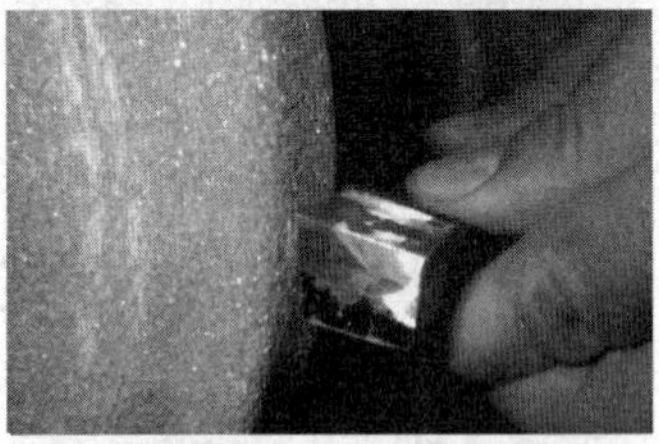
4. 磨断屑槽	左手拇指与食指握刀柄上部，右手握刀柄下部，刀头向上。刀头前面接触砂轮的左侧交角处，并与砂轮外圆周面成一夹角（车刀上的前角由此产生，前角为15°～20°）	
	正确刃磨好的断屑槽	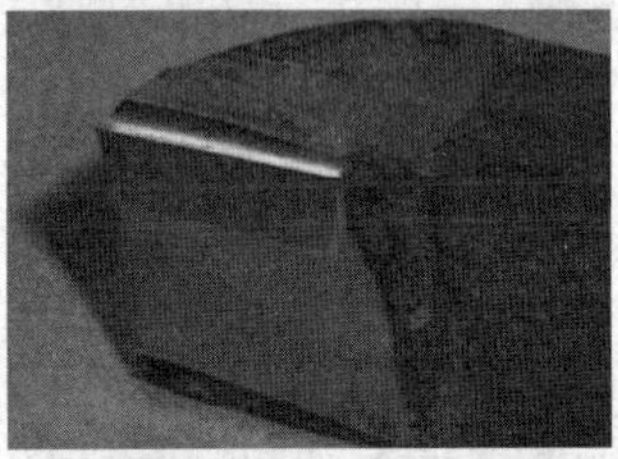
5. 磨负倒棱	刃磨时，要使主切削刃的后端向刀尖方向逐渐轻轻接触砂轮，车刀前面与砂轮平面形成负倒棱γ_f的角度	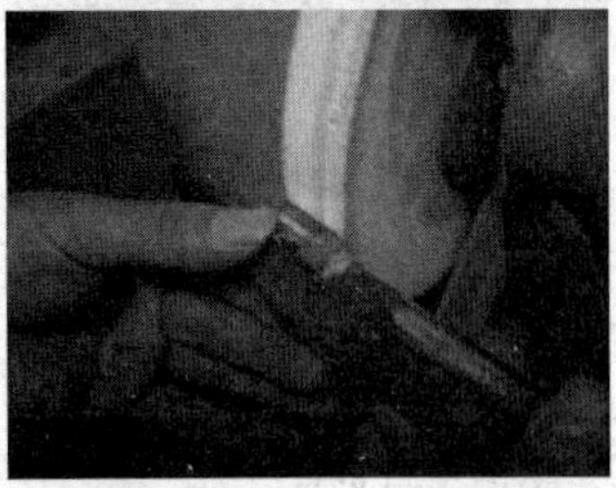
6. 磨刀尖过渡刃	过渡刃有圆弧形和直线形。以右手捏车刀前端为支点，左手握刀柄，刀柄后半部向下倾斜一些，车刀主后面与副后面交接处自下而上轻轻接触砂轮，使刀尖处具有0.2mm左右的小圆弧刃或短直线刃	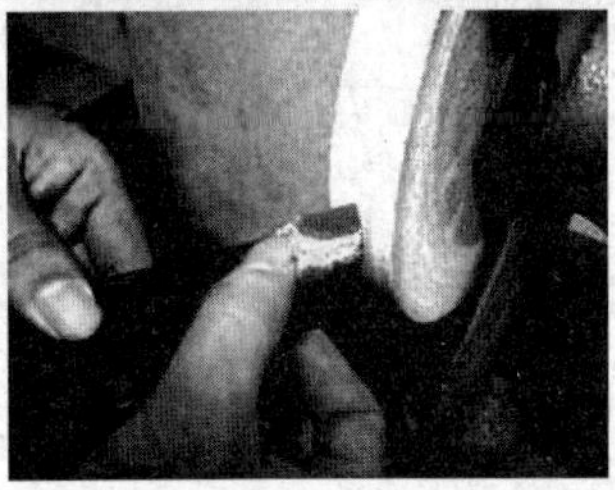

续表

步骤	内容	图示
7. 研磨车刀	刃磨后的车刀，其切削刃有时不够平滑光洁，可用油石研磨。研磨时手持油石贴平各面平行移动，要求动作平稳，用力均匀，用油石研磨车刀	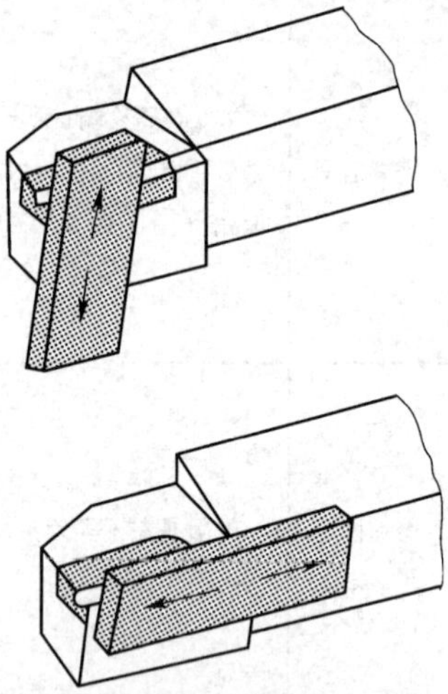
8. 测量车刀角度	可以用万能角度尺进行测量	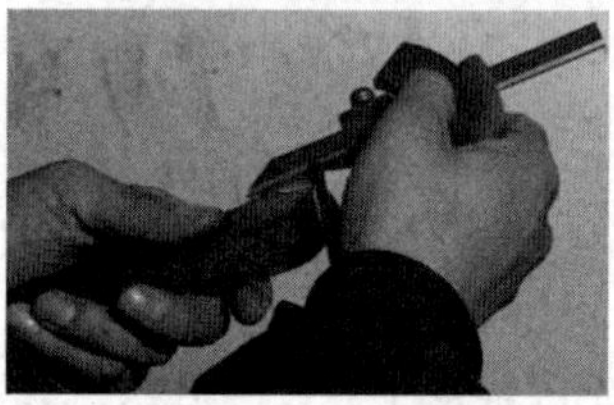

操作提示：

1. 刃磨断屑槽时，砂轮的夹角处应经常保持尖锐或具有一定的圆弧状。当砂轮棱边磨损出较大圆角时，应及时用金刚石笔或硬砂条修整。

2. 刃磨断屑槽时的起点位置应与刀尖、主切削刃离开一定距离，防止主切削刃和刀尖被磨坍。一般起始位置与刀尖的距离等于断屑槽长度的1/2左右，与主切削刃的距离等于断屑槽宽度的1/2再加倒棱的宽度。

3. 刃磨断屑槽时，不能用力过大，车刀应沿刀柄方向作上下缓慢移动。要特别注意刀尖，避免把断屑槽的前端口磨坍。

4. 刃磨过程中应反复检查断屑槽的形状、位置及前角大小。对于尺寸较大的断屑槽，可分粗磨和精磨两个阶段，尺寸较小的则可一次刃磨成形。

任务测评

请将车刀刃磨情况填入表2-3-4。

表2-3-4 车刀刃磨情况记录表

工作内容	完成情况	存在问题	改进措施
主后面			
副后面			

项目2 车外圆柱面

续表

工作内容	完成情况	存在问题	改进措施
前面			
断屑槽			
负倒棱			
过渡刃			
研磨车刀			
测量车刀角度			
安全文明生产			
指导教师评价	指导教师：　　　　　　年　月　日		

课后小结

（根据实操完成情况进行小结）

_____
_____
_____
_____
_____
_____
_____
_____
_____
_____
_____
_____
_____
_____
_____
_____
_____

任务 2-4 常用量具

**学习目标**

（1）能根据传动轴测量要求，正确选用并校对千分尺和游标卡尺。
（2）能正确识读千分尺和游标卡尺。

**问题与思考**

同学们，我们都知道任何物品都是有尺寸的，而加工工件更有尺寸限制。那么，怎样来测量、掌握呢？

**工作任务**

车工的量具很多，针对不同的测量内容对应多种测量方式，较常用的量具有游标卡尺和外圆千分尺。

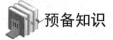**预备知识**

一、认识游标卡尺

1. 游标卡尺的结构

游标卡尺是最常用的中等精度的通用量具，它由主尺（尺身）及能在尺身上滑动的游标等组成，如图 2-4-1 所示。使用外测量爪可测量轴的直径、厚度尺寸，使用内测量爪可测量孔的直径、宽度尺寸，使用深度尺还可测量轴的长度、孔的深度等，因此称为三用游标卡尺。

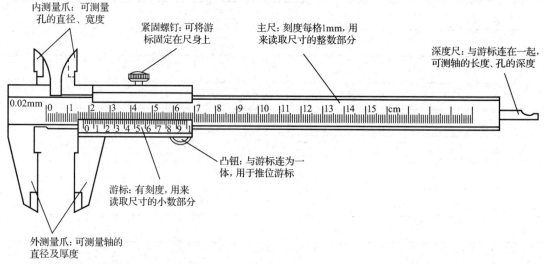

图 2-4-1 游标卡尺的结构示意图

2. 游标卡尺的分度值和量程

游标卡尺尺身上相邻两刻度线和游标上相邻两刻度线所代表的量值之差称为分度值。按分度值的不同，常用游标卡尺有 0.02mm、0.05mm、0.10mm 三种规格，游标上每格刻度值分别为 0.02mm、0.05mm、0.10mm，如图 2-4-2 所示，其中分度值为 0.02 的游标卡尺最常用。

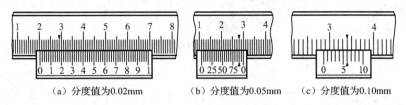

图 2-4-2　游标卡尺的分度值

按游标卡尺的测量范围（量程）不同，常用的游标卡尺有 0～125mm、0～150mm、0～200mm、0～300mm 等多种规格。

3. 游标卡尺的读数方法

游标卡尺是以游标的"0"线为基准进行读数的，其读数分为三个步骤，如表 2-4-1 所示。

表 2-4-1　游标卡尺的读数方法

步骤	图示	说明
1. 读主尺，读整数	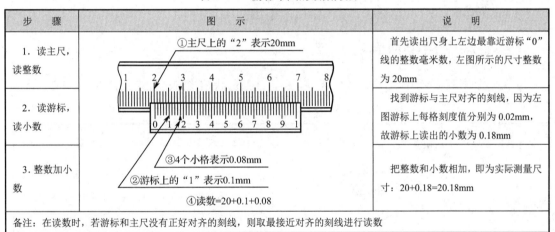	首先读出尺身上左边最靠近游标"0"线的整数毫米数，左图所示的尺寸整数为 20mm
2. 读游标，读小数		找到游标与主尺对齐的刻线，因为左图游标上每格刻度值分别为 0.02mm，故游标上读出的小数为 0.18mm
3. 整数加小数		把整数和小数相加，即为实际测量尺寸：20+0.18=20.18mm
备注：在读数时，若游标和主尺没有正好对齐的刻线，则取最接近对齐的刻线进行读数		

二、游标卡尺的使用注意事项

1. 测量前

将游标卡尺的测量面用软布擦干净；拉动游标，应滑动灵活、无卡死，紧固螺钉能正常使用；两个量爪合拢后应密不透光，游标零线应与尺身零线对齐。

2. 测量时

注意看清分度值；右手握尺身，用右手大拇指推动游标使测量爪与被测表面接触，保持合适的测量力；量爪位置要摆正，不能歪斜；用游标上方的紧固螺钉锁紧游标，如图 2-4-3 所示；读数时，视线应与尺身表面垂直，避免产生视觉误差。

3. 测量后

（1）量爪合拢，以免深度尺露在外边，产生变形或折断。

（2）测量结束后把卡尺平放，以免引起尺身弯曲变形。

（3）卡尺使用完毕，擦净并放置在专用盒内。如果长时间不用，要涂油保存，防止弄脏或生锈。

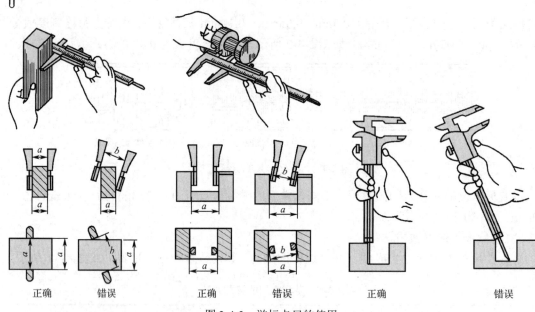

图 2-4-3 游标卡尺的使用

三、其他游标卡尺简介

为了满足测量各种形体结构尺寸的需要，还有其他形状结构的游标卡尺，如表 2-4-2 所示。

表 2-4-2 其他形状结构的游标卡尺

名 称	图 示	说 明
双面游标卡尺		双面游标卡尺的尺框上装有微调装置，起到控制测量力适当和均匀的作用，并将内、外测爪做成一体，适合测量内孔直径
电子数显游标卡尺		电子数显游标卡尺由尺身、传感器、控制运算部分和数字显示部分组成，读数方便，适合快速测量，但示值误差较大
带表游标卡尺		带表游标卡尺是利用机械传动系统将两个测量面的相对移动转变为指示表针的回转运动。所测量的尺寸由尺框左端面指示示值的整数毫米部分，由表上指针指示示值的小数部分
游标高度尺		游标高度尺由底座、主尺和尺框组成，尺框上安装的量爪分为测高量爪和画线量爪，分别用于测量高度和钳工画线

续表

名 称	图 示	说 明
游标深度尺		游标深度尺由尺框和尺身组成，在测量深度时，其示值为尺框测量面和尺身测量面之间的距离
齿厚游标卡尺		齿厚游标卡尺相当于把两个游标卡尺相互垂直地连接在一起。齿厚游标卡尺主要用于测量齿轮分度圆的弦长、弦厚度

四、认识螺旋测微器（千分尺）

1．千分尺的结构

千分尺即指外径千分尺（若不特别说明），其结构如图 2-4-4 所示，它由尺架、固定测头、测微螺杆、锁紧装置、固定套管、微分管、测力装置等组成，是一种常用的精密量具，其测量精度（0.01mm）要比游标卡尺高。

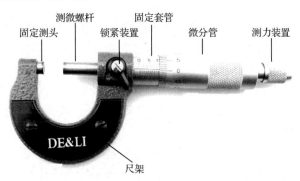

图 2-4-4　千分尺

2．千分尺的工作原理

千分尺的工作原理是通过螺旋传动，将测量杆的轴向位移转换成微分管的圆周转动，使读数直观、准确。千分尺增加了测力装置，保证了测量力的恒定。

3．千分尺的量程

由于测微螺杆的长度受到制造工艺的限制，其移动量通常为 25mm，所以千分尺的测量范围分别为 0～25mm、25～50mm（固定套管上的最小刻度值为 25mm，最大刻度值为 50mm）、50～75mm、75～100mm 等多种规格。

4．千分尺的刻线原理

千分尺的固定套管上刻有基准线，在基准线的上、下两侧有两排刻线，上、下两条相邻刻线的间距为每格 0.5mm。微分管的外圆锥面上刻有 50 格刻度，微分管每转动一格，测微螺杆移动 0.01mm，所以千分尺的分度值即精度为 0.01mm。

5．千分尺的读数方法

测量工件时，先转动千分尺的微分管，待测微螺杆的测量面接近被测量表面时，再转动测力装置，使测微螺杆的测量面接触工件表面，当听到2～3声"咔咔"声响后即可停止转动，读取工件尺寸。为防止尺寸变动，可转动锁紧装置，锁紧测微螺杆。千分尺的读数步骤如表2-4-3所示。

表2-4-3　千分尺的读数方法

步　骤	图　示	说　明
1. 读固定套管刻度		首先读出固定套管上距微分管边缘最近的刻线，从固定套管中线上侧的刻度读出整数，从中线下侧的刻度读出0.5mm的小数
2. 读微分管刻度	7+0.5+0.01×35=7.85mm	从微分管上找到与固定套管中线对齐的刻线，将此刻线数乘以0.01mm就是小于0.5mm的小数部分的读数
3. 两刻度值相加		把以上几部分相加即为测量值

五、千分尺的使用注意事项

（1）千分尺是一种精密量具，只适用于精度较高零件的测量，严禁测量表面粗糙的毛坯零件。

（2）测量前必须把千分尺及工件的测量面擦拭干净；先让两个测量面合拢，检查是否密合，同时观察微分管上的零线与固定套管的中线是否对齐，如有零位偏差，可送检调整或在读数时加以修正。

（3）测量时，不可用手猛力转动微分管，以免使测量力过大而影响测量精度，严重时还会损坏螺旋传动副；读取数值时，尽量在零件上直接读取，但要使视线与刻线表面保持垂直；当离开工件读数时，必须先锁紧测微螺杆。

（4）测量后，不能将千分尺与工具或零件混放；使用完毕，应擦净千分尺，放置在专用盒内；若长时间不用，应涂油保存以防生锈；千分尺应定期送交计量部门进行计量和保养，严禁擅自拆卸。

六、其他千分尺

为了满足测量各种形状结构尺寸的需要，还有其他形状结构的游标卡尺，如表2-4-4所示。

表2-4-4　其他形状结构的千分尺

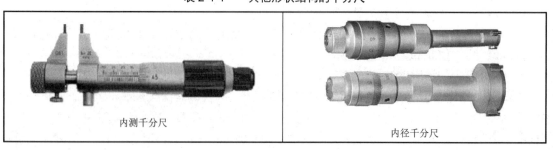

内测千分尺　　　　　　　　　　内径千分尺

续表

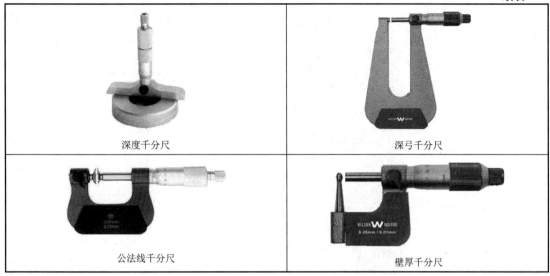

深度千分尺	深弓千分尺
公法线千分尺	壁厚千分尺

任务实施

一、用游标卡尺检测轴套零件

用游标卡尺测量图 2-4-5 所示轴套零件各个要素的尺寸。根据测量结果和图样上的尺寸公差要求，判断轴套零件的尺寸是否合格？

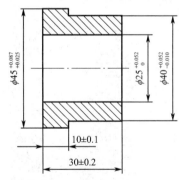

图 2-4-5 轴套零件

1. 用游标卡尺检测轴套零件的方法和步骤

具体检测方法和步骤如表 2-4-5 所示。

表 2-4-5 用游标卡尺检测轴套零件的方法和步骤

步骤	图示	说明
选用游标卡尺		根据被测零件尺寸，选用卡尺的测量范围为 0～150mm，分度值为 0.02，用软布将游标卡尺的测量面擦干净

续表

步　骤	图　示	说　明
游标卡尺校正"0"位	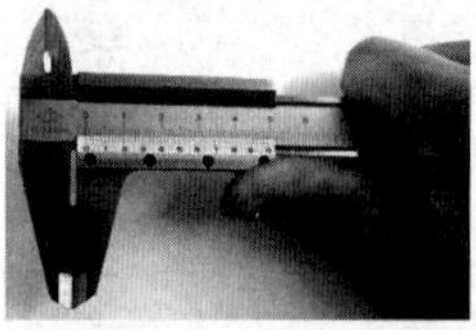	游标与尺身的"0"线应对齐
测量零件的外径尺寸	 	(1) 卡爪张开尺寸应大于工件尺寸，推动游标靠近工件外表面； (2) 量爪应通过工件中心
测量零件的长度	 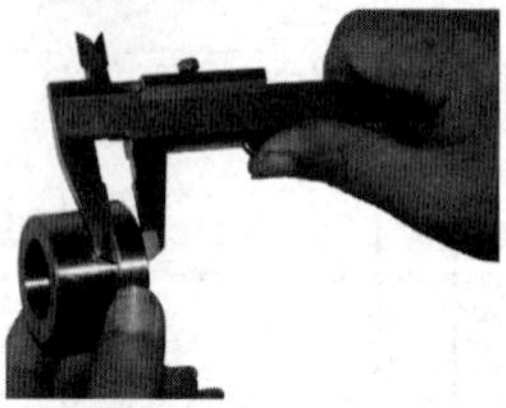	工件应摆正，让量爪与被测表面充分接触
测量零件的内径尺寸		(1) 卡爪张开尺寸应小于工件尺寸，拉动游标靠近工件内表面； (2) 推力要适中； (3) 量爪应通过工件中心

2. 记录轴套零件尺寸的检测数值并判定其合格性

按照以上步骤，将测得的尺寸数值填入表2-4-6。为保证尺寸测量的准确度，可对轴套的同一尺寸测量2～3次。

表2-4-6　轴套零件尺寸的检测数值和合格性判定

序号	被测尺寸	上极限尺寸	下极限尺寸	实测尺寸l_1	实测尺寸l_2	实测尺寸平均值	合格性
1	$\phi 40^{+0.052}_{-0.010}$	$\phi 40.052$	$\phi 39.990$	40.04	40.02	40.03	合格
2	$\phi 45^{+0.087}_{-0.025}$						
3	$\phi 25^{+0.052}_{0}$						

项目2 车外圆柱面

续表

序号	被测尺寸	上极限尺寸	下极限尺寸	实测尺寸 l_1	实测尺寸 l_2	实测尺寸平均值	合格性
4	10±0.1						
5	30±0.1						
备注：表格中空白处由教师引导，学生自主完成							

二、用千分尺检测轴套零件

用千分尺测量图2-4-6所示连接轴零件上 $\phi 45_{-0.025}^{0}$、$\phi 25_{-0.041}^{-0.020}$、$\phi 10_{0}^{+0.022}$、$16_{-0.025}^{+0.002}$ 的实际尺寸；根据测量结果，判断以上尺寸是否合格？

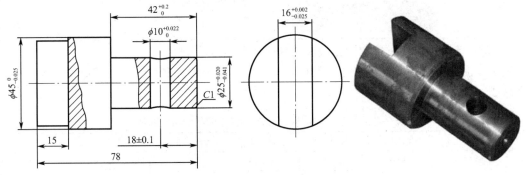

图2-4-6 连接轴零件

1. 用千分尺检测连接轴零件的方法和步骤

具体检测方法和步骤如表2-4-7所示。

表2-4-7 用千分尺检测连接轴零件的方法和步骤

步骤	图示	说明
选用千分尺并校正"0"位		根据被测零件尺寸，选用千分尺的测量范围为0～25mm和25～50mm，检查其外观和各部分的作用，用软布将千分尺的测量面擦干净
测量 $\phi 45_{-0.025}^{0}$		双手测量法：左手握千分尺，右手转动微分筒，使测微螺杆靠近工件；用右手转动测力装置，保证恒定的测量力。测量时，必须保证测微螺杆的轴心线与零件的轴心线相交，且与零件的轴心线垂直
测量 $\phi 25_{-0.041}^{-0.020}$		单手测量法：左手拿工件，右手握千分尺，并同时转动微分筒。此法用于较小零件或较小尺寸的测量。测量时，施加在微分筒上的转矩要适当

续表

步骤	图示	说明
测量 $\phi 10^{+0.022}_{0}$	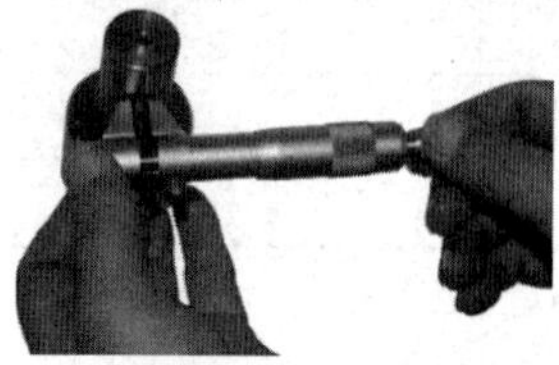	测量时，内测千分尺在孔中不能歪斜，以保证测量准确
测量 $16^{+0.002}_{-0.025}$		测量槽的宽度时，注意要将内测千分尺摆正，以测量的最小值作为槽宽度

2. 记录连接轴零件尺寸的检测数值并判定其合格性

按照以上方法，将所测得的尺寸数值填入表2-4-8，为保证测量尺寸的准确度，对同一尺寸测量2~3次。

表2-4-8　连接轴零件尺寸的检测数值和合格性判定

序号	被测尺寸	上极限尺寸	下极限尺寸	实测尺寸 l_1	实测尺寸 l_2	实测尺寸平均值	合格性
1	$\phi 45^{0}_{-0.025}$	$\phi 45$	$\phi 44.975$	$\phi 44.99$	$\phi 44.98$	$\phi 44.985$	合格
2	$\phi 25^{-0.020}_{-0.041}$						
3	$\phi 10^{+0.022}_{0}$						
4	$16^{+0.002}_{-0.025}$						
备注：表格中空白处由教师引导，学生自主完成							

任务测评

请将加工情况填入表2-4-9。

表2-4-9　情况记录表

工作内容	完成情况	存在问题	改进措施
游标卡尺的使用情况			
千分尺的使用情况			
安全文明生产			
指导教师评价	指导教师：　　　　年　月　日		

课后小结

（根据实操完成情况进行小结）

任务 2-5 手动车削体验

**学习目标**

（1）掌握切削用量的选择。
（2）能正确装夹车刀。
（3）能按图样要求的尺寸，根据零件图独立完成光轴的车削。
（4）掌握手动进给车削外圆、端面和倒角的方法。

问题与思考

当我们拿到一个毛坯外圆时，如何把它车削成想要的尺寸呢？该如何使用刃磨好的车刀呢？

**工作任务**

在任务 2-3 中我们学习了车刀的刃磨，接下来将用磨好的车刀来车削轴类工件中最简单的一种轴——光轴，验证车刀的刃磨质量，并掌握光轴的车削方法。
初次进行手动车削体验，应初步具备掌握手动进给车削外圆、端面和倒角的技能。

**预备知识**

一、切削用量

切削用量是切削加工过程中切削速度、进给量和背吃刀量（切削深度）的总称。切削用量直接影响工件的加工质量、刀具的磨损和寿命、机床的动力消耗及生产率。因此，必须合理选择切削用量。下面以图 2-5-1 所示的车削外圆为例进行说明。

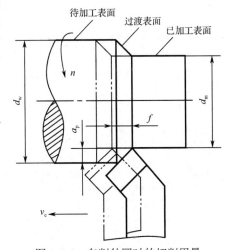

图 2-5-1 车削外圆时的切削用量

1. 切削速度 v_c

切削速度指切削刃选定点相对工件主运动的瞬时速度，单位为 m/min。

车削时切削速度的计算公式为

$$v_c = \frac{\pi d n}{1000}$$

式中 v_c——车削时的切削速度，m/min；
  n——工件或刀具的转速，r/min；
  d——工件或刀具的旋转直径，mm。

【例 2-1】 车削直径为 60mm 的工件外圆时，选定的车床主轴转速为 560r/min，求切削速度。
解：

$$v_c = \frac{\pi d n}{1000} = \frac{3.14 \times 60 \times 560}{1000} \approx 106 \text{m/min}$$

> **操作提示：**
> 1. 在实际生产中，往往已知工件直径，并根据工件材料、刀具材料和加工要求等因素选定切削速度，再将切削速度换算成主轴转速，以便调整机床，这时可把切削速度的公式改写成：$n = \dfrac{1000v_c}{\pi d}$。
> 2. 如果计算所得的车床转速和车床铭牌上所列的转速有出入，应选取铭牌上和计算值接近的转速。

2．进给量 f

进给量指工件每转一转，车刀沿进给方向移动的距离，是衡量进给运动大小的参数。进给量分为纵向进给量和横向进给量。纵向进给量指沿车床床身导轨方向的进给量；横向进给量指垂直于车床床身导轨方向的进给量。

3．背吃刀量 a_p

工件上已加工表面和待加工表面间的垂直距离称为背吃刀量，也就是每次进给时车刀切入工件的深度。车削外圆时，背吃刀量可按下式计算：

$$a_p = \dfrac{d_w - d_m}{2}$$

式中　a_p——背吃刀量，mm；
　　　d_w——工件待加工表面直径，mm；
　　　d_m——工件已加工表面直径，mm。

【例 2-2】　已知工件待加工表面直径为 95mm，现一次进给车至直径为 90mm，求背吃刀量。

解：$a_p = \dfrac{d_w - d_m}{2} = \dfrac{95 - 90}{2} = 2.5\text{mm}$

二、切削用量的选择

切削用量的选择如表 2-5-1 所示。

表 2-5-1　切削用量的选择

加工阶段	粗车	半精车和精车
原则	考虑提高生产率并保证合理的刀具寿命。首先要选用较大的背吃刀量，然后再选择较大的进给量，最后根据刀具寿命选用合理的切削速度	必须保证加工精度和表面质量，同时还必须兼顾必要的刀具寿命和生产效率
背吃刀量	在保留半精车余量（约1~3mm）和精车余量（0.1~0.5mm）后，其余量应尽量一次车去	由粗加工后留下的余量确定。用硬质合金车刀车削时，最后一刀的背吃刀量不宜太小，以 a_p=0.1mm 为宜
进给量	在工件刚度和强度允许的情况下，可选用较大的进给量	一般多采用较小的进给量
切削速度	车削中碳钢时，平均切削速度为 80~100m/min；切削合金钢时平均切削速度为 50~70m/min；切削灰铸铁时平均切削速度为 50~70 m/min	用硬质合金车刀精车时，一般多采用较高的切削速度（80~100m/min 以上）；用高速钢车刀时宜采用较低的切削速度

三、车刀的装夹

将刃磨好的车刀装夹在方刀架上,这一操作过程就是车刀的装夹。车刀装夹正确与否,直接影响车削是否能够顺利进行,以及工件的质量。所以,在装夹车刀时要符合以下要求:

(1)车刀装夹在刀架上的伸出部分应尽量短,以增强车刀刚度。伸出长度约为刀柄厚度的1~1.5倍。车刀下面垫片的数量要尽量少(一般为1~2片),并与刀架边缘对齐。如图2-5-2所示。

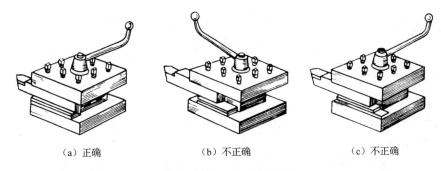

(a)正确　　　　　　　　(b)不正确　　　　　　　　(c)不正确

图2-5-2　车刀的装夹

(2)保证车刀的实际主偏角κ_r。例如,90°车刀一般保证粗车时85°~90°,精车时90°~93°,如图2-5-3所示。

(3)至少用两个螺钉逐个轮流压紧车刀,以防振动,如图2-5-4所示。

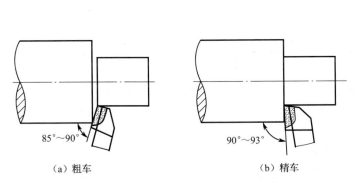

(a)粗车　　　　　　　　(b)精车

图2-5-3　车阶台时偏刀的装夹位置

图2-5-4　用两个螺钉压紧车刀

(4)增减车刀下面的垫片,使车刀刀尖与工件回转中心等高(见图2-5-5(a))。若车刀刀尖高于工件回转中心(见图2-5-5(b)),则会使车刀的实际后角减小,从而车刀后面与工件之间的摩擦增大。若车刀刀尖低于工件回转中心(见图2-5-5(c)),则会使车刀的实际前角减小,切削阻力增大。

车刀刀尖对不准工件回转中心,在车至端面中心时,会留有凸头,使用硬质合金车刀时,若忽视此点,车到中心处会使刀尖崩碎。

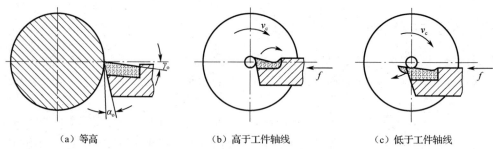

(a) 等高　　　　　　(b) 高于工件轴线　　　　　　(c) 低于工件轴线

图 2-5-5　车刀刀尖与工件轴线的位置

任务实施

一、识读光轴工件图

1. 尺寸公差

光轴的外圆直径为 $\phi 42$mm，工件的总长为 146mm，倒角 $C1$ mm。

2. 表面粗糙度

图样右下角的符号 "$\sqrt{Ra\,3.2}$ (√)" 表示光轴的所有表面有相同的表面粗糙度要求，即光轴的外圆表面，左、右两端面和倒角的圆锥表面的表面粗糙度均为 $Ra\,3.2\mu m$。

3. 技术要求

本工件除了有加工尺寸要求之外，技术要求为"热处理调质 28～30HRC"，即材料经过调质处理，达到洛氏硬度为 28～30HRC。

二、工艺分析

（1）本任务加工工件的图样如图 2-5-6 所示。

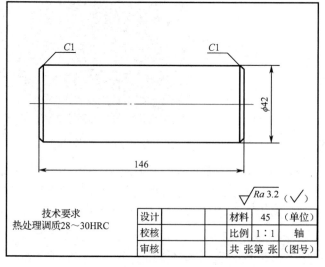

图 2-5-6　光轴工件图

（2）工件材料为 45 号钢，为中碳钢。

（3）图样中的 C1mm 倒角，即 1×45°。"1" 是指倒角在外圆上的轴向长度为 1mm。

（4）加工工件应粗、精车一端外圆后，再车端面保证总长，最后粗、精车另一端外圆。

三、准备工作

1．毛坯（见图 2-5-7）

材料：45 号钢；毛坯尺寸：ϕ50mm×150mm。数量：1 件。

图 2-5-7　毛坯

2．工艺装备

90°车刀、钢直尺、游标卡尺、50～75mm 千分尺、0.2mm×25mm×140mm 铜皮。

3．设备

CA6140 型车床。

四、车削步骤

按表 2-5-2 中步骤完成车削光轴。

表 2-5-2　车削光轴

步　骤	车削内容	图　示
1．装夹工件	将卡盘扳手的方榫插入卡盘外圆上的小方孔中，转动卡盘扳手，放开卡爪	
	将工件放入三爪自定心卡盘卡爪之内，工件伸出卡爪长度 100mm，用钢直尺测量	

续表

步　骤	车削内容	图　示
1. 装夹工件	左手握住卡盘扳手，右手握住加力管，用力转动卡盘扳手就可以夹紧工件	
2. 装夹90°车刀	（1）刀尖对准工件中心。 ① 顶尖对准法（见图a）。使车刀刀尖和尾座顶尖等高。 ② 测量刀尖高度法（见图b）。用钢直尺测量导轨到刀尖的高度装刀；CA6140车床中心高度为205mm。 （2）紧固车刀。紧固前先目测刀柄中心与工件轴线是否垂直，如不符合要求，则转动车刀进行调整。位置正确后，再用专用刀架扳手将前、后两个螺钉轮换逐个拧紧。刀架扳手不允许加套管，以防损坏螺钉。 （3）当压刀螺钉压紧后，检查刀尖是否还在主轴中心并调整	 图 a  图 b 
3. 调整车床	（1）调整主轴转速手柄，将主轴转速调至粗车时的转速（450r/min）。 （2）调整进给量手柄，将进给量调至粗车时的进给量（0.25mm/r）	
4. 外圆试车削	（1）对刀。左手摇动床鞍手轮，右手摇动中滑板手柄，使车刀刀尖趋近并轻轻接触工件待加工表面，以此作为确定中滑板进刀的零点位置，然后反向摇动床鞍手轮（此时中滑板手柄不动），使车刀向右离开工件3～5mm	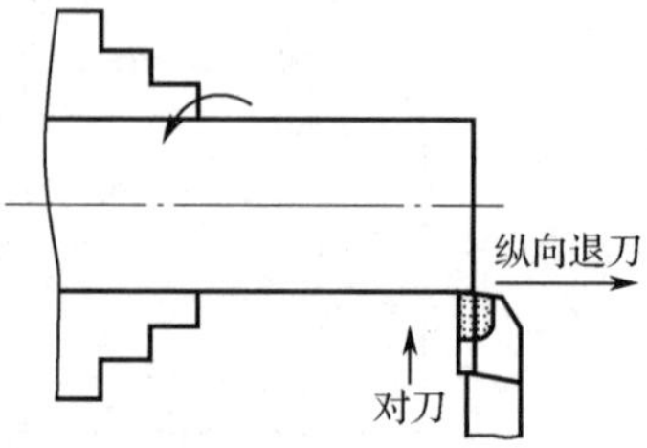 纵向退刀 对刀

续表

步骤	车削内容	图示
4. 外圆试车削	（2）进刀。摇动中滑板手柄，使车刀横向进给1mm，通过中滑板上刻度盘进行控制和调整	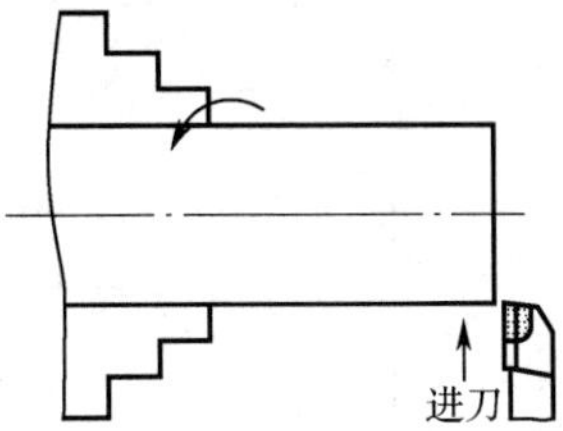
	（3）试车削。目的是调整车刀横向进给，保证工件的直径尺寸。车刀在进刀后，纵向进给切削工件2mm左右时，纵向快速退出车刀，停车测量；根据测量结果，相应地调整车刀横向吃刀量，试车至ϕ48mm为止	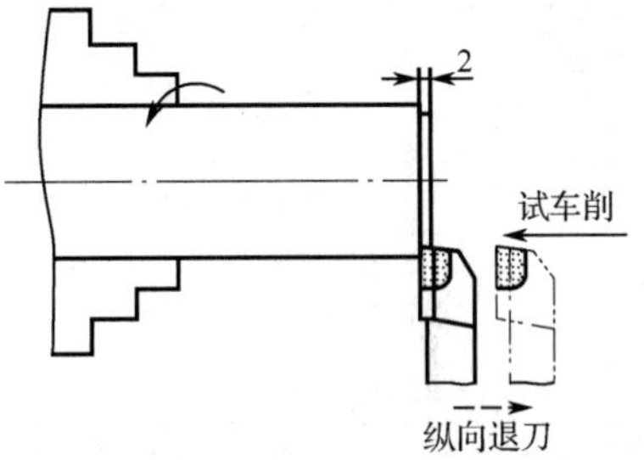
5. 粗、精车一端外圆	（1）粗车。用90°车刀将外圆车至ϕ43mm，长度车至90mm左右，并用游标卡尺测量 （2）选用精车时的转速为800r/min；进给量为0.03mm/r。 （3）将外圆精车至ϕ42mm，并用千分尺测量	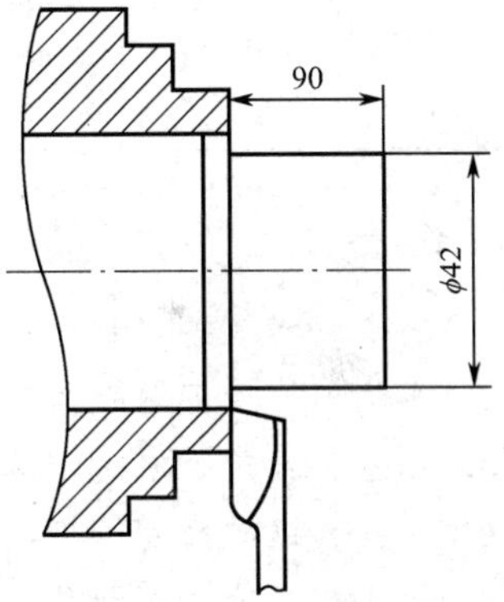
	（4）倒角。转动刀架→使90°车刀的主切削刃成45°→紧固刀架→移动床鞍、中滑板→使主切削刃至外圆和端面的相交处→倒角	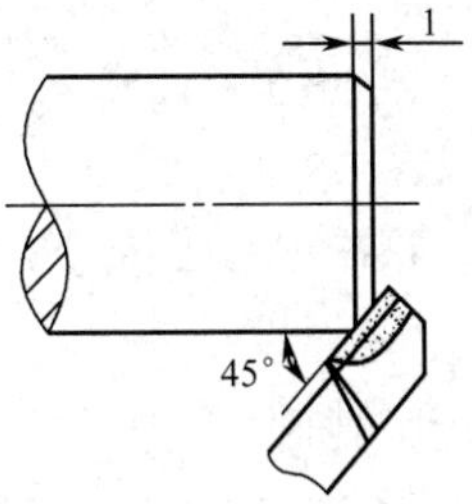
6. 车总长	（1）卸下工件，测量工件的实际总长，计算好加工余量。 （2）用铜皮包住已经加工好的外圆，调头装夹，保证阶台与卡爪的距离在5~10mm之间。 （3）粗、精车工件总长146mm，用游标卡尺测量	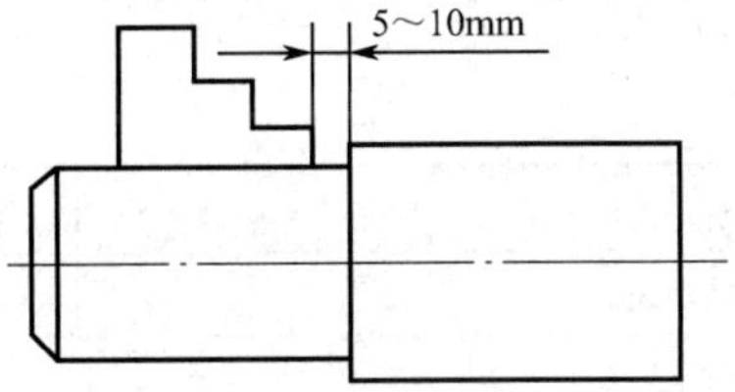

续表

步　骤	车削内容	图　示
7. 粗、精车另一端外圆	（1）重复步骤 4 和步骤 5，粗、精车工件外圆至 $\phi 42$mm，并用千分尺测量	
	（2）倒角 C1mm，体验用 90°车刀的副切削刃倒角的方法	
8. 结束工作	（1）工件加工完毕，卸下工件。 （2）自检：自己用量具测量。 （3）互检：同学间相互检测。 （4）交老师检测	

操作提示：

1. 用手动进给练习时，应把有关进给手柄放在空挡位置。
2. 车削前应检查滑板位置是否正确，工件装夹是否牢靠，卡盘扳手是否已取下。
3. 检查车刀是否装夹正确，紧固螺钉是否拧紧，刀架压紧手柄是否锁紧。
4. 变换转速时应先停机，后变速；否则容易使齿轮折断。
5. 车削时应先启动机床，后进刀，车削完毕时先退刀再停止车床，否则车刀容易损坏。
6. 工件端面中心留有凸台，原因是车刀刀尖没对准工件轴线。
7. 端面不平，有凹凸，原因是背吃刀量过大，车刀磨损，床鞍没锁紧，刀架和车刀紧固力不足而产生位移，使用 90°车刀时，装刀后主偏角大于 90°。

请将加工情况填入表 2-5-3。

表 2-5-3　加工情况记录表

工作内容	加工情况	存在问题	改进措施
工件装夹			
90°车刀装夹			
调整车床			

项目2 车外圆柱面

续表

工作内容	加工情况	存在问题	改进措施
外圆 ϕ 42mm			
总长 146mm			
另一端外圆 ϕ 42mm			
指导教师评价	指导教师：　　　　　年　月　日		

课后小结（根据实操完成情况进行小结）

_____
_____
_____
_____
_____
_____
_____
_____
_____
_____
_____
_____
_____
_____
_____
_____
_____
_____
_____
_____

任务 2-6 车削阶台轴

学习目标

（1）能识读传动轴图样，明确加工要求，按照加工工艺粗、精车阶台轴。
（2）能合理选择粗、精车时的切削用量。
（3）掌握车削阶台轴时产生废品的原因、预防方法。

问题与思考

在同一工件上有几个直径不同的圆柱体连接在一起像阶台一样，称为阶台工件；阶台工件的车削，实际上就是外圆和平面车削的组合，因此在车削时必须注意兼顾外圆的尺寸精度和阶台长度的要求，那么该如何车削呢？

工作任务

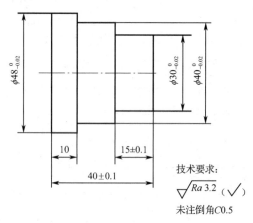

图 2-6-1 销轴

车削本任务中的阶台轴，应先把 $\phi 50mm \times 45mm$ 的毛坯按图 2-6-1 所示的阶台轴粗车工序图粗车成形。

由于阶台轴粗车后还要进行半精车和精车，直径尺寸应留 0.8～1mm 的精车余量，阶台长度留 0.5mm 的精车余量。因此，对工件的精度要求并不高，在选择车刀和切削用量时应着重考虑提高劳动生产率方面的因素，可采用一夹一顶装夹，以承受较大的切削力。粗车外圆时用 75°车刀或 90°硬质合金粗车刀，车端面时用 45°车刀。

在粗加工阶段，还应校正好车床锥度，以保证工件对圆柱度的要求。

预备知识

一、粗车和精车

车削工件时，一般分为粗车和精车。

1. 粗车

因为粗车对切削表面没有严格要求，只需留一定量的精车余量即可，故粗车时通常采用切削深度和进给量大、转速稍低的方法，以较少的时间尽快把工件余量车掉。由于粗车时切削力较大，故工件装夹必须牢固。

2. 精车

精车是车削的末道加工。为了使工件获得准确的尺寸和规定的表面粗糙度，精车时，应

把车刀磨得锋利些,车床转速选得高一些,进给量选得小一些。

二、车端面、外圆的方法

1. 车端面

(1)车刀选用。车端面时,一般选用45°车刀和90°车刀,常用的是45°车刀。

(2)端面的车削方法。启动机床使工件旋转,移动床鞍或小滑板,使刀尖对准工件端面,横向进给控制切削深度;移动中滑板做横向进给,由工件外缘向中心车削,若选用90°车刀车削端面,应采取由中心向外缘车削,如图2-6-2所示。

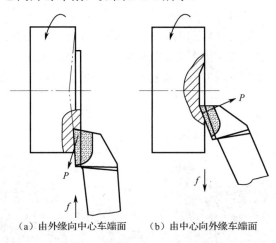

(a)由外缘向中心车端面　　(b)由中心向外缘车端面

图2-6-2　车端面

> **操作提示:**
>
> 只有在启动机床后,移动刀具,具备工件移动的主运动和刀具移动的进给运动,才可能使刀具不崩刃。

2. 车外圆

(1)对刀。启动车床使工件旋转,调整车刀位置,使刀尖靠近并轻轻地接触工件待加工表面,然后退回床鞍;以此时中滑板刻度盘上的刻度作为确定切削深度的零点位置。

(2)进刀。摇动中滑板手柄,使车刀横向进给,进给量为切削深度。

(3)试切削。车刀进刀后作纵向移动,2mm左右时,纵向快退,停车测量。根据测量结果调整进给量,直至尺寸合格。试切削的目的是为了控制切削深度,保证工件的加工尺寸。

(4)正常车削。试切削调整好切削深度后便可正常车削,当车削到所需部位后退出车刀,停车测量。直到符合图样要求为止。

三、车阶台的方法

1. 车刀的选择和装夹

车阶台时,通常使用90°外圆车刀。

车刀安装时可根据粗、精车的不同而不同:粗车时,为了增加切削深度,减小刀尖压力,车刀安装时主偏角可小于90°(一般为85°~90°);精车时,为了保证阶台端面和轴线的垂直度，应取主偏角大于 90°（一般为 93°左右）。

2．阶台工件的车削方法

车削阶台工件时，一般分为粗、精车。

粗车时的阶台长度除第一挡阶台长度略短些外（留精车余量），其余各挡可车至长度。

精车时，通常在机动进给精车至近阶台处时停下机动进给，以手动进给代替机动进给。当车至阶台端面时，变纵向进给为横向进给，移动中滑板由里向外慢慢精车阶台平面，以确保阶台平面和轴心线垂直。

3．阶台长度的控制方法

通常控制阶台长度的方法有以下几种。

（1）刻线法。先用钢直尺或样板量出阶台的长度尺寸，然后用车刀尖在阶台的所在位置车刻出一圈细线，按刻度痕车削。如图 2-6-3 所示。

（2）用挡铁控制阶台长度。用挡铁定位控制阶台长度，主要用于成批车削阶台轴时。如图 2-6-4 所示。

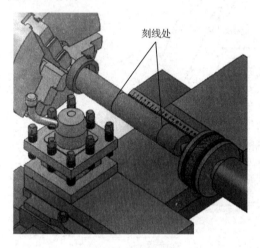

图 2-6-3　刻线法

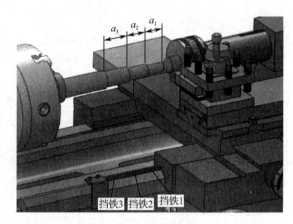

图 2-6-4　挡铁定位

挡铁 1 固定在车身导轨上，并与工件上阶台 a_1 的平面轴向位置一致，挡铁 2、3 的长度分别等于 a_2、a_3 的长度。纵向进给时，当床鞍碰到挡铁 1 时工件阶台长度 a_1 车到要求，拿去挡铁 1 调整好下一个阶台，继续纵向进给，当床鞍碰到挡铁 2 时，阶台长度 a_2 车到要求。

挡铁定位控制阶台长度的方法可节省加工中大量的测量时间，且成批工件长度尺寸一致性较好，阶台长度的尺寸精度可达 0.1~0.2mm。

当床鞍纵向进给快碰到挡铁时，应改机动进给为手动进给。

（3）用床鞍刻度盘控制阶台长度。CA6140 型车床床鞍进给刻度盘一格等于 1mm，可先将 90°车刀在工件端面（阶台）处轻接触，此时床鞍刻度加上阶台长度即为床鞍进给车削的长度。如图 2-6-5 所示。

图 2-6-5　床鞍刻度盘

常用的是用床鞍刻度盘控制阶台长度。

四、刻度盘的原理及应用

车削工件时,为了准确和迅速地掌握背吃刀量,通常利用中滑板或小滑板上的刻度盘作为进刀的参考数据。

中滑板的刻度盘装在横向进给丝杠端头,当摇动横向进给丝杠一圈时,刻度盘也随之转动一圈,这时固定在中滑板上的螺母就带动中滑板、刀架及车刀一起移动一个螺距。若横向进给丝杠距为 5mm,刻度盘一周等分 100 格,当摇动中滑板手柄一周时,中滑板移动 5mm,则刻度盘每转一格时,中滑板移动量为 5mm÷100=0.05mm。

小滑板的刻度盘用来控制车刀短距离的纵向移动,其刻度原理与中滑板刻度盘相同。由于丝杠与螺母之间的配合存在间隙,在摇动丝杠手柄时,滑板会产生空行程(即丝杠带动刻度盘已经转动,而滑板并未立即移动),因此使用刻度盘是要反向先转动适当角度,再正向慢慢摇动手柄,带动刻度盘到所需的个数(见图 2-6-6 (a));如果摇动时不慎多转动了几格,则绝不能简单地退回到所需的位置(见图 2-6-6 (b)),而必须向相反方向退回(通常反向转动 1/2 圈),再重新摇动手柄使刻度盘转到所需的刻度位置(见图 2-6-6 (c))。

(a) 反向转动再缓慢摇动　　　　(b) 多转动格数直接退回,错误　　　　(c) 反向退回1/2圈再进给,正确

图 2-6-6　消除刻度盘空行程的方法

利用中、小滑板刻度盘作进给的参考依据时必须注意:中滑板刻度控制的背吃刀量应是工件余量尺寸的 1/2,而小滑板刻度盘的刻度值则直接表示工件长度方向上的切除量。

任务实施

一、识读阶台轴粗车工序图

1. 尺寸公差

在图 2-6-1 中,阶台轴的总长 40±0.1mm 是最终尺寸。

粗车时,阶台轴直径和阶台长度尺寸留出精车余量。

2. 表面粗糙度

图 2-6-1 中 "$\sqrt{Ra\,3.2}$" 表示阶台轴的各表面粗糙度 Ra 3.2μm。

二、工艺分析

车削本任务中的阶台轴,应先粗车再精车。

(1)阶台轴粗车后还要进行精车,直径尺寸应留 0.8～1mm 的精车余量,阶台长度留 0.5mm 的精车余量。

(2)粗车对工件的精度要求并不高,在选择车刀和切削用量时应着重考虑提高劳动生产率方面的因素。

(3)粗车外圆时用 75°车刀或 90°硬质合金粗车刀,车端面时用 45°车刀。

(4)在粗车阶段,还应校正好车床锥度,以保证工件对圆柱度的要求。

三、准备工作

1. 工件毛坯

材料:45 号钢。检查毛坯尺寸:ϕ50mm×45mm。数量:1 件/人。

2. 工艺装备

三爪自定心卡盘、回转顶尖、钢直尺、0.02mm/(0～150)mm 的游标卡尺。
将 45°车刀和 90°车刀装夹在刀架上,并将刀尖对准工件旋转中心。

3. 设备

CA6140 型车床。

四、粗、精车阶台轴步骤

粗、精车阶台轴步骤如表 2-6-1 所示。

表 2-6-1 粗、精车阶台轴

车削步骤	车削内容	图例及说明
1. 毛坯伸出三爪自定心卡盘约 35mm,利用划针找正	(1)用卡盘轻轻夹住毛坯,将划线盘放置在适当位置,将划针尖端触向工件悬伸端外圆柱表面。 (2)将主轴箱变速手柄置于空挡,用手轻拨卡盘使其缓慢转动,观察划针尖与毛坯表面的接触情况,并用铜锤轻击工件悬伸端,直至划针与毛坯外圆全圆周上的间隙均匀一致,找正结束。 (3)找正后夹紧工件	
2. 用 45°车刀车端面	(1)取背吃刀量 a_p=0.5mm,进给量 f=0.4mm/r,车床主轴转速为 500r/min。 (2)用 45°车刀车端面,车平即可,表面粗糙度达到要求	

项目2　车外圆柱面

续表

车削步骤	车削内容	图例及说明
3．对刀，准备车削	（1）端面对刀。启动车床，使工件回转。左手摇动床鞍手轮，右手摇动中滑板手柄，使车刀刀尖趋近并轻轻接触工件端面，然后逆时针摇动中滑板手轮（此时大滑板手柄不动），使车刀横向退出，将大滑板刻度调零	
	（2）外圆对刀。左手摇动床鞍手轮，右手摇动中滑板手柄，使车刀刀尖趋近并轻轻接触工件外圆，然后逆时针摇动大滑板手轮（此时中滑板手柄不动），使车刀纵向退出，将中滑板刻度调零	
4．粗车ϕ40mm和ϕ30mm的外圆	粗车ϕ40mm和ϕ30mm的外圆： （1）选取进给量f=0.3mm/r，车床主轴转速调整为500r/min。 （2）粗车ϕ40mm的外圆至尺寸ϕ41mm，分4次车削，每次背吃刀量a_p=2.5mm，长度控制在（29.5±0.1）mm	
	（3）粗车ϕ30mm外圆至尺寸ϕ31mm，可分4次车削，每次背吃刀量a_p=2.5mm，长度控制为（19.5±0.1）mm	
4．精车ϕ40mm和ϕ30mm的外圆	精车ϕ40mm和ϕ30mm的外圆： （1）选取进给量f=0.15mm/r，车床主轴转速调整为800r/min。 （2）精车ϕ40mm的外圆至尺寸要求，分两次车削，每次背吃刀量a_p=0.5mm，长度控制为30mm。 （3）精车ϕ30mm的外圆至尺寸要求，分两次车削，每次背吃刀量a_p=0.5mm，长度控制为（15±0.1）mm。 （4）倒角C0.5	

续表

车削步骤	车削内容	图例及说明
5. 将工件调头定总长	(1) 将工件调头，夹持 $\phi30$mm 外圆，找正后夹紧。 (2) 车端面并保证总长为（40±0.1）mm	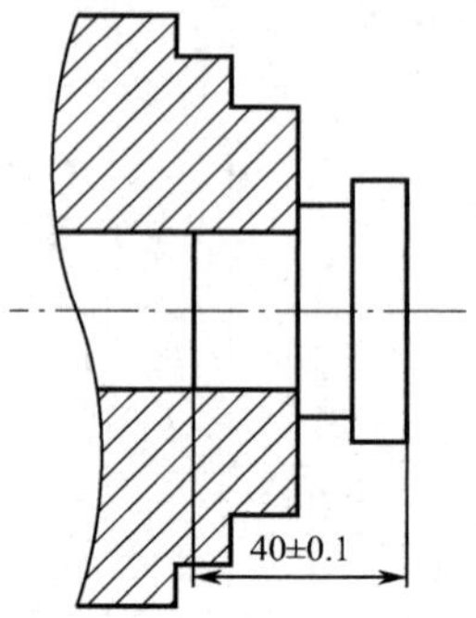
6. 粗车 $\phi48$ 外圆	(1) 选取进给量 $f=0.3$mm/r，车床主轴转速调整为 500r/min。 (2) 粗车 $\phi48$mm 的外圆至尺寸 $\phi49$mm，背吃刀量 $a_p=1$mm	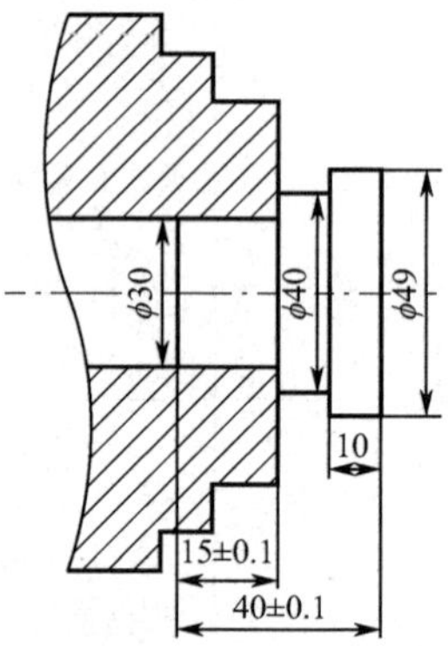
7. 精车 $\phi48$ 外圆	(1) 选取进给量 $f=0.15$mm/r，车床主轴转速调整为 800r/min。 (2) 精车 $\phi48$mm 的外圆至尺寸要求，分两次车削，每次背吃刀量 $a_p=0.5$mm。 (3) 倒角 $C0.5$	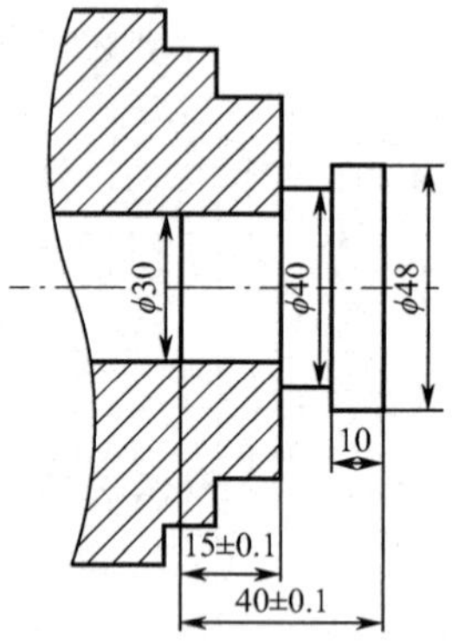

五、结束工作

（1）自检。加工完毕，卸下工件，仔细测量各部分尺寸，测量直径时使用游标卡尺；由于是粗加工，所以不需要千分尺测量。长度尺寸可用游标卡尺或游标深度尺测量。

（2）将工件送交检验后，清点工具，收拾工作场地。

（3）每位同学粗车完一件后，对自己的练习件进行评价，对所出现的质量问题共同分析原因，并找出改进措施。

项目2　车外圆柱面

 **任务测评**

每位同学完成粗车一件后，结合粗车阶台轴评分表（见表 2-6-2），对自己的练习工件进行评价，针对所出现的质量问题分析原因，总结改进措施。

表 2-6-2　粗车阶台轴评分标准

序号	考核项目	考核内容及要求	配分	评分标准	检测结果	得分
1	外圆	$\phi 48_{-0.02}^{0}$	12	超差不得分		
2		$\phi 40_{-0.02}^{0}$	12	超差不得分		
3		$\phi 30_{-0.02}^{0}$	12	超差不得分		
4	长度	40±0.1mm	8	超差不得分		
5		15±0.1mm	8	超差不得分		
6		10	8	超差不得分		
7	表面粗糙度	$Ra3.2\mu m$	15	一处不合格扣 5 分		
8	倒角、毛刺	各锐边无毛刺、有倒角	6	一处不合格扣 1 分		
9	工具设备的使用与维护	正确、规范使用工具、量具、刃具，合理保养及维护工具、量具、刃具	4	不符合要求酌情扣 1～3 分		
		正确、规范使用设备，合理保养及维护设备	4	不符合要求酌情扣 1～3 分		
		操作姿势、动作规范正确	4	不符合要求酌情扣 1～3 分		
10	安全及其他	安全文明生产，按国家颁发的有关法规或企业自定的有关规定	4	一项不符合要求扣 3 分，发生较大事故者取消考试资格		
		操作步骤、工艺规程正确	3	一处不符合要求扣 2 分		
11	完成时间	120 分钟		每超过 15 分钟，扣 4 分；超过 30 分钟，为不合格		
指导教师评价		指导教师：　　　　年　　月　　日				

课后小结

（根据实操完成情况进行小结）

项目 3

车槽和切断

任务 3-1　车槽

 学习目标

（1）了解槽的种类。
（2）了解车槽刀的几何参数。
（3）掌握车槽刀的刃磨、装夹方法。
（4）具备车槽的技能。

 问题与思考

在传动轴上我们会经常发现有一个或几个槽，那么这个槽是如何加工出来的呢？

 工作任务

本任务要完成车槽工作，达到图 3-1-1 所示的尺寸要求。首先要选用车槽刀及其几何参数，再刃磨车槽刀，最后车槽。

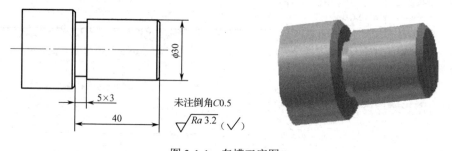

图 3-1-1　车槽工序图

 预备知识

用车削方法加工工件的槽，称为车槽，如图 3-1-2 所示。

图 3-1-2 车槽

一、槽的种类

外圆及轴肩部分的槽,通常称为外槽。常见的外槽有外圆槽、45°轴肩槽、外圆端面轴肩槽和圆弧轴肩槽等(见图 3-1-3)。

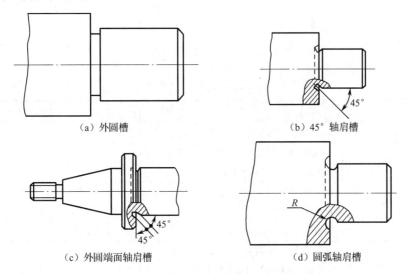

(a) 外圆槽　　(b) 45°轴肩槽

(c) 外圆端面轴肩槽　　(d) 圆弧轴肩槽

图 3-1-3 常见的外槽

二、车槽刀

按切削部分的材料不同,车槽刀分为高速钢车槽刀和硬质合金车槽刀(见图 3-1-4)两种。目前使用较普遍的是高速钢车槽刀。

图 3-1-4 硬质合金车槽刀

1. 高速钢片状车槽刀（见图 3-1-5）

车槽刀以横向进给为主，前端的切削刃为主切削刃，两侧的切削刃为副切削刃。高速钢车槽刀几何参数的选择原则如表 3-1-1 所示。

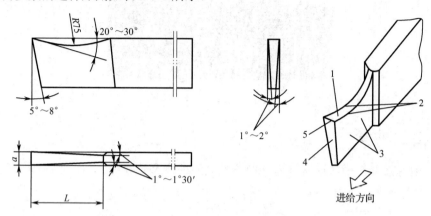

1—前面；2—副切削刃；3—副后面；4—主后面；5—主切削刃

图 3-1-5　高速钢片状车槽刀

表 3-1-1　高速钢车槽刀几何参数的选择原则

角度	符号	作用和要求	数据和公式
主偏角	κ_r	车槽刀以横向进给为主	$\kappa_r=90°$
副偏角	κ_r'	车槽刀的两副偏角必须对称，其作用是减小副切削刃和工件已加工表面间的摩擦	取 $\kappa_r'=1°\sim1°30'$
前角	γ_o	前角增大能使车刀刃口锋利，使切削省力，并使切屑顺利排出	切削中碳钢工件时，取 $\gamma_o=20°\sim30°$；切削铸铁工件时，取 $\gamma_o=0\sim10°$
后角	α_o	减小车槽刀主后面和工件过渡表面间的摩擦	一般取 $\alpha_o=5°\sim7°$
副后角	α_o'	减小车槽刀副后面和工件已加工表面间的摩擦。考虑到车槽刀的刀头狭而长，两个副后角不能太大	车槽刀有两个对称的副后角 $\alpha_o'=1°\sim2°$
主切削刃宽度	a	车狭窄的外槽时，将车槽刀的主切削刃宽度刃磨成与工件槽宽相等 较宽的槽，选择好车槽刀的主切削刃宽度 a 后，分次车出	一般采用经验公式计算 $a\approx(0.5\sim0.6)\sqrt{d}$ 式中　d——工件直径（mm）
刀头长度	L	刀头长度要适中。刀头太长容易引起振动甚至会使刀头折断	一般采用经验公式计算 $L=h+(2\sim3)$ 式中　h——切入深度（mm）

【例 3-1】　在外径为 $\phi36$mm 的圆柱上，车削槽底直径为 $\phi16$mm，槽宽为 20mm 的槽，试计算车槽刀的主切削刃宽度 a 和刀头长度 L。

解：$a\approx(0.5\sim0.6)\sqrt{d}=(0.5\sim0.6)\sqrt{36}=3\sim3.6$mm

$$L=h+(2\sim3)=\left(\frac{36}{2}-\frac{16}{2}\right)+(2\sim3)=12\sim13\text{mm}$$

为了使切削顺利，在车槽刀的弧形切面上磨出卷屑槽，卷屑槽的长度应超过切入深度，如图 3-1-6 所示。但卷屑槽不可过深，一般槽深为 0.75~1.5mm，否则会削弱刀头强度。

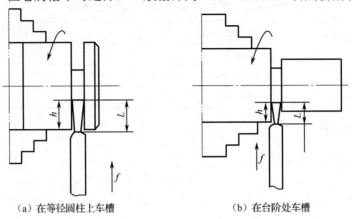

（a）在等径圆柱上车槽　　　　（b）在台阶处车槽

图 3-1-6　车槽刀

2．高速钢弹性车槽刀

车槽刀做成片状，节省了高速钢，刃磨方便，但必须装夹在弹性刀柄上，方可使用，如图 3-1-7 所示。

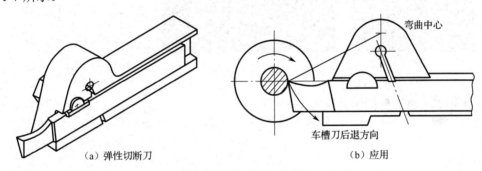

（a）弹性切断刀　　　　　　　（b）应用

图 3-1-7　弹性车槽刀及应用

弹性车槽刀的优点是：当进给量过大时，弹性刀柄会因受力而产生变形，由于刀柄的弯曲中心在上面，所以刀头就会自动向后退让，从而避免了因扎刀而导致切断刀折断的现象。

三、车槽时切削用量的选择

由于车槽刀的刀头强度较差，在选择切削用量时，应适当减小其数值。总的来说，硬质合金切断刀比高速钢切断刀选用的切削用量要大，车削钢料时的切削速度比车削铸铁材料时的切削速度要高，而进给量要略小一些。

1．背吃刀量 a_p

车槽为横向进给车削，背吃刀量是垂直于已加工表面方向所量得的切削层宽度的数值，所以车槽时的背吃刀量等于车槽刀主切削刃宽度。

2．进给量 f 和切削速度 v_c

车槽时进给量 f 和切削速度 v_c 的选择见表 3-1-2。

表 3-1-2　车槽时进给量和切削速度的选择

刀具材料	高速钢车槽刀		硬质合金车槽刀	
工件材料	钢料	铸铁	钢料	铸铁
进给量 f（mm/r）	0.05～0.1	0.1～0.2	0.1～0.2	0.15～0.25
切削速度 v_c（m/min）	30～40	15～25	80～120	60～100

四、车槽的方法

1. 车精度不高且宽度较窄的槽

车精度不高且宽度较窄的槽时，可用主切削刃宽度 a 等于槽宽的车槽刀，采用直进法一次进给车出，如图 3-1-8 所示。

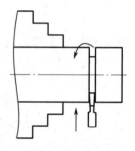

图 3-1-8　用直进法车槽

2. 车精度要求较高的槽

车精度要求较高的槽时，一般采用两次进给车成。第一次进给车槽时，槽壁两侧留有精车余量，第二次进给时用等宽车槽刀修整，也可用原车槽刀根据槽深和槽宽进行精车，如图 3-1-9 所示。

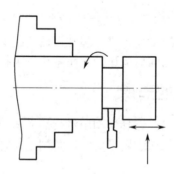

图 3-1-9　槽的精车

3. 车削宽槽

可用多次直进法切割，如图 3-1-10 所示，并在槽壁两侧留有精车余量，然后根据槽深和槽宽精车至尺寸要求。

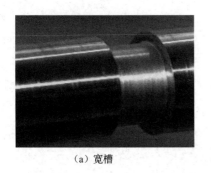

（a）宽槽

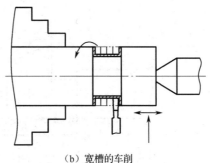

（b）宽槽的车削

图 3-1-10　宽槽的车削

五、槽的检测

1．槽尺寸的检测

（1）槽精度要求一般，宽度较窄，可用游标卡尺检测其直径（见图 3-1-11），用钢直尺检测槽宽（见图 3-1-12）。

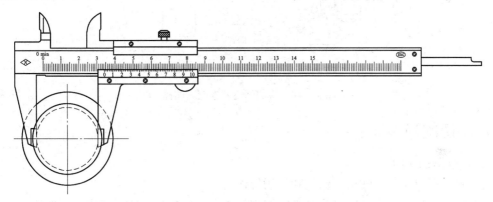

图 3-1-11　用游标卡尺检测槽直径

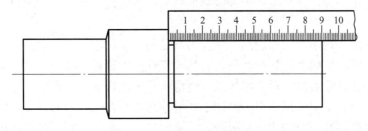

图 3-1-12　用钢直尺检测槽宽度

（2）精度要求较低的槽，可用钢直尺和外卡钳分别检测其宽度和直径，如图 3-1-13 所示。

（3）精度要求较高的槽，通常用千分尺（见图 3-1-14（a））和样板（见图 3-1-14（b））分别检测其直径和宽度。

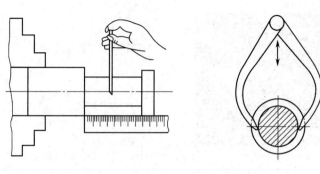

图 3-1-13 用钢直尺和外卡钳检测槽

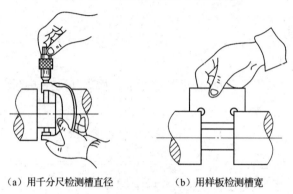

（a）用千分尺检测槽直径　　　（b）用样板检测槽宽

图 3-1-14 检测精度要求较高的槽

六、切削液

1. 切削液的作用

切削液主要有冷却、润滑、清洗和防锈等作用。

（1）冷却作用。切削液能吸收并带走切削区域大量的热量，降低刀具和工件的温度，从而延长刀具的使用寿命，并能减小工件因热变形而产生的尺寸误差，同时也为提高生产率创造了条件。

（2）润滑作用。切削液能渗透到工件与刀具之间，在切屑与刀具的微小间隙中形成一层很薄的吸附膜，因此可减小刀具与切屑、刀具与工件间的摩擦，减小刀具的磨损，使排屑流畅，并提高工件的表面质量。对于精加工，润滑作用就显得更加重要了。

（3）清洗作用。车削过程中产生的细小切屑容易吸附在工件和刀具上，尤其是铰孔和钻深孔时，切屑容易堵塞，如加注一定压力、足够流量的切削液，则可将切屑迅速冲走，使切削顺利进行。

2. 切削液的选用

车削时常用的切削液有水溶性切削液和油溶性切削液两大类。切削液的种类、性能、作用和用途见表 3-1-3。

表 3-1-3 切削液的种类及其用途表

种类		用途	性能和作用
水溶性切削液	水溶液	常用于粗加工中	主要起冷却作用
	乳化液	用于粗加工、难加工材料和细长工件的加工	主要起冷却作用,但润滑和防锈性能较差
		精加工用高浓度乳化液	提高其润滑和防锈性能
		用高速钢刀具粗加工和对钢料精加工时用极压乳化液	
		钻削、铰削和加工深孔等半封闭状态下,用黏度较小的极压乳化液	
	合成切削液	国内外推广使用的高性能切削液,国产DX148多效合成切削液使用效果好	具有冷却、润滑和清洗作用,防锈性能良好,不含油,节省能源,有利于环保
油溶性切削液	切削油 矿物油	在普通精车、螺纹精加工中使用甚广,如 L-AN15,L-AN22,L-AN32 机械油	润滑作用较好
		在精加工铝合金、铸铁和高速钢铰刀铰孔中用轻柴油、煤油	煤油的渗透作用和清洗作用较突出
	切削油 动植物油	应尽量少用或不用	能形成较牢固的润滑膜,其润滑效果比纯矿物油好,但易变质
	混合油	矿物油与动植物油的混合油,应用范围广	润滑、渗透和清洗作用均较好
	极压切削油	使用高速钢刀具对钢料精加工时钻削、铰削和加工深孔等半封闭状态下工作时,用黏度较小的极压切削油	它在高温下不破坏润滑膜,具有良好的润滑效果,防锈性能也得到提高

3．切削液的使用注意事项

为了使切削液达到应有的效果,在使用时必须注意以下问题。

(1) 油状乳化油必须用水稀释后才能使用,但是乳化液会污染环境,应尽量选用环保型切削液。

(2) 切削液必须浇注在切削区域(见图 3-1-15),因为该区域是切削热源。

(3) 用硬质合金车刀切削时,一般不加切削液。如果使用切削液必须一开始就连续充分浇注,否则硬质合金刀片会因骤冷而产生裂纹。

(4) 控制好切削液的流量。流量太小或断续使用,起不到应有的作用;流量太大,则会造成切削液的浪费。

(5) 加注切削液可以采用浇注法和高压冷却法来进行。浇注法是一种简便易行、应用广泛的方法,一般车床均有这种冷却系统(见图 3-1-16(a))。高压冷却法以较高的压力和流量将切削液喷向切削区(见图 3-1-16(b)),这种方法一般用于半封闭加工或车削难加工材料。

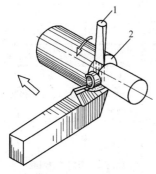

1—切削液喷嘴；2—过渡表面

图 3-1-15　切削液浇注的区域

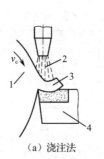

（a）浇注法

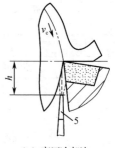

（b）高压冷却法

1—工件；2—切削液；3—切屑；4—刀具；5—喷嘴

图 3-1-16　加注切削液的方法

 任务实施

任务实施1：选择并刃磨车槽刀

一、识读车槽工序图

1．尺寸公差
槽的尺寸"5×3"表示槽的宽度为5mm，槽的单边深度为3mm，也就是槽的槽底直径为ϕ24mm。

2．表面粗糙度
图样右下角的符号"$\sqrt{Ra\,3.2}$（$\sqrt{}$）"表示各表面的表面粗糙度均为$Ra\,3.2\mu m$。

二、工艺分析

将经过粗、精车的阶台轴，车成如图 3-1-1 所示的形状和尺寸。

（1）如图 3-1-1 所示的阶台轴已经过粗车和精车，形状较简单，尺寸变化不大。

（2）车削该槽时可选用高速钢车槽刀，槽宽度较窄，精度要求一般。因此，可将车槽刀的主切削刃宽度刃磨成与工件槽宽相等，即 a=5mm。在刃磨车槽刀两侧副后面时，必须使两副切削刃、两副后角和两副偏角对称，刃磨难度较大。

（3）操作路线：选用车槽刀→刃磨车槽刀→车槽。

三、准备工作

1．设备
砂轮机。

2．工艺装备
46#～60#白色氧化铝砂轮、油石、16mm×5mm 高速钢刀片。

3．量具
钢直尺、90°角尺、样板、0.02mm/（0～150）mm 的游标卡尺。

四、操作步骤

操作步骤描述：选择车槽刀刀片→选用车槽刀的几何参数→车槽刀的粗磨→车槽刀的精磨，见表 3-1-4。

表 3-1-4 精车阶台轴

车削步骤	车削内容	图例及说明
1. 选择车槽刀刀片	根据图 3-1-1 所示，阶台轴的槽宽为 5mm，工件材料为 45 号钢，我们选择的车槽刀是： 高速钢刀片，横截面尺寸为 5mm×16mm×160mm	
2. 选用车槽刀的几何参数	主切削刃宽度 a=5mm，刀头长度 L=6mm，主偏角 κ_r=90°，前角 γ_o=25°，后角 α_o=6°，副后角 α_o'=1°30′，副偏角 κ_r'=1°30′	
3. 粗磨车槽刀	（1）粗磨车槽刀选用粒度号为 46#～60#、硬度为 H～K 的白色氧化铝砂轮 （2）粗磨左侧副后面。两手握刀，车刀前面向上，同时磨出左侧副后角 α_o'=1°30′和副偏角 κ_r'=1°30′	
	（3）粗磨右侧副后面。两手握刀，车刀前面向上，同时磨出右侧副后角 α_o'=1°30′和副偏角 κ_r'=1°30′，对于主切削刃宽度，要注意留出 0.5mm 的精磨余量	
	（4）粗磨主后面。两手握刀，车刀前面向上，磨出主后面，后角 α_o=6°	
	（5）粗磨前面。两手握刀，车刀前面对着砂轮磨削表面，刃磨前面和前角、卷屑槽，保证前角 γ_o=25°	

续表

车削步骤	车削内容	图例及说明
4. 精磨车槽刀	（1）精磨车槽刀选用粒度号为 80#～120#、硬度为 H～K 的白色氧化铝砂轮 （2）修磨主后面，保证主切削刃平直 （3）修磨两侧副后面，保证两副后角和两副偏角对称，主切削刃宽度 $a=5$mm（工件槽宽） （4）修磨前面和卷屑槽，保持主切削刃平直、锋利 （5）修磨刀尖，可在两刀尖上各磨出一个小圆弧过渡刃	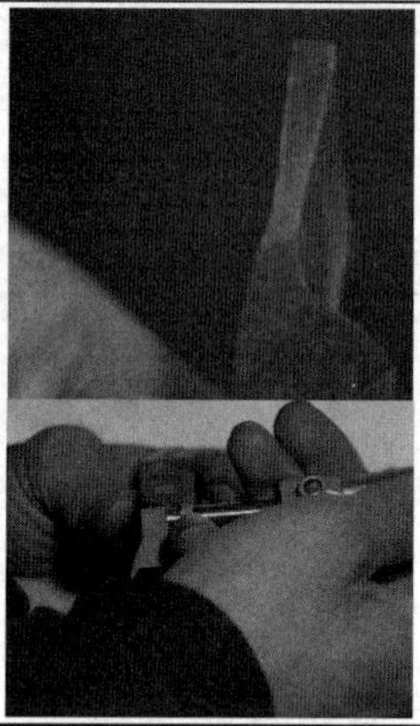

五、车槽刀刃磨的评价

1. 刃磨车槽刀时容易出现的问题及正确要求

刃磨车槽刀时容易出现的问题及正确要求见表3-1-5。

表3-1-5　刃磨车槽刀容易出现的问题及正确要求

部　位	缺陷类型	后　果	正确要求
前面	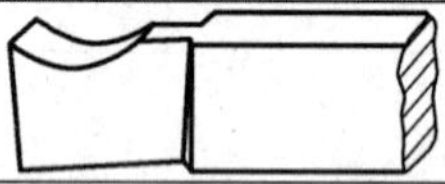	（1）卷屑槽太深。刀头强度低，容易造成刀头折断	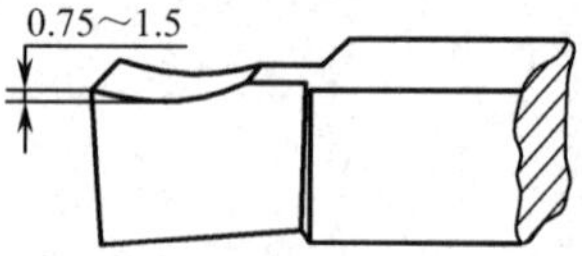 0.75～1.5 卷屑槽刃磨正确
	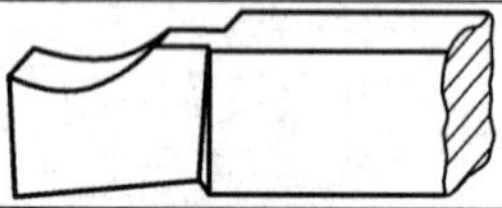	（2）前面被磨低。切削不顺畅，排屑困难，切削负荷大，刀头易折断	
副后角	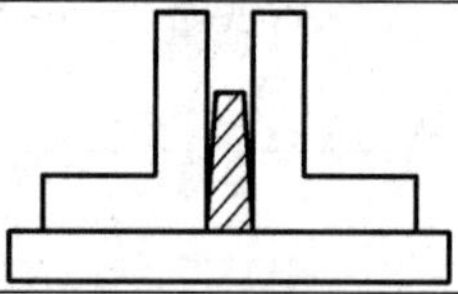	（1）副后角为负值。会与工件侧面发生摩擦，切削负荷大	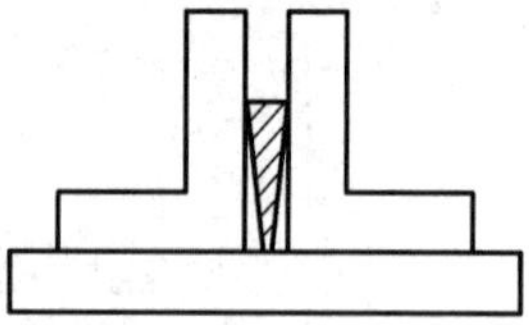 副后角的检查
	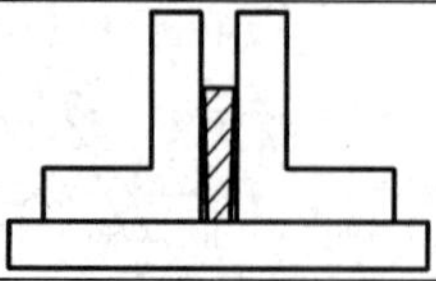	（2）副后角太大。刀头强度差，车削时刀头易折断	
副偏角		（1）副偏角太大。刀头强度低，容易折断	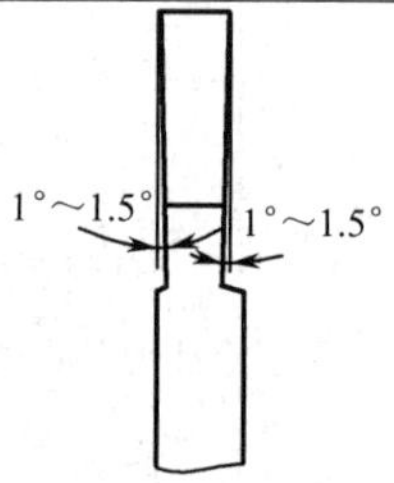 1°～1.5°　1°～1.5° 副偏角刃磨正确

续表

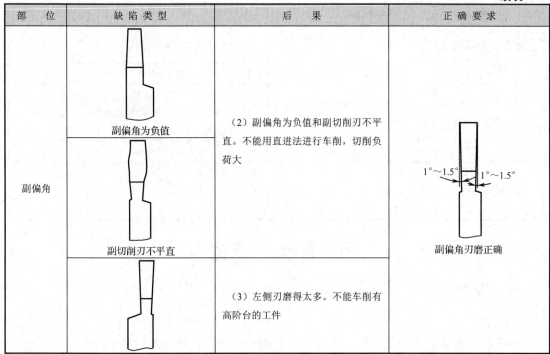

2. 车槽刀刃磨任务测评

每位同学完成车槽刀刃磨后，仔细测量判断是否符合要求，然后填写刃磨车槽刀的评分表（见表3-1-6），对自己的训练工件进行评价。

针对出现的质量问题分析出原因，总结出改进措施。

表3-1-6 刃磨切断刀和垫片评分标准

序号	考核项目	考核内容及要求	配分	评分标准	检测结果	得分
1	切断刀外形尺寸	切削刃宽度 a=2.7～3.3mm	8	超差不得分		
2		切削刃倾斜角 15°	8	超差不得分		
3		刀头长度 L=7～8mm	5	超差不得分		
4		各刀面的表面粗糙度值 $Ra1.6\mu m$（4处）	12	不符合要求不得分		
5	切断刀角度	前角 γ_o=20°～30°	4	超差不得分		
6		副后角 α_o'=1°～2°（两处）	12	一处不合格扣5分		
7		后角 α_o=5°～8°	8	不符合要求不得分		
8		副偏角 κ_r'=1°～1°30′（两处）	12	一处不合格扣5分		
9		两副后角对称	8	不符合要求不得分		
10		两副偏角对称	8	不符合要求不得分		
11	工具设备的使用与维护	正确、规范使用工具、量具、刃具，合理保养及维护工具、量具、刃具	3	不符合要求酌情扣1～3分		

续表

序号	考核项目	考核内容及要求	配分	评分标准	检测结果	得分
11	工具设备的使用与维护	正确、规范使用设备，合理保养及维护设备	3	不符合要求酌情扣1~3分		
		操作姿势、动作规范正确	3	不符合要求酌情扣1~3分		
12	安全及其他	安全文明生产，按国家颁发的有关法规或企业制定的有关规定	3	一项不符合要求扣 1~3分，发生较大事故者取消考试资格		
		操作步骤、工艺规程正确	3	一处不符合要求扣1分		
指导教师评价		指导教师：　　　　年　　月　　日				

任务实施2：车槽

一、准备工作

1. 工件
按图3-1-1所示检测经过精车的工件尺寸公差和几何公差是否达到要求。

2. 工艺装备
三爪自定心卡盘，高速钢车槽刀，45°车刀，90°角尺，0.02mm/（0~150）mm的游标卡尺、25~50mm的千分尺。

3. 设备
CA6140型车床。

二、操作步骤

操作步骤描述：装夹车槽刀→启动车床→对刀→确定槽位置→试车槽→车槽→倒角→检测，见表3-1-7。

表3-1-7 车槽

车削步骤	车削内容	图示
1. 车槽刀的装夹	（1）把刃磨好的车槽刀装夹在刀架上，首先要符合车刀装夹的一般要求，如车槽刀不宜伸出过长等	

项目3 车槽和切断

续表

车削步骤	车削内容	图示
1. 车槽刀的装夹	（2）主切削刃必须与工件轴线平行 （3）主切削刃中心线必须与工件轴线垂直，以保证两副偏角对称，可用 90°角尺检查 （4）车槽刀的底平面应平整，以保证两个副后角对称	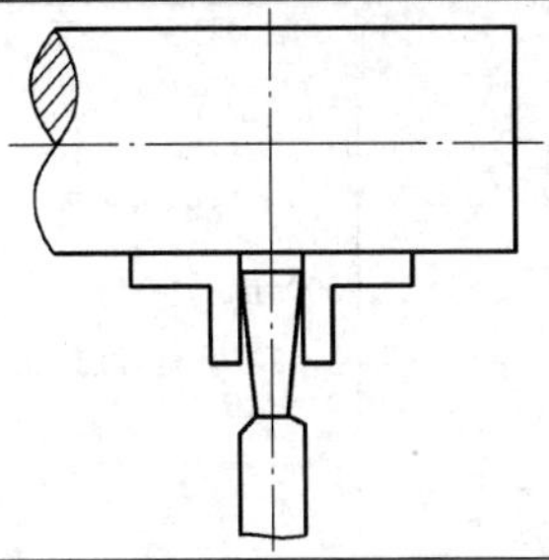
2. 启动车床	（1）选取进给量 $f=0.15$ mm/r，将车床主轴转速调整为 380m/min （2）启动车床，使工件回转	
3. 对刀	（1）左手摇动床鞍手轮，右手摇动中滑板手柄，使刀尖趋近并轻轻接触工件右端面 （2）然后反向摇动中滑板手柄，使车槽刀横向退出 （3）记住床鞍刻度盘刻度	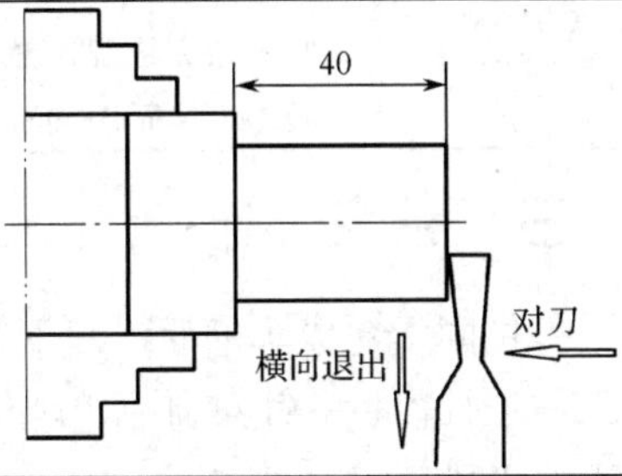
4. 确定槽位置	摇动床鞍，利用床鞍刻度盘刻度，使车刀向左纵向移动 40mm	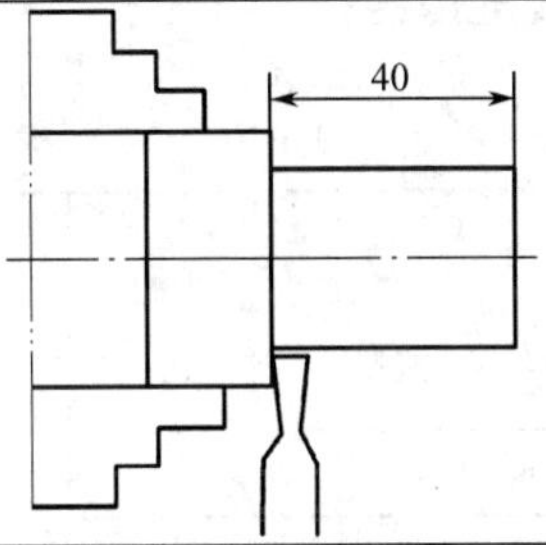
5. 试车槽	（1）摇动中滑板手柄，使车刀轻轻接触工件 ϕ30mm 外圆，记下中滑板刻度盘刻度，或把此位置调至中滑板刻度盘的"0"位，以作为横向进给的起点 （2）算出中滑板的横向进刀量，中滑板应进给约 30 格 （3）横向进给车削工件 2mm 左右，横向快速退出车刀 （4）停车，测量槽左侧槽壁与工件右端面之间的距离，根据测量结果，利用小滑板刻度盘相应调整车刀位置，直至测量结果符合 40mm 的要求	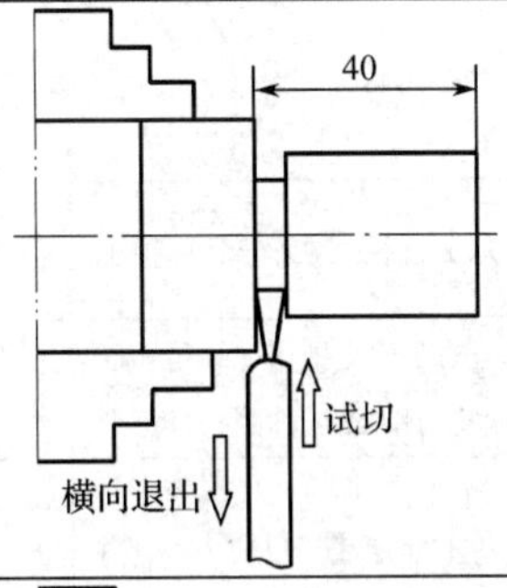
6. 车槽	双手均匀摇动中滑板手柄，车槽至 ϕ24mm	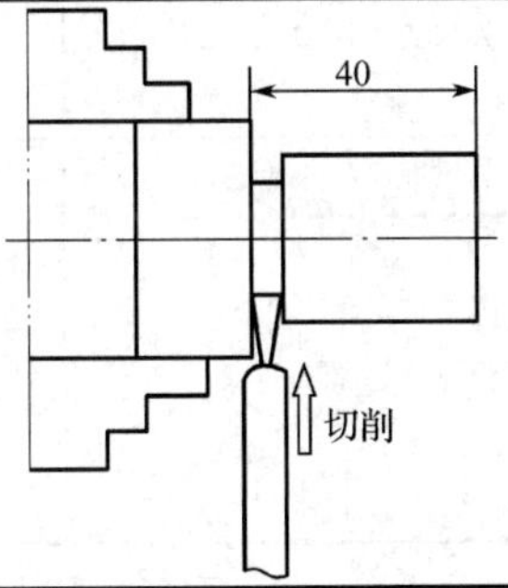

续表

车削步骤	车削内容	图示
7. 倒角	(1) 将45°车刀调整至工作位置，车床主轴转速为500r/min (2) 倒角 C0.5 mm	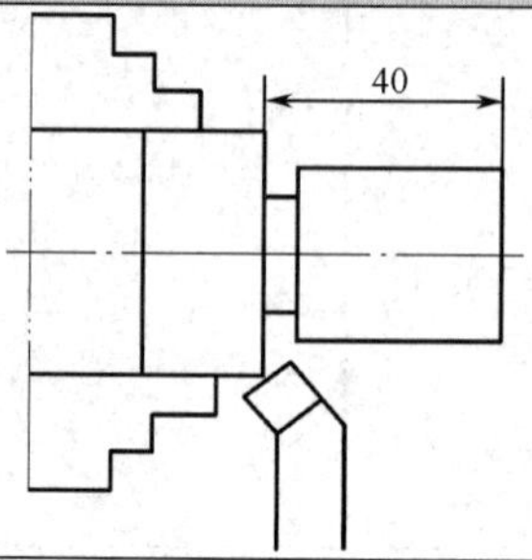
8. 检测	(1) 用游标卡尺测量槽的位置尺寸为40mm (2) 用游标卡尺测量槽的宽度 a=5±0.1mm (3) 用游标卡尺测量槽的底部直径为ϕ24 (4) 检查倒角 C0.5mm	

三、结束工作

每位同学完成车槽后，卸下车槽刀和工件，仔细测量是否符合图样要求，然后对车槽刀和工件进行评价。针对自己出现的质量问题、出现的废品种类，结合表3-1-8，分析原因，并找出改进措施。

表3-1-8　车槽时产生废品的原因及预防方法

废品种类	产生原因	预防方法
槽的宽度不正确	(1) 车槽刀主切削刃刃磨得不正确 (2) 测量不正确	(1) 根据槽宽度刃磨车槽刀 (2) 仔细、正确测量
槽位置不对	测量和定位不正确	正确定位，并仔细测量
槽深度不正确	(1) 没有及时测量 (2) 尺寸计算错误	(1) 车槽过程中及时测量 (2) 仔细计算尺寸，对留有磨削余量的工件，车槽时必须把磨削余量考虑进去
槽底一侧直径大，另一侧直径小	车槽刀的主切削刃与工件轴线不平行	装夹车槽刀时必须使主切削刃与工件轴线平行
槽底与槽壁相交处出现圆角和槽底中间直径小，靠近槽壁处直径大	(1) 车槽刀主切削刃不直或刀尖圆弧太大 (2) 车槽刀磨钝	(1) 正确刃磨车槽刀 (2) 车槽刀磨钝后应及时修磨
槽壁与工件轴线不垂直，出现内槽狭窄外口大，呈喇叭形	(1) 车槽刀磨钝让刀 (2) 车槽刀角度刃磨不正确 (3) 车槽刀的中心线与工件轴线不垂直	(1) 车槽刀磨钝后应及时刃磨 (2) 正确刃磨车槽刀 (3) 车刀装夹时应使其中心线与工件轴线垂直
槽底与槽壁产生小阶台	多次车削时接刀不当	正确接刀，或留有一定的精车余量
表面粗糙度达不到要求	(1) 两副偏角太小，产生摩擦 (2) 切削速度选择不当，没有加切削液润滑 (3) 切削时产生振动 (4) 切屑拉毛已加工表面	(1) 正确选择两副偏角的数值 (2) 选择适当的切削速度，并浇注切削液润滑 (3) 采取防振措施 (4) 控制切屑的形状和排出方向

任务测评

每位同学完成车槽后,卸下车槽刀和工件,仔细测量是否符合图样要求,并完成车槽评分表,填入表 3-1-9。

表 3-1-9 车槽评分标准

序号	考核项目	考核内容及要求	配分	评分标准	检测结果	得分
1	外圆	⌀30mm	12	每超 0.01mm 扣 1 分,超过 0.1mm 不得分		
2	长度	40mm	8	每超 0.01mm 扣 1 分,超过 0.1mm 不得分		
3	槽	5×3mm	40	每超 0.01mm 扣 1 分,超过 0.1mm 不得分		
4	表面粗糙度	Ra3.2μm	15	一处不合格扣 5 分		
5	倒角、毛刺	各锐边无毛刺、有倒角	6	一处不合格扣 1 分		
6	工具设备的使用与维护	正确、规范地使用工具、量具、刃具,合理保养及维护工具、量具、刃具	4	不符合要求酌情扣 1~3 分		
		正确、规范地使用设备,合理保养及维护设备	4	不符合要求酌情扣 1~3 分		
		操作姿势、动作规范正确	4	不符合要求酌情扣 1~3 分		
7	安全及其他	安全文明生产,按国家颁发的有关法规或企业制定的有关规定	4	一项不符合要求扣 3 分,发生较大事故者取消考试资格		
		操作步骤、工艺规程正确	3	一处不符合要求扣 2 分		
8	完成时间	40 分钟		每超过 15 分钟,扣 4 分;超过 30 分钟,为不合格		
指导教师评价		指导教师: 年 月 日				

课后小结

(根据实操完成情况进行小结)

_____
_____
_____
_____
_____
_____
_____

任务 3-2 切断

学习目标

（1）了解切断刀的几何参数。
（2）掌握切断刀的刃磨、装夹方法。
（3）具备切断的技能。

问题与思考

在车削加工中，把较长的棒料切成短料或将车削完毕的工件从原材料上切下，这样的加工方法叫切断，那么切断工件是如何进行的呢？

工作任务

本任务所需的毛坯由本课题任务 3-1 车槽所加工的工件转来，ϕ30mm 的外圆表示该外圆柱面本工序不加工；而图样上标注的其他尺寸和要求是本工序的加工内容。

本任务就是将工件的左端ϕ30 外圆切断成图 3-2-1 所示的垫片。需具备较难掌握的切断技能。

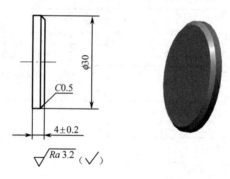

图 3-2-1　垫片

预备知识

一、切断刀

切断刀的种类、形状和几何参数与车槽刀基本相同，但也有些差别。

按切削部分的材料不同，切断刀分为高速钢切断刀和硬质合金切断刀两种。目前使用较普遍的是高速钢切断刀。

1. 高速钢切断刀

（1）切断刀的刀头长度。切断刀的刀头长度仍然采用经验公式 $L=h+（2～3）$ 计算，如图 3-2-2 所示。

项目3 车槽和切断

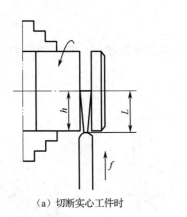
（a）切断实心工件时

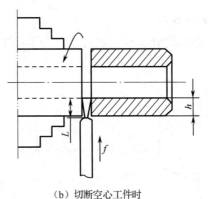
（b）切断空心工件时

图 3-2-2 切断刀的刀头长度

【例 3-2】 切断外径为ϕ36mm，孔径为ϕ16mm 的空心工件，试计算切断刀的主切削刃宽度和刀头长度。

解：切断刀的主切削刃宽度 $a\approx(0.5\sim0.6)\sqrt{d}=(0.5\sim0.6)\sqrt{36}=3\sim3.6$mm

切断刀的刀头长度 $L=h+(2\sim3)=\left(\dfrac{36}{2}-\dfrac{16}{2}\right)+(2\sim3)=12\sim13$mm

（2）切断刀的主切削刃。在切断工件时，为使带孔工件不留边缘，实心工件的端面不留小凸头，可将切断刀的切削刃略磨斜些，如图 3-2-3 所示。斜刃切断刀的应用如图 3-2-4 所示。

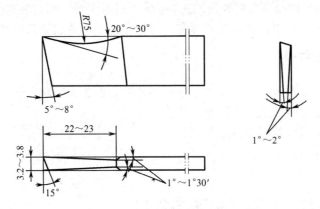

图 3-2-3 高速钢斜刃切断刀

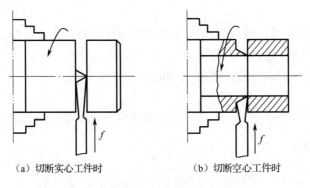
（a）切断实心工件时　　　　　（b）切断空心工件时

图 3-2-4 斜刃切断刀的应用

2. 硬质合金切断刀

图 3-2-5 所示为硬质合金切断刀,为了增加刀头的支撑刚度,常将切断刀的刀头下部做成凸圆弧形。

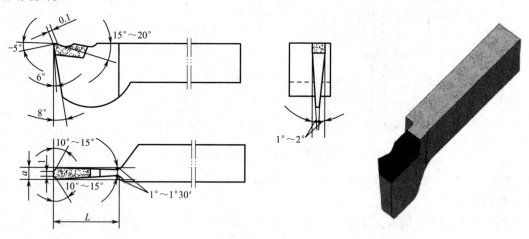

图 3-2-5 硬质合金切断刀

由于高速车削会产生很大的热量,为防止刀片脱焊,在开始车削时就应浇注充分的切削液。

高速切断时,如果硬质合金切断刀的主切削刃采用平直刃,则切削宽度和沟槽宽应相等,容易堵塞在槽内而不易排出。为使排屑顺利,可把主切削刃两边倒角或磨成"人"字形。

二、切断的方法

切断时的切削用量和车槽时的切削用量基本相同。但由于切断刀的刀头刚度比车槽刀更差些,在选择切削用量时,应适当减小其数值。

切断的方法采用直进法横向进给车削。

任务实施

一、识读垫片零件图(见图 3-2-1)

1. 尺寸公差

工件右端"$\phi30$"外圆,括号内的尺寸表示该圆柱表面不需要加工;该圆柱的尺寸是由上道工序转来的工件而得到的。

工件的长度尺寸为 4 ± 0.2mm,倒角 $C0.5$mm。

2. 表面粗糙度

图样右下角的符号"$\sqrt{Ra\,3.2}$(√)"表示垫片所有表面的表面粗糙度均为 $Ra3.2\mu m$。

二、工艺分析

将经过车槽的阶台轴,切断成如图 3-2-1 所示形状和尺寸的垫片。

项目3 车槽和切断

1. 操作路线
选用切断刀→刃磨切断刀→切断→检测。

三、准备工作

1．工件
由任务 3-1 转来。

2．工艺装备
三爪自定心卡盘，高速钢斜刃切断刀（见图 3-2-5），45°车刀，90°角尺，0.02mm/（0～150）mm 的游标卡尺，0～25mm 的千分尺，25～50mm 的千分尺。

3．设备
CA6140 型车床。

四、操作步骤

操作步骤描述见表 3-2-1。

表 3-2-1　切断

车削步骤	车削内容	图　示
1．切断刀的装夹	（1）把刃磨好的切断刀装夹在刀架上，首先要符合车刀装夹的一般要求，切断刀主切削刃与工件回转中心等高，刀柄不宜伸出过长 （2）主切削刃中心线必须与工件轴线垂直，以保证两副偏角对称，可用 90°角尺检查	
2．启动车床	（1）选取进给量 f=0.15mm/r，将车床主轴转速调整为 380m/min （2）启动车床，使工件回转	
3．45°车刀齐端面，倒角	将 45°车刀调整至工作位置，取背吃刀量 a_p=0.5mm，进给量 f=0.16mm/r，车床主轴转速为 710r/min，车平即可，并倒角 C0.5	

续表

车削步骤	车削内容	图示
4. 切断刀对刀	（1）左手摇动床鞍手轮，右手摇动中滑板手柄，使刀尖趋近并轻轻接触工件右端面 （2）然后反向摇动中滑板手柄，使切断刀横向退出 （3）将床鞍刻度盘刻度调零	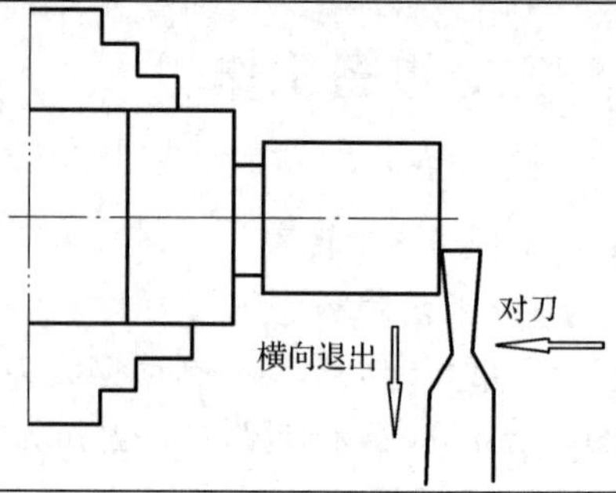
5. 确定切断位置	摇动床鞍，利用床鞍刻度盘刻度，使车刀向左纵向移动4mm	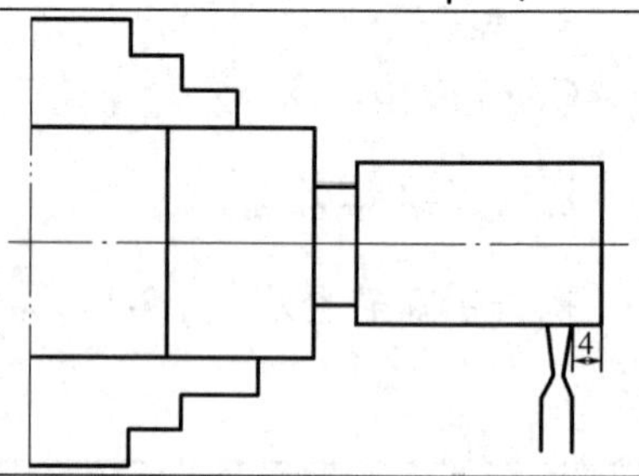
6. 切断	调整车床转速为380r/min； 双手均匀摇动中滑板手柄，切断工件，保证工件厚为4±0.2mm	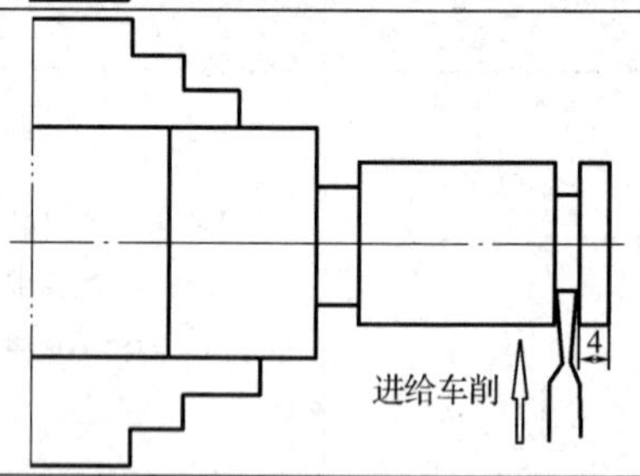
7. 检测	游标卡尺测量垫片的尺寸为4±0.2mm	

操作提示：

用高速钢切断刀切断工件时，应浇注切削液；用硬质合金刀切断时，中途不准停车，以免刀刃碎裂。

五、结束工作

每位同学在完成工件后，仔细测量是否符合图样要求，对切断刀和工件进行评价。针对自己出现的质量问题、出现的废品种类，参考表3-2-2，分析出原因，并找出改进措施。

表3-2-2　容易产生的问题及原因

问题	产生原因
平面凹凸不平	（1）切断刀两侧的刀尖刃磨或磨损不一致 （2）斜刃切断刀的主切削刃与轴线不平行，且有较大夹角，而左侧刃尖又有磨损现象（见图3-2-6） （3）车床主轴有轴向窜动 （4）切断刀装夹歪斜或副刀刃没有磨直

续表

问题	产生原因
切断时产生振动	（1）主轴与轴承之间间隙太大 （2）切断时转速过高，进给量过小 （3）切断的棒料太长，在离心力的作用下产生振动 （4）切断刀远离工件支撑点或切断刀伸出过长 （5）工件细长，切断刀刃口太宽
切断刀折断 （见图3-2-7）	（1）工件装夹不牢靠，切割点远离卡盘，在切削力的作用下，工件被抬起 （2）切断时排屑不畅，切屑堵塞 （3）切断刀的副偏角、副后角磨得太大，消弱了切削部分的强度 （4）切断刀装夹与工件轴线不垂直，主刀刃与工件回转中心不等高 （5）切断刀前角和进给量过大 （6）床鞍、中滑板、小滑板松动，切削时产生"扎刀"

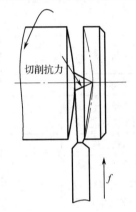

图3-2-6 斜刃切断刀与切削抗力

图3-2-7 切断刀折断

 **任务测评**

每位同学完成切断后，卸下切断刀和工件，仔细测量是否符合图样要求，填写刃磨切断刀和垫片评分表（见表3-2-3），对自己的训练工件进行评价。

针对出现的质量问题分析原因，并总结出改进措施。

表3-2-3 刃磨切断刀和垫片评分标准

序号	考核项目	考核内容及要求	配分	评分标准	检测结果	得分
1	切断刀的外形尺寸	切削刃宽度 a=2.7～3.3mm	4	超差不得分		
2		切削刃倾斜角15°	4	超差不得分		
3		刀头长度 L=17～18mm	2	超差不得分		
4		各刀面的表面粗糙度值 Ra1.6μm（4处）	8	不符合要求不得分		
5	切断刀的角度	前角 γ_o=20°～30°	4	超差不得分		
6		副后角 α_o'=1°～2°（两处）	8	一处不合格扣5分		

续表

序号	考核项目	考核内容及要求	配分	评分标准	检测结果	得分
7	切断刀的角度	后角 $\alpha_o = 5°\sim 8°$	4	不符合要求不得分		
8		副偏角 $\kappa_r' = 1°\sim 1°30'$（两处）	8	一处不合格扣5分		
9		两副后角对称	5	不符合要求不得分		
10		两副偏角对称	5	不符合要求不得分		
11	切断刀的装夹	切断刀的装夹要符合要求	5	不符合要求不得分		
12	倒角	$C1.5mm$	6	超差不得分		
13	垫片厚度	$4\pm 0.2mm$	17	超差不得分		
14	表面粗糙度	$Ra3.2\mu m$（3处）	5	每升高一级扣1分		
15	工具设备的使用与维护	正确、规范使用工具、量具、刃具，合理保养及维护工具、量具、刃具	3	不符合要求酌情扣1~3分		
		正确、规范使用设备，合理保养及维护设备	3	不符合要求酌情扣1~3分		
		操作姿势、动作规范正确	3	不符合要求酌情扣1~3分		
16	安全及其他	安全文明生产，按国家颁发的有关法规或企业制定的有关规定	3	一项不符合要求扣1~3分，发生较大事故者取消考试资格		
		操作步骤、工艺规程正确	3	一处不符合要求扣1分		
17	完成时间	150分钟		超过定额时间小于20分钟，扣5分；超时20~30分钟，扣10分；超时30分钟及以上为不合格		

指导教师评价	
	指导教师：　　　　年　月　日

课后小结

（根据实操完成情况进行小结）

_____
_____
_____
_____
_____
_____
_____

项目 4

加工套类零件

任务 4-1 刃磨麻花钻及钻孔

 学习目标

（1）熟悉标准麻花钻的结构和刃磨角度。
（2）掌握标准麻花钻的刃磨技能。
（3）掌握钻孔技能。

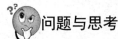 问题与思考

孔加工是套类工件加工的一项重要内容。套类工件上的孔往往要经过钻孔、扩孔和车孔等加工方法完成。标准麻花钻是钻孔或扩孔加工最常用的刀具。那么同学们想一下，麻花钻刃磨到何种程度才算是标准呢？怎样进行有效钻孔？

 工作任务

根据图样要求，正确刃磨麻花钻，并钻孔。如图 4-1-1 所示。

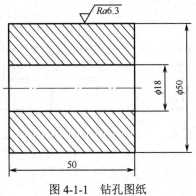

图 4-1-1 钻孔图纸

预备知识

一、麻花钻的结构

1. 麻花钻的组成及作用

麻花钻的组成部分及作用见表 4-1-1。莫氏锥柄麻花钻的规格见表 4-1-2。

表 4-1-1 麻花钻的组成部分及作用

组成部分	柄 部	颈 部	工作部分（主要部分）	
			切削部分	导向部分
图示	（a）锥柄（b）锥柄（c）直柄			
作用	夹持部分：装夹时起定心作用；钻削时起传递转矩的作用。有莫氏锥柄（见图（a）、（b））和直柄（见图（c））两种。莫氏锥柄麻花钻的直径见表 4-1-2。直柄麻花钻的直径一般为 0.3～16mm	直径较大的麻花钻在颈部标有麻花钻直径、材料牌号和商标。直径小的直柄麻花钻没有明显的颈部	主要起切削作用	钻削时起保持钻削方向、修光孔壁的作用，也是切削的后备部分

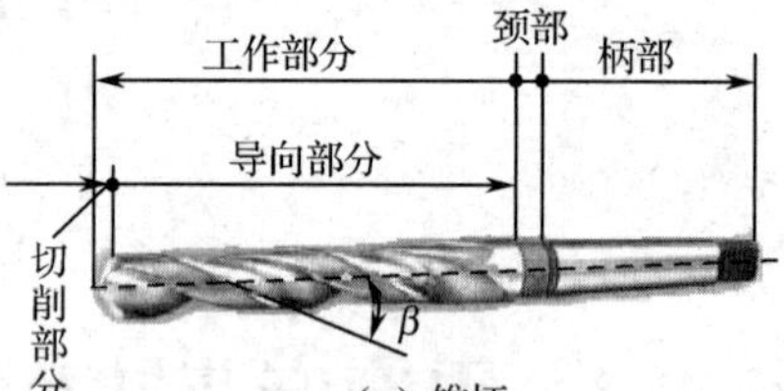

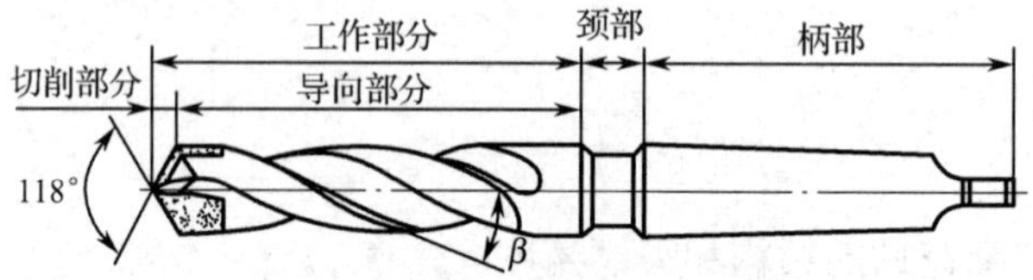

表 4-1-2 莫氏锥柄（Morse No.）麻花钻的直径

莫氏锥柄号码	No.1	No.2	No.3	No.4	No.5	No.6
麻花钻直径 d(mm)	3～14	14～23.02	23.02～31.75	31.75～50.8	50.8～75	75～80

2. 麻花钻工作部分的几何参数

麻花钻工作部分的结构，如图 4-1-2 所示。它有两条对称的主切削刃、两条副切削刃和一条横刃。麻花钻钻孔时，相当于正、反两把车刀同时切削，因此其几何角度的概念与车刀基本相同，但也具有其特殊性。

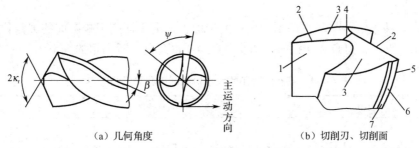

(a) 几何角度　　　　　　　　　　(b) 切削刃、切削面

1—螺旋槽；2—主切削刃；3—主后面；4—横刃；5—副切削刃；6—棱带；7—副后面

图 4-1-2　麻花钻工作部分的结构

1) 螺旋角、前角和后角

麻花钻切削刃上不同位置处的螺旋角、前角和后角的变化，见表 4-1-3。

表 4-1-3　麻花钻切削刃上不同位置处的螺旋角、前角和后角的变化

角度	螺旋角	前角	后角
图示	(a) 外缘处前角和后角	(b) 钻心处前角和后角	(c) 在圆柱面内测量后角
符号	β	γ_o	α_o
定义	麻花钻的工作部分有两条螺旋槽，其作用是构成切削刃、排出切屑和流通切削液。螺旋槽上最外缘的螺旋线展开成直线后与麻花钻轴线之间的夹角称为螺旋角	麻花钻切削部分的螺旋槽面称为前面，切屑从此面排出。基面与前面间的夹角称为前角 (见图 (a) 和 (b))	麻花钻钻顶的螺旋圆锥面称为主后面。切削平面与主后面间的夹角称为后角 (见图 (a) 和 (b))。在圆柱面内测量较方便 (见图 (c))
变化规律	麻花钻切削刃上的位置不同，其螺旋角 β、前角 γ_o 和后角 α_o 也不同		
	自外缘向钻心逐渐减小	自外缘向钻心逐渐减小，并且在 $d/3$ 处前角为 0，再向钻心则为负前角	自外缘向钻心逐渐增大
靠近外缘处	最大 (名义螺旋角)	最大	最小
靠近钻心处	较小	较小	较大
变化范围	18°～30°	-30°～+30°	8°～12°

2) 顶角 $2\kappa_r$

麻花钻的前面与主后面的交线称为主切削刃，担负着主要的钻削任务。麻花钻有两个主

切削刃。

在通过麻花钻轴线并与两主切削刃平行的平面上,两主切削刃投影间的夹角称为顶角,如图 4-1-2(a)所示。刃磨麻花钻时,可根据表 4-1-4 大致判断顶角的大小。

表 4-1-4　麻花钻顶角的大小对切削刃和加工的影响

顶　角	$2\kappa_r>118°$	$2\kappa_r=118°$（标准麻花钻）	$2\kappa_r<118°$
图示	>118° 凹形切削刃	118° 直线形切削刃	<118° 凸形切削刃
主切削刃的形状	凹曲线	直线	凸曲线
对加工的影响	顶角大,则切削刃短、定心差,钻出的孔容易扩大;同时前角增大,使切削省力	适中	顶角小,则切削刃长、定心准,钻出的孔不容易扩大;同时前角减小,使切削阻力大
适用的材料	钻削较硬的材料	钻削中等硬度的材料	钻削较软的材料

3)横刃斜角 ψ

麻花钻两主切削刃的连接线称为横刃,也就是两主后面的交线。横刃担负着钻心处的钻削任务。横刃太短会影响麻花钻的钻尖强度,横刃太长会使轴向的进给力增大,对钻削不利。

在垂直于麻花钻轴线的端面投影中,横刃与主切削刃之间所夹的锐角称为横刃斜角。它的大小由后角决定,后角大时,横刃斜角减小,横刃变长;后角小时,情况相反。横刃斜角一般为 55°。

4)棱边

在麻花钻的导向部分有两条略带倒锥形的刃带,即棱边,如图 4-1-2(b)所示。它减小了钻削时麻花钻与孔壁之间的摩擦。

二、麻花钻的刃磨要求

1.麻花钻的刃磨

麻花钻一般只刃磨两个主后面,并同时磨出顶角、后角和横刃斜角。麻花钻的刃磨要求如下。

(1)根据加工材料,刃磨出正确的顶角 $2\kappa_r$,钻削一般中等硬度的钢和铸铁时,$2\kappa_r=116°$ ～118°。

(2)麻花钻的两主切削刃应对称,也就是两主切削刃与麻花钻的轴线成相同角度,并且长度相等。主切削刃应成直线。

(3)后角应适当,以获得正确的横刃斜角 ψ,一般 ψ 取 50°～55° 的值。

(4)主切削刃、刀尖和横刃应锋利,不允许有钝口、崩刃。

2. 麻花钻的刃磨情况对钻孔质量的影响

麻花钻的刃磨质量直接关系钻孔的尺寸精度、表面粗糙度及钻削效率。麻花钻的刃磨情况对钻孔质量的影响见表4-1-5。

表 4-1-5　麻花钻的刃磨情况对钻孔质量的影响

刃磨情况	麻花钻刃磨得正确	麻花钻刃磨得不正确		
		顶角不对称	切削刃长度不等	顶角不对称且切削刃长度不等
图示	$a_p=\dfrac{d}{2}$ 图示	κ_r 小 κ_r 大	O—O　O'—O'	O—O　O'—O'
钻削情况	两条主切削刃同时切削，两边受力平衡，使麻花钻磨损均匀	只有一条主切削刃在切削，而另一条切削刃不起作用，受力不平衡，使麻花钻很快磨损	麻花钻的工作中心由 O—O 移到 O'—O'，切削不均匀，使麻花钻很快磨损	两条主切削刃受力不平衡，且麻花钻的工作中心由 O—O 移到 O'—O'，使麻花钻很快磨损

三、麻花钻的装夹

对于直柄麻花钻，其装夹方法与中心钻装夹基本相同，即先用钻夹头装夹，再将钻夹头的锥柄插入尾座的锥孔中（见图4-1-3）。

锥柄麻花钻的装夹如图4-1-4（a）所示。麻花钻的锥柄如果和尾座套筒锥孔的规格相同，则可直接将麻花钻插入尾座套筒锥孔中（见图4-1-4（b））。如果麻花钻的锥柄与尾座套筒锥孔的规格不相同，则可增加一个合适的莫氏过渡锥套插入尾座锥孔中（见图4-1-4（c））。

图 4-1-3　直柄麻花钻的装夹

（a）装夹

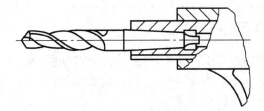

（b）直接插入尾座套筒锥孔中

（c）过渡锥套

图 4-1-4　锥柄麻花钻的装夹

拆卸莫氏过渡套中的麻花钻时，用楔铁插入腰形孔，敲击楔铁就可把麻花钻卸下来，如图4-1-5所示。

四、钻孔时切削用量的选择

钻孔时的切削用量见表4-1-6。

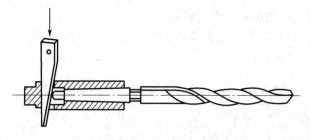

图 4-1-5　锥柄麻花钻的拆卸

表 4-1-6　钻孔时的切削用量

图示	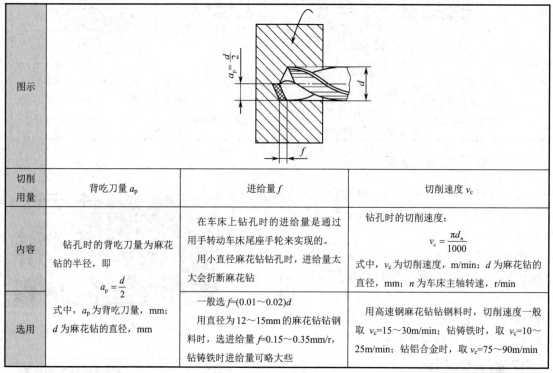		
切削用量	背吃刀量 a_p	进给量 f	切削速度 v_c
内容	钻孔时的背吃刀量为麻花钻的半径，即 $$a_p = \frac{d}{2}$$ 式中，a_p 为背吃刀量，mm；d 为麻花钻的直径，mm	在车床上钻孔时的进给量是通过用手转动车床尾座手轮来实现的。用小直径麻花钻钻孔时，进给量太大会折断麻花钻	钻孔时的切削速度： $$v_c = \frac{\pi d_n}{1000}$$ 式中，v_c 为切削速度，m/min；d 为麻花钻的直径，mm；n 为车床主轴转速，r/min
选用		一般选 $f=(0.01\sim0.02)d$ 用直径为 12～15mm 的麻花钻钻钢料时，选进给量 $f=0.15\sim0.35$mm/r，钻铸铁时进给量可略大些	用高速钢麻花钻钻钢料时，切削速度一般取 $v_c=15\sim30$m/min；钻铸铁时，取 $v_c=10\sim25$m/min；钻铝合金时，取 $v_c=75\sim90$m/min

五、钻孔时切削液的选用

在车床上钻孔属于半封闭加工，切削液很难深入到切削区域，因此对钻孔时切削液的要求也比较高，其选用见表 4-1-7。在加工过程中，切削液的浇注量和压力也要大一些，同时还应经常退出麻花钻，以利于排屑和冷却。

表 4-1-7　钻孔时的切削用量

麻花钻的材料	被钻削的材料		
	低碳钢	中碳钢	淬硬钢
高速钢麻花钻	用 1%～2%的低浓度乳化液、电解质水溶液或矿物油	用 3%～5%的中等浓度乳化液或极压切削油	用极压切削油
镶硬质合金麻花钻	一般不用，如用可选 3%～5%的中等浓度乳化液		用 10%～20%的高浓度乳化液或极压切削油

项目 4　加工套类零件

 任务实施

一、工艺分析

把毛坯加工成图 4-1-1 所示的形状和尺寸。

（1）ϕ18mm 的孔尽可能一次钻出。这是由于孔不是很大，可采用 ϕ18mm 的麻花钻直接钻出。

（2）首先应根据钻孔的要求对麻花钻进行选择、刃磨、检验，然后选择适当的切削用量进行钻孔。

（3）为防止钻孔时工件走动，可采取车外圆→钻孔→车外圆，而不是车外圆→钻孔。

二、准备工作

1．设备

砂轮机。

2．工艺装备

46#～60# 的白色氧化铝砂轮、油石、ϕ18mm 的高速钢麻花钻。

3．量具

角度尺、角度样板、0.02mm/（0～150）mm 的游标卡尺。

三、刃磨麻花钻的操作步骤

操作步骤描述：

选择麻花钻→刃磨麻花钻→检测麻花钻→修磨麻花钻横刃→检测麻花钻横刃。

1．选择麻花钻

根据图 4-1-1 衬套的钻孔工序图样的要求，我们选择的麻花钻（见图 4-1-6）如下。

（1）刀具材料：高速钢。

（2）几何参数：ϕ18mm 的规格尺寸等几何参数如图 4-1-6 所示。

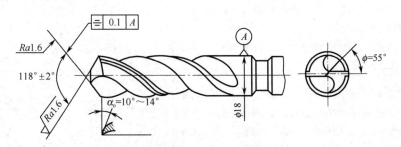

图 4-1-6　刃磨麻花钻

2．修整砂轮

先检测砂轮表面是否平整，如有不平或跳动现象，须先对砂轮进行修整。

3. 刃磨麻花钻（表 4-1-8）。

表 4-1-8　ϕ18 mm 标准麻花钻的刃磨

操作步骤	说　明	图　示
1. 摆正麻花钻的刃磨位置	用右手握住麻花钻前端作为支点，左手紧握麻花钻柄部 将麻花钻的主切削刃放平，并置于砂轮中心平面以上，使麻花钻轴线与砂轮圆周素线成59°左右，同时钻尾向下倾斜1°～2°	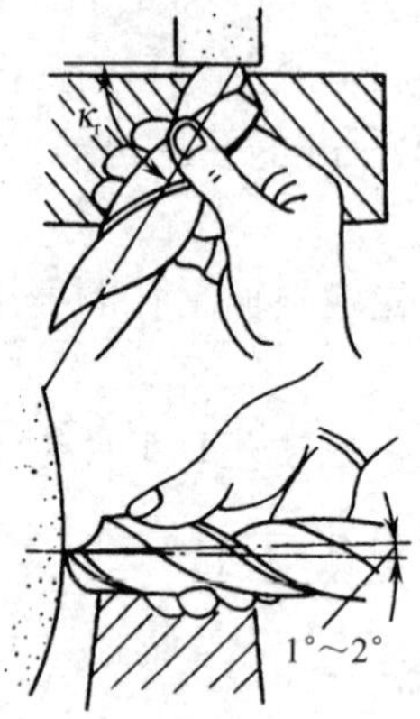
2. 刃磨麻花钻的一条主切削刃	以麻花钻前端支点为圆心，左手捏刀柄缓慢上下摆动并略作转动，同时磨出主切削刃和后面 为保证麻花钻近中心处磨出较大后角，还应做适当右移运动	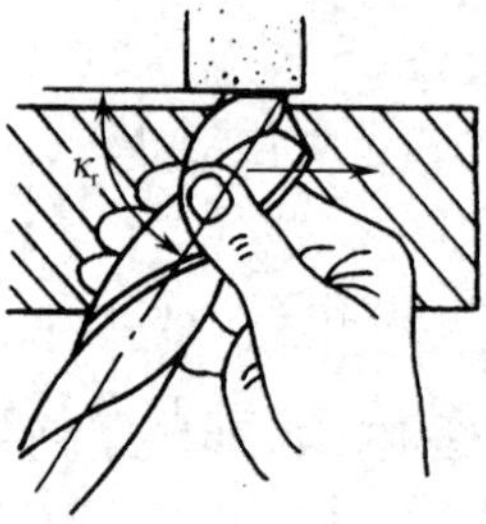 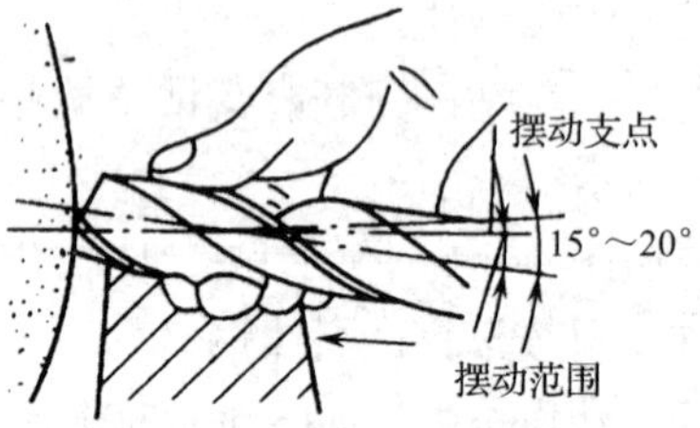
3. 刃磨另一条主切削刃	将麻花钻转过180°，用相同的方法刃磨另一条主切削刃和后面 两条切削刃经常交替刃磨，边刃磨边检测，直至达到要求为止	同上
4. 目测法检测麻花钻	将麻花钻垂直竖立在与眼等高的位置，在明亮的背景下用肉眼观察两刃的长短、高低及后角等。由于视差的原因，往往会感到左刃高、右刃低，此时应将麻花钻转过180°再观察，看是否仍是左刃高、右刃低。经反复观察对比，直至觉得两刃基本对称时方可使用 使用时如发现仍有偏差，则需再次修磨	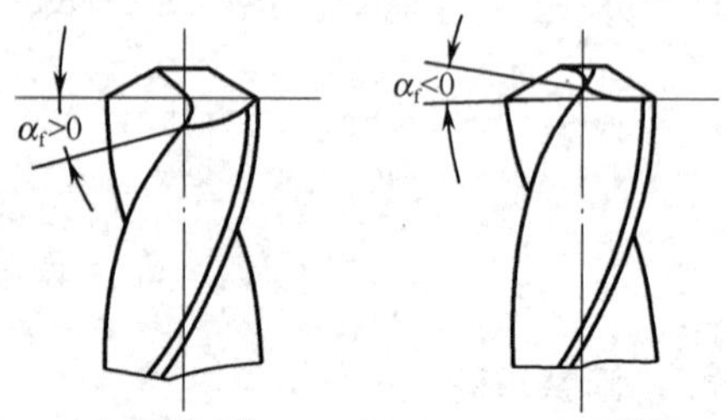 (a) 刃磨正确　　(b) 刃磨错误

续表

操作步骤	说 明	图 示
5. 也可采用角度尺检测麻花钻	将角度尺的一边贴靠在麻花钻的棱边上,另一边搁在麻花钻的刃口上,测量其刃长和角度,然后将麻花钻转过180°,用同样的方法检测另一主切削刃	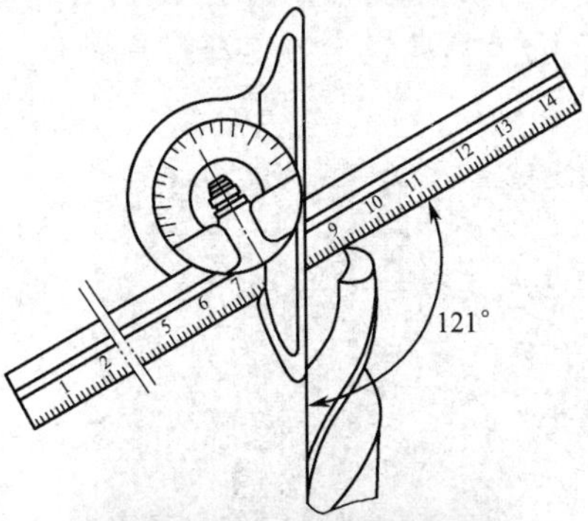 
6. 修磨麻花钻的横刃	通常直径5mm以上的麻花钻横刃需修磨。修磨时,麻花钻轴线在水平面内与砂轮侧面左倾约15°,在垂直平面内与刃磨点的砂轮半径方向约成55°	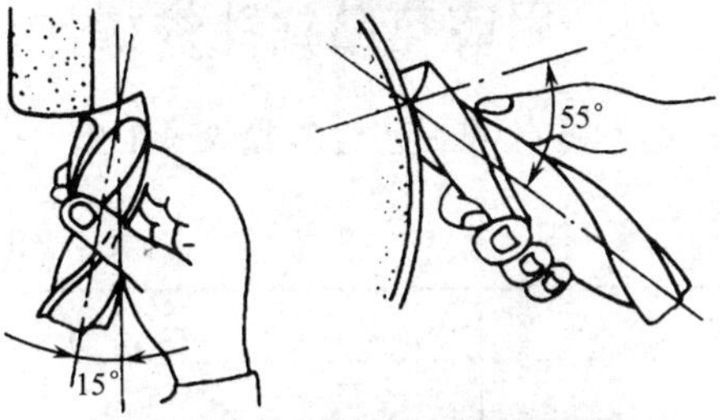 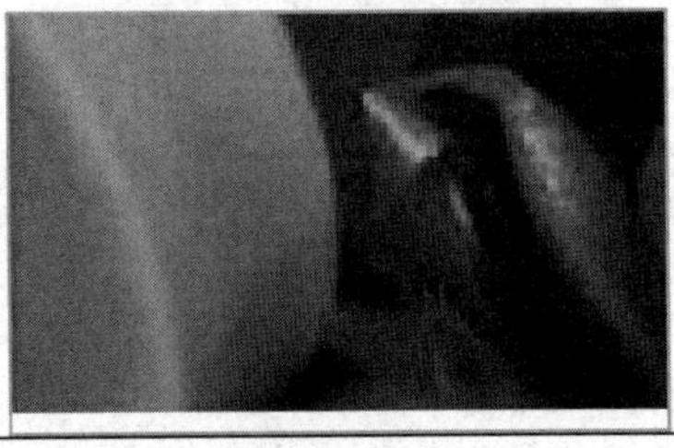
7. 检测修磨后的麻花钻横刃	修磨后应使横刃长度为原长的1/5~1/3。修磨横刃就是要缩短横刃的长度,增大横刃处的前角,减小轴向进给力	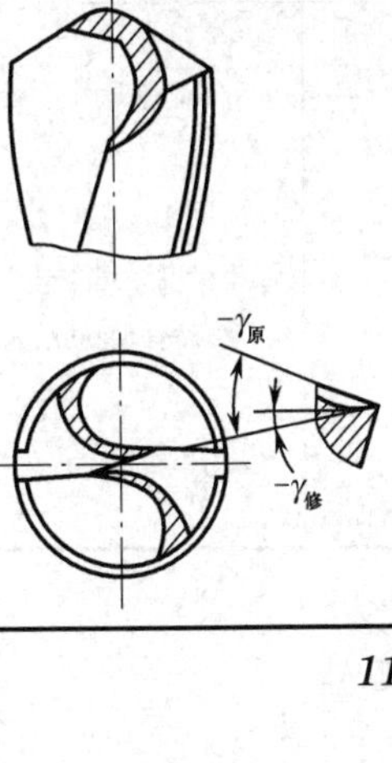

> 💡 **操作提示：**
> （1）麻花钻切削刃的位置应略高于砂轮中心平面，以免磨出负后角。
> （2）钻尾做上下摆动，并略带旋转。注意不能摆动太大而高出水平面，以防磨出负后角；也不能转动过多，以防将另一条主切削刃磨掉。
> （3）刃磨另一条主切削刃时，人及手要保持原来的位置和姿势，采用相同的刃磨方法才能使磨出的两主切削刃对称。
> （4）不要先把一条主切削刃刃磨好，再刃磨另一条主切削刃；而应该两切削刃经常交替刃磨，边刃磨边检测，随时修正，直至达到要求为止。
> （5）用力要均匀，防止用力过大而打滑伤手。
> （6）不要由刃背磨向刃口，以免造成麻花钻刃口退火或刃口出现锯齿状。
> （7）刃磨时，应注意磨削温度不应过高，要经常在水中冷却麻花钻，以防因退火降低硬度而降低切削能力，如图4-1-7所示。

图 4-1-7 冷却麻花钻

四、用麻花钻钻孔的操作步骤

衬套钻孔的工艺过程见表 4-1-9。

表 4-1-9 衬套钻孔的工艺过程

步 骤	说 明	图 例
1. 装夹找正	毛坯伸出卡爪约 55mm，利用划针找正并夹紧	
2. 车端面	采用45°粗车刀，手动车端面、车平即可，表面粗糙度达到要求 主轴转速 800r/min	

续表

步骤	说 明	图 例
3. 第一次粗车外圆	采用 90°粗车刀，粗车 ϕ50mm×50mm 外圆至 ϕ49mm×53mm 选择进给量为 0.3mm/r，主轴转速为 500r/min，背吃刀量为 0.5mm	
4. 固定尾座位置	移动尾座，使中心钻离工件端面约 5～10mm 处锁紧尾座	
5. 钻中心孔定心	采用 B2mm/6.3mm 中心钻，在工件端面上钻出中心孔，麻花钻起钻时起定心作用 选择主轴转速取 800r/min，手动进给量 0.5mm/r	
6. 装夹 ϕ18mm 麻花钻	用过渡锥套插入尾座锥孔中装夹 ϕ18mm 麻花钻	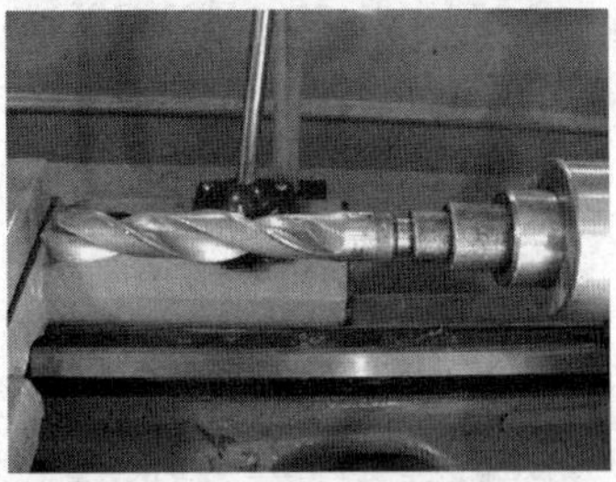
7. 钻 ϕ18mm 通孔	启动车床。双手摇动尾座手轮均匀进给，钻 ϕ18mm 通孔，同时浇注充分的乳化液作为切削液 主轴转速取 280r/min，手动进给量取 0.5mm/r	

续表

步骤	说明	图例
8. 第二次粗车外圆	采用90°粗车刀，粗车外圆ϕ49mm×50mm至尺寸 选择进给量为0.15mm/r，主轴转速为800r/min，背吃刀量为0.2mm	

> **操作提示：**
> （1）将麻花钻装入尾座套筒后，找正麻花钻轴线与工件旋转轴线相重合；否则可能会使孔径钻大、钻偏甚至折断麻花钻。
> （2）钻孔前，中心处不允许留有凸头，否则麻花钻不能自动定心，会使麻花钻折断，也可在刀架上夹一挡铁，支顶钻头头部、帮助钻头定心。
> （3）起钻时进给量要小，待麻花钻切削部分全部进入工件后才可正常钻削。
> （4）钻孔时，如果麻花钻刃磨正确，切屑会从两螺旋槽均匀排出。如果两主切削刃不对称，切屑从主切削刃高的那边螺旋槽向外排出。据此可卸下钻头，将较高的一边主切削刃磨低一些，以免影响钻孔质量。
> （5）必须浇注充分的切削液，以防麻花钻过热而退火。
> （6）必须经常退出麻花钻清除切屑，防止因切屑堵塞而造成麻花钻被"咬死"或折断。
> （7）即将把工件钻穿时，进给量要小，以防麻花钻被"咬住"，内孔应防止喇叭口和出现刀痕。

任务测评

利用刃磨及钻孔评分表（见表4-1-10），对自己刃磨的麻花钻及其车削的工件进行评价。

表4-1-10　麻花钻刃磨及其钻孔的评分标准

序号	考核项目		考核内容及要求	配分	评分标准	检测结果	得分
1	麻花钻	后角α_o	10°～14°（外缘处的圆周后角）	4	超差不得分		
			不能为负后角	3	不符合要求不得分		
		顶角$2\kappa_r$	118°±2°	4	超差不得分		
			顶角的一半59°±1°	4	超差不得分		
		横刃斜角ψ	55°±2°	4	超差不得分		
		两主切削刃	长度相差≤0.1mm	4	超差不得分		
			两条刀刃平直无锯齿	6	不符合要求不得分		

续表

序号	考核项目		考核内容及要求	配分	评分标准	检测结果	得分
1	麻花钻		两条刀刃不能被局部磨掉	6	不符合要求不得分		
			两条刀刃刃口不能退火	6	不符合要求不得分		
		表面粗糙度	主后面 $Ra1.6\mu m$（2处）	8	不符合要求不得分		
		修磨横刃	修磨后的横刃长度为原长的 $1/5\sim 1/3$	6	不符合要求不得分		
			横刃处的前角增大得合适（2处）	6	不符合要求不得分		
2	孔	孔径	$\phi 18\pm 0.1mm$	4	超差不得分		
		长度	钻孔要钻透	4	不符合要求不得分		
		表面粗糙度	$Ra12.5\mu m$	3	不符合要求不得分		
		同轴度	≤0.1mm	4	超差不得分		
3	外圆	外径	$\phi 49\pm 0.10mm$	4	超差不得分		
		长度	50±0.10mm	4	超差不得分		
		表面粗糙度	$Ra6.3\mu m$	3	不符合要求不得分		
4	端面	表面粗糙度	$Ra3.2\mu m$	4	不符合要求不得分		
5	工具设备的使用与维护		正确、规范使用工具、量具、刃具，合理保养及维护工具、量具、刃具	4	不符合要求酌情扣分		
			正确、规范使用设备，合理保养及维护设备				
			操作姿势、动作规范正确				
6	安全及其他		安全文明生产，按国家颁发的有关法规或企业制定的有关规定	5	一项不符合要求扣2分，发生较大事故者取消考试资格		
			操作步骤、工艺规程正确		一处不符合要求扣2分		
6	安全及其他		试件局部无缺陷		不符合要求从总分中扣1~10分		
7	完成时间		100 分钟		超过3分钟，扣10分；超过5分钟，为不合格		
指导教师评价			指导教师：　　　　年　月　日				

课后小结

（根据实操完成情况进行小结）

_____

_____

_____

任务 4-2　扩孔

**学习目标**

（1）认识扩孔钻的结构及特点。
（2）具备扩孔用麻花钻的刃磨、修磨技能。
（3）具备用麻花钻扩孔的技能。

问题与思考

本任务由任务 4-1 完成的工件转来，那么这个工件已经有孔，需要把其孔径扩大，同学们想一下，扩孔用的钻头和钻孔用的钻头一样吗？扩孔和钻孔时的切削用量一样吗？

**工作任务**

根据任务 4-1 完成的工件及上述图纸，正确刃磨扩孔钻及扩孔。如图 4-2-1 所示。

预备知识

用扩孔刀具扩大工件孔径的加工方法称为扩孔。

扩孔精度一般可达 IT10～IT11，表面粗糙度值达 $Ra6.3$～$12.5\mu m$，可作为孔的半精加工。

在实体材料上钻孔，孔径不大时可以用麻花钻一次钻出，若孔径较大（超过 30mm），应进行扩孔。

常用的扩孔刀具有麻花钻和扩孔钻，精度要求较低的孔一般用麻花钻；精度要求较高的孔的半精加工则采用扩孔钻。

用扩孔钻扩孔，常作为铰孔前的半精加工，钻孔后进行扩孔，可以找正孔的轴线偏差，使其获得较正确的形状精度。

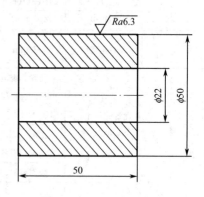

图 4-2-1　扩孔后的图纸

一、用麻花钻扩孔

用麻花钻扩孔的示意图如图 4-2-2 所示，首先应钻出直径为（0.5～0.7）D 的孔，然后再扩削到所需的孔径 D。应根据钻孔的要求对麻花钻进行刃磨、检验，然后选择适当的切削用量进行扩孔。

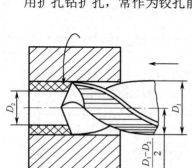

图 4-2-2　用麻花钻扩孔的示意图

【例 4-1】　加工直径为 50mm 的孔，先用 ϕ30mm 的麻花钻钻孔，选用车床主轴转速为 320r/min；然后用同等的切削速度，用 ϕ50mm 的麻花钻将孔扩大，求：

（1）扩孔时的背吃刀量。
（2）扩孔时车床的主轴转速。

解：

（1）用 $\phi 50$mm 的麻花钻扩孔时，背吃刀量为：

$$a_p = \frac{D_1 - D_2}{2} = \frac{50 - 30}{2} = 10 \text{（mm）}$$

（2）用 $\phi 30$mm 的麻花钻钻孔时，切削速度为：

$$v_{c1} = \frac{\pi d_n}{1000} = \frac{3.14 \times 30 \times 320}{1000} = 30.14 \text{（m/min）}$$

由于
$$v_{c2} = v_{c1}$$

所以，用 $\phi 50$mm 的麻花钻扩孔时，车床主轴转速为

$$n_2 = \frac{1000}{\pi d_2} = \frac{1000}{3.14 \times 50} = 192 \text{（r/min）}$$

如果在 CA6140 型卧式车床上扩孔，则选取 200r/min 为车床主轴的实际转速。

二、用扩孔钻扩孔

扩孔钻有高速钢扩孔钻和镶硬质合金扩孔钻两种，如图 4-2-3 所示。扩孔钻在自动车床和镗床上用得较多，其特点如下。

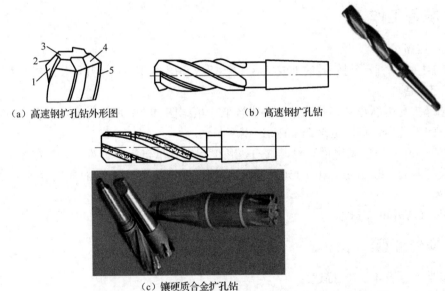

（a）高速钢扩孔钻外形图　　（b）高速钢扩孔钻

（c）镶硬质合金扩孔钻

1—前面；2—主切削刃；3—钻心；4—后面；5—棱边

图 4-2-3　扩孔钻

（1）扩孔钻的钻心粗，刚度足够，且扩孔时背吃刀量小，切屑少，排屑容易，可提高切削速度和进给量。

（2）扩孔钻一般有 3～4 个刀齿，周边的棱边数增多，导向性比麻花钻好，可以校正孔的轴线偏差，使其获得较正确的几何形状。

（3）扩孔时可避免横刃引起的不良影响，提高了生产效率。

用扩孔钻扩孔的示意图如图 4-2-4 所示。

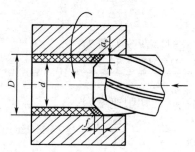

图 4-2-4　用扩孔钻扩孔的示意图

任务实施

一、工艺分析

把毛坯加工成图 4-2-1 所示的形状和尺寸。

（1）首先应根据扩孔的要求对麻花钻进行选择、刃磨、检验，然后选择适当的切削用量进行扩孔。

（2）已加工表面外圆装夹时需要加铜皮。

二、准备工作

1. 工件准备

按图 4-1-1 所示检查经过钻孔的半成品，其尺寸是否留出加工余量，几何公差是否达到要求。

2. 工艺装备

（1）选择扩孔用麻花钻。孔的精度要求较低，根据图 4-2-1 所示衬套的扩孔工序图样的要求，选择的扩孔用麻花钻是 $\phi 22mm$ 高速钢麻花钻。

（2）$46^{\#} \sim 60^{\#}$ 的白色氧化铝砂轮、油石、角度尺、三爪自定心卡盘、90°粗车刀、45°车刀、莫氏过渡套、0.02mm/（0～150）mm 的游标卡尺及 10%～15%的乳化液。

3. 设备

砂轮机、CA6140 车床。

三、操作步骤

操作步骤（见表 4-2-1）描述：

选择扩孔用麻花钻→修正砂轮→刃磨麻花钻→修磨麻花钻→检测麻花钻→装夹工件→齐总长→车外圆→用麻花钻扩孔。

表 4-2-1　扩孔的操作步骤

步　骤	内　容	图　示
1. 对砂轮进行修正	对砂轮进行修正	

续表

步骤	内容	图示
2. 刃磨扩孔用麻花钻	和刃磨麻花钻基本相同	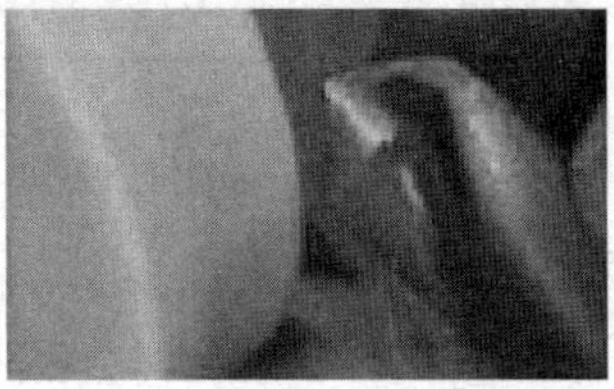
3. 修磨麻花钻	(1) 修磨外缘处前面。因麻花钻外缘处的前角大，扩孔时容易把麻花钻拉出来，使其柄部在尾座套筒内打滑，因此在扩孔时，应把钻头外缘处的前角修磨得小些 (2) 修磨出双重顶角。麻花钻外缘处的切削速度最高，磨损最快，因此可磨出双重顶角，这样可以改善外缘转角处的散热条件，增加钻头强度，并可减小孔的表面粗糙度 (3) 油石研磨主切削刃	
4. 检测麻花钻	用角度尺检测麻花钻	同任务 4-1
5. 装夹工件	用三爪自定心卡盘夹 ϕ49mm 外圆，找正并夹紧	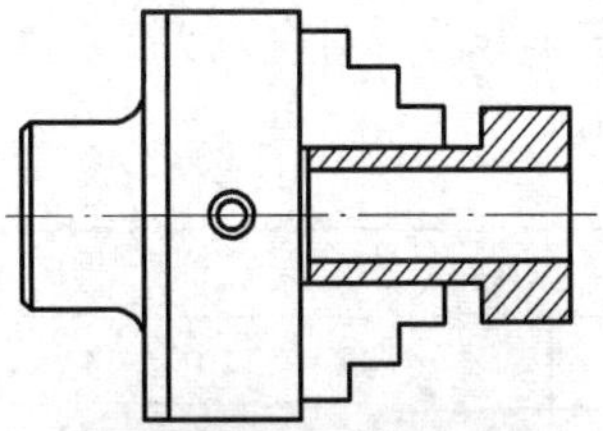 

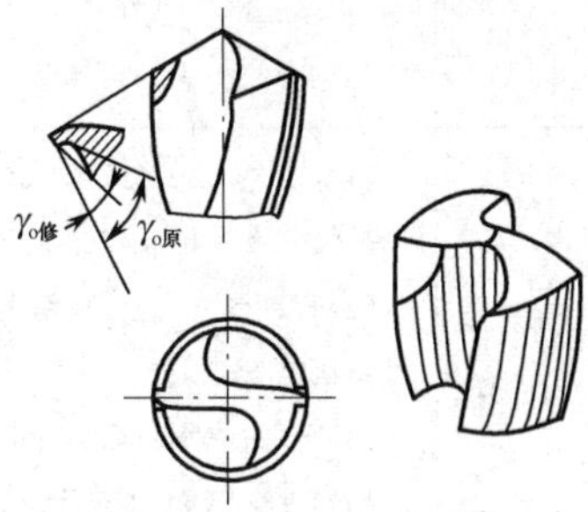

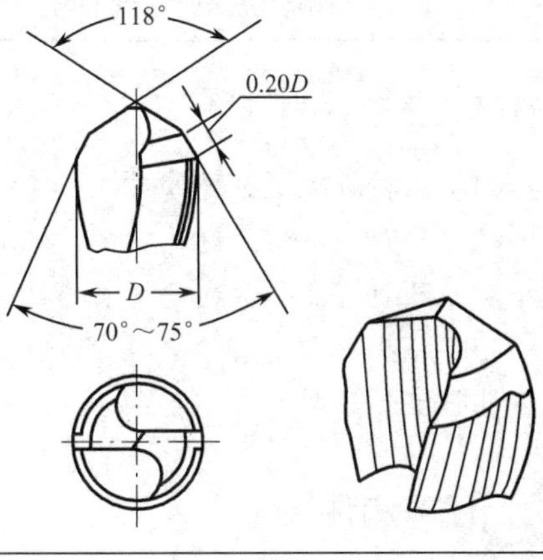

续表

步骤	内容	图示
6.齐总长、车外圆	（1）装夹45°车刀	—
	（2）用45°车刀手动进给车端面，定总长50mm。选取主轴转速为710r/min，背吃刀量为1mm	
7.用麻花钻扩孔	（1）用"内2外5"莫氏过渡锥套插入尾座锥孔中，装夹修磨好的 $\phi22mm$ 麻花钻。 （2）移动尾座，使麻花钻离工件端面约5～10mm处锁紧尾座。 （3）选取主轴转速为250r/min，双手摇动尾座手轮均匀进给，手动进给量为0.8mm/r，扩孔 $\phi22mm$，同时浇注充分的乳化液作为切削液	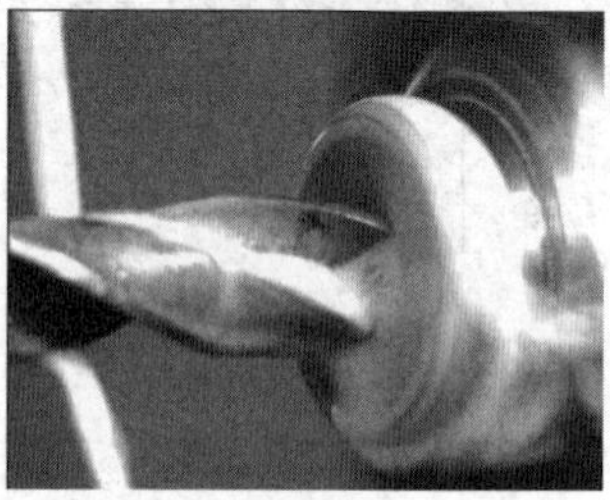

操作提示：

（1）同钻孔时的注意事项。

（2）扩孔时，由于麻花钻的横刃不参加切削，进给力 F_f 减小，进给省力，故可采用比麻花钻钻孔时大1倍的进给量。

（3）在扩孔时，应适当控制手动进给量，不要因为钻削轻松而盲目加大进给量，尤其是在孔将要钻穿时。

任务测评

每位同学完成一件后卸下工件，仔细测量是否符合图样要求，填写麻花刃磨及钻孔评分表（见表4-2-2），对自己刃磨的麻花钻及其车削的工件进行评价。

表4-2-2　刃磨、修磨的 $\phi22$ 麻花钻及扩孔评分标准

序号	考核项目		考核内容及要求	配分	评分标准	检测结果	得分
1	麻花钻	后角 α_0	10°～14°（外缘处的圆周后角）	3	超差不得分		
			不能为负后角	2	不符合要求不得分		
		双重顶角 $2\kappa_r$	118°±2°	3	超差不得分		
			顶角的一半，59°±1°	3	超差不得分		
			第二顶角，70°～75°	3	超差不得分		
			第二顶角的一半，35°～37.5°	3	超差不得分		
		横刃斜角 ψ	55°±2°	4	超差不得分		

续表

序号	考核项目		考核内容及要求	配分	评分标准	检测结果	得分
1	麻花钻	四条主切削刃	4条刀刃长度两两相差≤0.1mm	4	超差不得分		
			4条刀刃平直无锯齿	8	不符合要求不得分		
			4条刀刃不能被局部磨掉	8	不符合要求不得分		
			4条刀刃刃口不能退火	8	不符合要求不得分		
		表面粗糙度	主后面 $Ra1.6\mu m$（4处）	8	不符合要求不得分		
		修磨外缘处前面	外缘处的前角减小得合适（2处）	6	不符合要求不得分		
2	扩孔	孔径	$\phi 22\pm 0.1mm$	4	超差不得分		
		长度	扩孔要钻透	3	不符合要求不得分		
		表面粗糙度	$Ra6.3\mu m$	4	不符合要求不得分		
		同轴度	≤0.1mm	4	超差不得分		
3	外圆	外径	$\phi 49\pm 0.10mm$	2	超差不得分		
		总长	$50\pm 0.15mm$	4	超差不得分		
		表面粗糙度	$Ra6.3\mu m$	3	不符合要求不得分		
4	端面	表面粗糙度	$Ra6.3\mu m$	3	不符合要求不得分		
5	工具设备的使用与维护		正确、规范使用工具、量具、刃具，合理保养及维护工具、量具、刃具	5	不符合要求酌情扣分		
			正确、规范使用设备，合理保养及维护设备				
			操作姿势、动作正确				
6	安全及其他		安全文明生产，按国家颁发的有关法规或企业制定的有关规定	5	一项不符合要求扣2分，发生较大事故者取消考试资格		
			操作、工艺规程正确		一处不符合要求扣2分		
			试件局部无缺陷		不符合要求从总分中扣1～10分		
7	完成时间		120分钟		超过5分钟,扣10分；超过15分钟,为不合格		
指导教师评价			指导教师：　　　　　年　　月　　日				

课后小结

（根据实操完成情况进行小结）

_____

_____

_____

任务 4-3 车孔

学习目标

（1）区分并选择通孔刀和盲孔刀。
（2）刃磨车孔刀。
（3）掌握车孔的关键技术。
（4）具备通孔、阶台孔和盲孔的车削技能。

问题与思考

车孔在车削中与车削阶台同样重要。大家都知道车阶台轴是在工件外部进行的，而车内孔是在工件内部进行的，所以就会受到视线的限制。大家想一下，车内孔时应该注意些什么问题呢？

工作任务

根据任务 4-2 工件和上述图样，车削孔类零件（见图 4-3-1）。

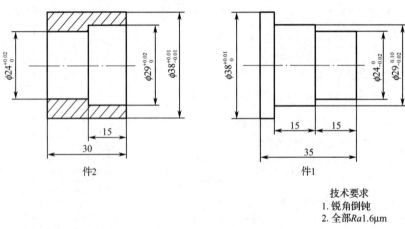

技术要求
1. 锐角倒钝
2. 全部 $Ra1.6\mu m$

图 4-3-1 轴孔配合件

预备知识

对于铸造孔、锻造孔或用麻花钻钻出的孔，采用扩孔方法显然难以满足加工要求。为了达到所要求的精度和表面粗糙度，一般还需要车孔。

车孔是常用的孔加工方法之一，既可以作为粗加工，也可以作为精加工，加工范围很广，车孔精度可达 IT7～IT8，表面粗糙度为 $Ra1.6$～$Ra3.2\mu m$，精细车削可以达到更小（$Ra0.8\mu m$）；车孔还可以修正孔的直线度。

一、车孔刀

根据不同的加工情况，车孔刀可分为通孔车刀和盲孔车刀两种，见表 4-3-1。

表 4-3-1 车孔刀

	车通孔	车盲孔
车孔		
	通孔车刀用来车通孔，其几何形状基本上与 75°外圆车刀相似。 为了减小背向力 F_p，防止振动，主偏角κ_r应取较大值，一般取κ_r=60°～75°；副偏角取κ'_r=15°～30°	盲孔车刀用来车盲孔或阶台孔，切削部分的几何形状基本上与偏刀相似。 盲孔车刀的主偏角一般取κ_r=90°～95°。车盲孔时，刀尖在刀柄的最前端，刀尖与刀柄外端的距离 a 应小于内孔半径 R，同时刀尖应与工件轴线中心严格对准，否则无法车平盲孔的底平面。 车阶台孔时，只要和孔壁不碰即可
	前排屑通孔车刀的几何参数为：κ_r=75°，κ'_r=15°，λ_s=6°。磨出的断屑槽或圆弧形卷屑槽，使切屑排向孔的待加工表面，即向前排屑	后排屑盲孔车刀的几何参数为：κ_r=93°，κ'_r=6°，λ_s=-4°～0°。其上磨有卷屑槽，使切屑成螺卷状向尾座方向排出孔外，即后排屑

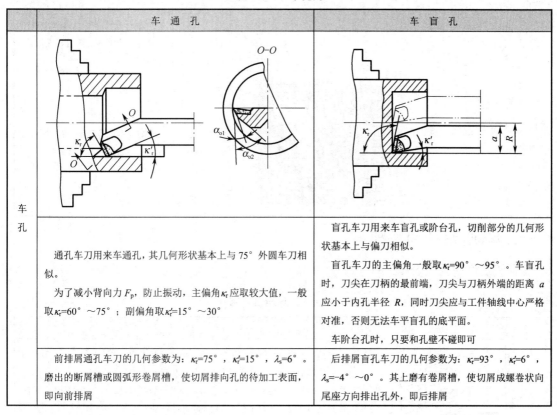

二、车孔的关键技术

车孔的关键技术是解决车孔刀的刚度和排屑问题。增强车孔刀刚度的措施和控制排屑的方法见表 4-3-2。

表 4-3-2 增强车孔刀刚度的措施和控制排屑的方法

内容		图示	说明
增强车孔刀的刚度	尽量增加刀柄截面积	 （a）刀尖位于刀柄的上面　（b）刀尖位于刀柄的中心	车孔刀的刀尖位于刀柄上面，刀柄的截面积较小，仅有孔截面积的1/4，见图（a）； 车孔刀的刀尖位于刀柄的中心线上，从而刀柄的截面积可达最大，见图（b）
	减小刀柄伸出长度		刀柄伸出越长，车孔刀的刚度越低，越容易引起振动。刀柄伸出长度只要略大于孔深即可

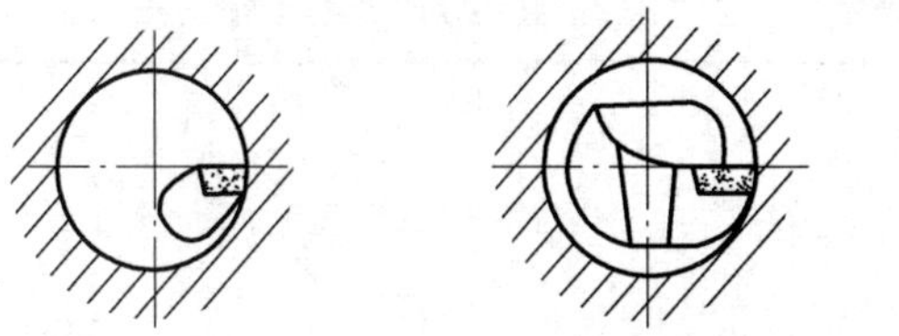

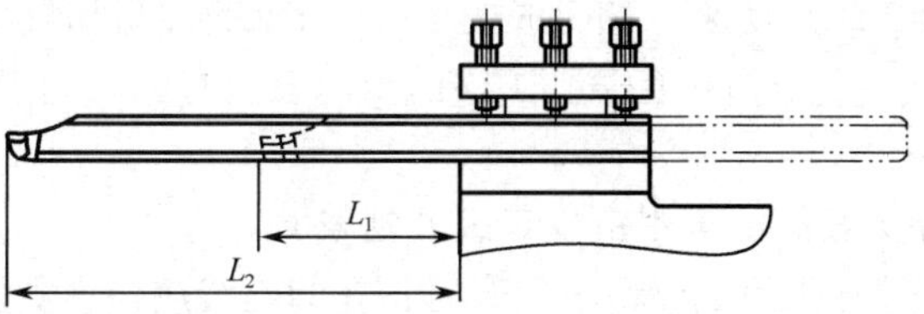

续表

内容	图示	说明
控制排屑 控制切屑流出方向	—	车通孔或精车孔时要求切屑流向待加工表面（前排屑），因此用正刃倾角
		 车盲孔时采用负刃倾角，使切屑向孔口方向排出（后排屑）

三、车阶台孔和盲孔

车阶台孔和盲孔见表 4-3-3。

表 4-3-3　车阶台孔和盲孔

内容	图例	说明
车阶台孔的方法	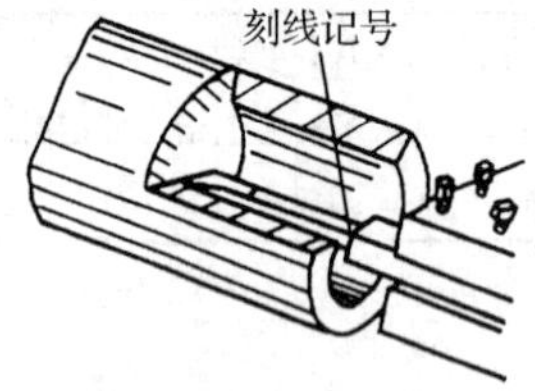 (a) 刀柄上刻线痕控制孔深 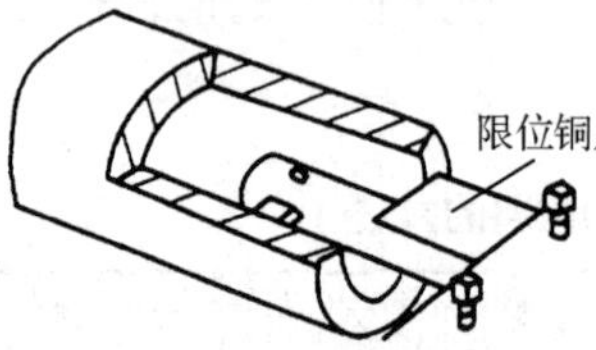 (b) 限位铜片控制孔深	(1) 车直径较小的阶台孔时，由于观察困难，尺寸不易控制，顺序为粗车小孔→精车小孔→粗车大孔→精车大孔。 (2) 车直径较大的阶台孔时，在便于测量和观察小孔的前提下，顺序为粗车大孔→粗车小孔→精车小孔→精车大孔。 (3) 车孔径相差较大的阶台孔时，最好先使用主偏角 $\kappa_r=85°\sim88°$ 的车刀进行粗车，再用盲孔车刀精车至要求。如果直接用盲孔车刀车削，则背吃刀量不可太大，否则刀尖容易损坏。 (4) 车孔深度的控制： ① 在刀柄上刻线痕，见图 (a)； ② 装夹车孔刀时安装限位铜片，见图 (b)； ③ 利用小滑板刻度控制； ④ 用深度游标卡尺测量控制

任务实施

一、工艺分析

车孔用的半成品由任务 4-2 成品而来，加工成图 4-3-1 所示的形状和尺寸。

(1) 图样中的"$\sqrt{Ra\,6.3}$ (√)"是指衬套车孔工序的全部表面有相同的表面粗糙度要求，即表面粗糙度为 $Ra6.3\mu m$。

(2) 为防止车孔时夹伤外圆表面，可用铜皮包裹外圆表面。

(3) 本工序为车孔。由于粗车孔后还要精车孔来修正孔的直线度，故要留出精车孔余量。

项目4 加工套类零件

二、准备工作

1．工件准备

按图 4-2-1 所示检查经过扩孔的半成品,看其尺寸是否留出车孔余量、形位精度是否达到要求。

2．工艺装备（见图 4-3-2）

前排屑通孔车刀、后排屑盲孔车刀、砂轮、油石、冷却用水、三爪自定心卡盘、0.02mm/（0～150）mm 的游标卡尺。

3．设备

砂轮机、CA6140 车床。

三、刃磨车孔刀的操作步骤

操作步骤描述：

选择车孔刀→修整砂轮→刃磨前排屑通孔车刀→刃磨后排屑盲孔车刀。

车衬套$\phi 24_{\ 0}^{+0.04}$mm 孔采用硬质合金通孔刀,其刃磨过程见表 4-3-4。

车衬套$\phi 29_{\ 0}^{+0.04}$mm 孔采用硬质合金盲孔刀,见表 4-3-4,其刃磨方法参考硬质合金通孔刀的刃磨方法。

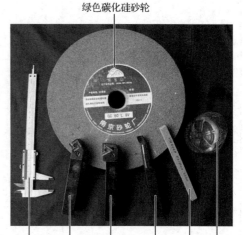

图 4-3-2 工艺装备

表 4-3-4 刃磨车孔刀过程

步　　骤	图　示
1．粗磨主后面	
2．粗磨副后面	

续表

步　骤	图　示
3. 粗磨前面及断屑槽	
4. 精磨主后面	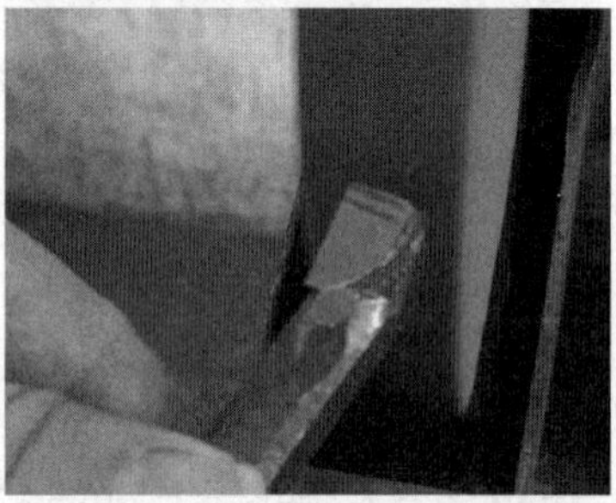
5. 精磨副后面	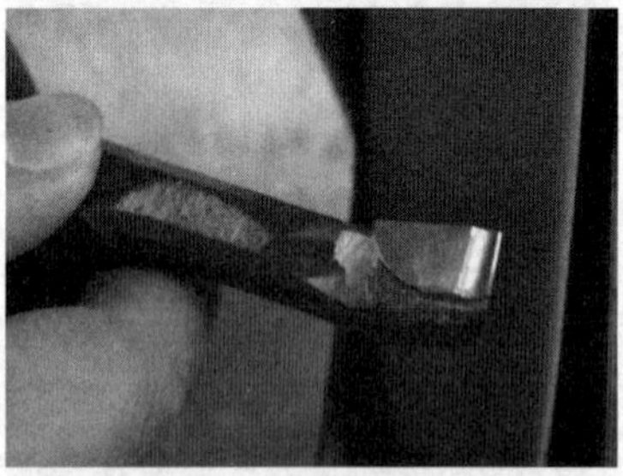
6. 精磨前面	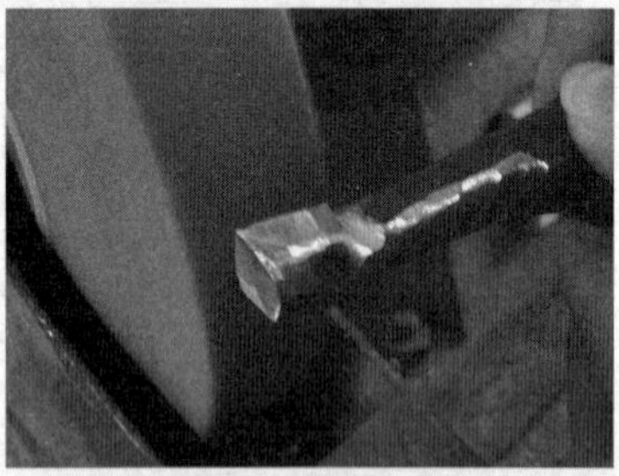
7. 精磨断屑槽	

续表

步骤	图示
8. 修磨刀尖圆弧	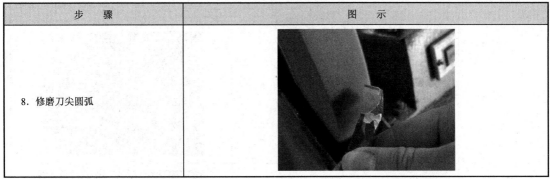

四、衬套车孔工序的操作步骤

衬套车孔工序的操作步骤见表 4-3-5。

操作步骤描述：

装夹工件→装夹前排屑通孔车刀→装夹后排屑盲孔车刀→用前排屑通孔车刀车ϕ24mm 通孔→用后排屑盲孔车刀粗车ϕ24mm×29mm 阶台孔→用后排屑盲孔车刀精车ϕ29mm×14mm 阶台孔。

表 4-3-5　衬套车孔工序

步骤	说明	图示
1. 装夹工件	装夹工件ϕ40mm 外圆，伸出 35mm 长，并找正	
2. 车削ϕ38mm 外圆	齐断面，车削ϕ38mm 外圆至尺寸	
3. 车削阶台轴	掉头装夹ϕ38mm 外圆，并车削阶台轴	

续表

步 骤	说 明	图 示
4. 切断阶台轴	把车削完成的阶台轴切下,并精车$\phi 38mm$的轴至29mm长	
5. 钻孔	齐断面,钻中心孔,并钻出$\phi 20mm$的孔	
6. 装夹通孔车刀	刀尖应与工件中心等高或稍高。 刀柄伸出刀架不宜过长,约55mm。 刀柄基本平行于工件轴线	
7. 装夹盲孔车刀	和通孔车刀的装夹要求基本相同,但要保证盲孔车刀的主偏角κ_r=90°~95°	
8. 车$\phi 24mm$通孔	(1)扳转通孔车刀至工作位置。 (2)选取车孔时的切削用量:a_p=1mm(车孔余量的一半),f=0.2mm/r,n=560r/min。 (3)启动车床。 (4)试车削$\phi 24mm$孔,用游标卡尺测量。 (5)刚开始就要加注充分的切削液,机动进给车$\phi 24mm$通孔	

续表

步 骤	说 明	图 示
9. 用盲孔车刀粗车$\phi 29mm \times 10mm$阶台孔	（1）扳转盲孔车刀至工作位置。 （2）选用盲孔车刀车孔时的切削用量：背吃刀量a_p=1mm，进给量f=0.15mm/r，转速n=500r/min。 （3）启动车床。 （4）纵向车削ϕ29mm孔。 利用小滑板刻度盘配合游标卡尺控制车孔深度，进给多次，将阶台孔车至ϕ28.5mm×13mm	
10. 用盲孔车刀精车 $\phi 29mm \times 14mm$阶台孔	（1）扳转盲孔车刀至工作位置。 （2）选取车孔时的切削用量：进给量f=0.1mm/r，转速n=560r/min。 （3）启动车床。 （4）一开始就要加注充分的切削液，精车ϕ29mm×14mm 阶台孔达尺寸	

操作提示：

（1）车孔刀的刀柄细长、刚度低，车孔时冷却、排屑、测量、观察都比较困难，故要重视并抓住这些关键技术。

（2）车孔刀的装夹正确与否直接影响车削情况及孔的精度。车孔刀装夹好后，在车孔前先在孔内试走一遍，检查有无碰撞现象，以确保安全，如图 4-3-3 所示。

（3）车孔时的切削用量应选得比车外圆时小，车孔时的背吃刀量a_p是内孔余量的一半；进给量f比车外圆时小 20%～40%，；切削速度v_c比车外圆时低 10%～20%。

图 4-3-3　车孔刀和孔壁相碰撞

（4）车孔时中滑板的进、退方向与车外圆时相反。

（5）精车内孔时，应保持刀刃锋利，不然会产生"让刀"，把孔车成锥形。

（6）内孔应防止喇叭口和出现试刀痕迹。

任务测评

每位同学完成一件成品后，卸下工件，仔细测量是否符合图样要求，填写车孔的评分表

(见表 4-3-6)，对自己车削的工件进行评价。

表 4-3-6　车孔的评分标准

序号	考核项目	考核内容及要求	配分	评分标准	检测结果	得分
1	$\phi 24mm$ 孔	$\phi 24_{0}^{+0.04}$ mm	12	每超差 0.01mm 扣 1 分，超差 0.1mm 不得分		
		$\phi 24mm$ 孔长，车孔要车透	12	不符合要求不得分		
		表面粗糙度 $Ra6.3\mu m$	12	不符合要求不得分		
2	$\phi 29mm$ 孔	$\phi 29\pm_{0}^{+0.04}$ mm	12	每超差 0.01mm 扣 1 分，超差 0.1mm 不得分		
		长度 14mm	12	每超差 0.01mm 扣 1 分，超差 0.1mm 不得分		
		表面粗糙度 $Ra6.3\mu m$（2 处）	20	不符合要求不得分		
3	工具设备的使用与维护	正确、规范使用工具、量具、刃具，合理保养及维护工具、量具、刃具	10	不符合要求酌情扣分		
		正确、规范使用设备，合理保养及维护设备		不符合要求酌情扣分		
		操作姿势、动作规范正确		不符合要求酌情扣分		
4	安全及其他	安全文明生产，按国家颁发的有关法规或企业制定的有关规定	10	不符合要求酌情扣分，发生较大事故者取消考试资格		
		操作步骤、工艺规程正确		不符合要求酌情扣分		
		试件局部无缺陷		不符合要求从总分中扣 1~10 分		
5	完成时间	45 分钟		超过 5 分钟，扣 10 分；超过 15 分钟为不合格		
指导教师评价		指导教师：　　　　年　月　日				

针对自己出现的质量问题、出现的废品种类，参考表 4-3-7 分析原因，并找出改进措施。

表 4-3-7　车孔时产生废品的原因及预防方法

废品种类	产生原因	预防方法
尺寸不对	（1）测量不正确。 （2）车刀装夹不对，刀柄与孔壁相碰。 （3）产生积屑瘤，增加刀尖长度，使孔车大。 （4）工件的热胀冷缩	（1）要仔细测量。用游标卡尺测量时，要调整好卡尺的松紧，控制好位置，并进行试车。 （2）应在未启动车床前，先把车刀在孔内试走一遍，检查是否会相碰，确定合理的刀柄直径。 （3）研磨前面，使用切削液，增大前角，选择合理的切削速度。 （4）应使工件冷却后再精车，加切削液

续表

废品种类	产 生 原 因	预 防 方 法
内孔有锥度	(1) 刀具磨损。 (2) 刀柄刚度低,产生"让刀"现象。 (3) 刀柄与孔壁相碰。 (4) 车头轴线歪斜 (5) 床身不水平,使床身导轨与主轴轴线不平行。 (6) 床身导轨磨损。由于磨损不均匀,使走刀轨迹与工件轴线不平行	(1) 提高刀具寿命,采用耐磨的硬质合金车刀。 (2) 尽量采用大尺寸的刀柄,减小切削用量。 (3) 正确装夹车刀。 (4) 检查车床精度,校正主轴轴线与床身导轨的平行度。 (5) 校正车床水平。 (6) 大修车床
内孔圆度超差	(1) 孔壁薄,装夹时产生变形。 (2) 轴承间隙太大,主轴颈成椭圆。 (3) 工件加工余量和材料组织不均匀	(1) 选择合理的装夹方法。 (2) 大修车床,并检查主轴的圆柱度。 (3) 增加半精车工序,把不均匀的余量车去,使精车余量合理和均匀。对工件毛坯进行回火处理
内孔表面粗糙度超差	(1) 车刀磨损。 (2) 车刀刃磨不良,表面粗糙度大。 (3) 车刀几何角度不合理,装刀低于中心。 (4) 切削用量选择不当。 (5) 刀柄细长,产生振动	(1) 重新刃磨车刀。 (2) 保证刀刃锋利,研磨车刀前后面。 (3) 合理选择刀具角度,精车装刀时可略高于工件轴线。 (4) 选择合理的切削速度,减小进给量。 (5) 加粗刀柄和降低切削速度

课后小结

(根据实操完成情况进行小结)

项目 5

车内外圆锥面

任务 5-1　车外圆锥面

**学习目标**

（1）具备车圆锥相关计算的能力。
（2）具有快速查阅莫氏圆锥（Morse）相关技术数据的能力。
（3）具备转动小滑板法车外圆锥的技能。
（4）具备用万能角度尺检验外圆锥的技能。

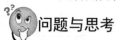**问题与思考**

在机床和工具中，有许多需要圆锥面配合的场合，如车床主轴锥孔与卡盘的配合、车床尾座锥孔与麻花钻锥柄的配合等，那么这些圆锥面是怎样加工的呢？

**工作任务**

根据图样要求，正确车削外圆锥。图样如图 5-1-1 所示。

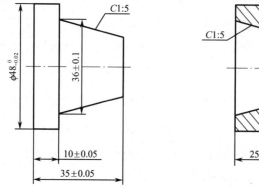

1. 锐角倒钝
2. 全部 $Ra1.6\mu m$

图 5-1-1　锥配综合件

项目 5　车内外圆锥面

预备知识

一、圆锥的基本参数

（1）圆锥的基本参数及其计算公式见表 5-1-1。

表 5-1-1　圆锥的基本参数表

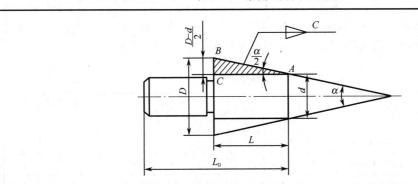

基本参数	代号	定　　义	计算公式	
圆锥角	α	在通过圆锥轴线的截面内，两条素线之间的夹角	—	圆锥角、圆锥半角与锥度属于同一参数，不能同时标注
圆锥半角	$\dfrac{\alpha}{2}$	圆锥角的一半，是车圆锥面时小滑板转过的角度	$\tan\dfrac{\alpha}{2}=\dfrac{D-d}{2L}=\dfrac{C}{2}$	
锥度	C	圆锥的最大圆锥直径和最小圆锥直径之差与圆锥长度之比。锥度用比例或分数形式表示	$C=\dfrac{D-d}{2L}=2\tan\dfrac{\alpha}{2}$	
最大圆锥直径	D	简称大端直径	$D=d+CL=d+2L\tan\dfrac{\alpha}{2}$	
最小圆锥直径	d	简称小端直径	$d=D-CL=D-2L\tan\dfrac{\alpha}{2}$	
圆锥长度	L	最大圆锥直径与最小圆锥直径之间的轴向距离。工件全长一般用 L_0 表示	$L=(D-d)/C$ 　$=(D-d)/\left(2\tan\dfrac{\alpha}{2}\right)$	

当圆锥半角小于 6°时，可用近似公式 $\alpha/2\approx 28.7°(D-d)/L$ 计算。

操作提示：

采用近似计算公式计算圆锥半角 $\alpha/2$ 时，应注意：
（1）圆锥半角应在 6°以内。
（2）计算出来的单位是度（°），度以下的小数部分是 10 进位的，而角度是 60 进位的。应将含有小数部分的计算结果转化为分（′）和秒（″）。
例如，2.35°=2°+0.35×60′=2°21′。

二、标准工具圆锥

为了制造和使用方便，降低生产成本，机床、工具和刀具上的圆锥多采用标准化尺寸，即圆锥的基本参数都符合几个号码代表的规定。使用时，只要号码相同，即能互换。标准工具圆锥已在国际上通用，不论哪个国家生产的机床或工具，只要符合标准都具有互换性。

常用标准工具圆锥有莫氏圆锥和米制圆锥两种。

1. 莫氏圆锥（Morse）

莫氏圆锥是机械制造业中应用最广泛的一种，车床上的主轴锥孔、顶尖锥柄、麻花钻锥柄和铰刀锥柄等都是莫氏圆锥。莫氏圆锥有 0 号（Morse No.0）、1 号（Morse No.1）、2 号（Morse No.2）、3 号（Morse No.3）、4 号（Morse No. 4）、5 号（Morse No.5）和 6 号（Morse No. 6）共七种，其中，最小的是 0 号（Morse No.0），最大的是 6 号（Morse No.6）。莫氏圆锥号码不同，其线性尺寸和圆锥半角均不相同，莫氏圆锥常用的数据见表 5-1-2。

表 5-1-2 莫氏圆锥常用数据

莫氏圆锥号数（Morse No.）	锥度 C	圆锥角 α	锥角的偏差	圆锥半角 α/2	量规刻线间距 m（mm）
Morse No.0	1∶19.212=0.05205	2°58′54″	±120″	1°29′27″	1.2
Morse No.1	1∶20.047=0.04988	2°51′26″	±120″	1°25′43″	1.4
Morse No.2	1∶20.020=0.04995	2°51′41″	±120″	1°25′50″	1.6
Morse No.3	1∶19.922=0.05020	2°52′32″	±100″	1°26′16″	1.8
Morse No.4	1∶19.254=0.05194	2°58′31″	±100″	1°29′15″	2
Morse No.5	1∶19.002=0.05263	3°00′53″	±80″	1°30′26″	2
Morse No.6	1∶19.180=0.05214	2°59′12″	±70″	1°29′36″	2.5

2. 米制圆锥（见图 5-1-2）

米制圆锥有 7 个号码，即 4 号、6 号、80 号、100 号、120 号、160 号和 200 号。它们的号码是指圆锥的大端直径，而锥度固定不变，即 $C=1:20$；如 100 号米制圆锥的最大圆锥直径 $D=100mm$，锥度 $C=1:20$。米制圆锥的优点是锥度不变，记忆方便。

图 5-1-2 米制圆锥

除了常用的莫氏圆锥和米制圆锥等工具圆锥外，还会遇到一般用途的圆锥和特定用途的圆锥等其他标准圆锥，见表 5-1-3。

表 5-1-3 标准圆锥

圆锥角 α	锥度 C	圆锥半角 α/2（小滑板转动角度）	圆锥角 α	锥度 C	圆锥半角 α/2（小滑板转动角度）
30°	1∶1.866	15°	2°51′51″	1∶20（米制圆锥）	1°25′56″
45°	1∶1.207	22°30′			
60°	1∶0.866	30°	3°49′6″	1∶15	1°54′33″
75°	1∶0.625	37°30′	4°46′19″	1∶12	2°23′9″
90°	1∶0.5	45°	5°43′29″	1∶10	2°51′15″
120°	1∶0.289	60°	7°9′10″	1∶8	3°34′35″

续表

圆锥角α	锥度C	圆锥半角α/2（小滑板转动角度）	圆锥角α	锥度C	圆锥半角α/2（小滑板转动角度）
0°17′11″	1:200	0°8′36″	8°10′16″	1:7	4°5′8″
0°34′23″	1:100	0°17′11″	11°25′16″	1:5	5°42′38″
1°8′45″	1:50	0°34′23″	81°55′29″	1:3	9°27′44″
1°54′35″	1:30	0°57′17″	61°35′32″	7:24	8°17′36″

三、用转动小滑板法车外圆锥

转动小滑板法是把小滑板按工件的圆锥半角α/2的要求转动一个相应角度，使车刀的运动轨迹与所要加工的圆锥素线平行，见表5-1-4。

表5-1-4 用转动小滑板法车外圆锥

内容	图示	说明
选择、装夹车刀	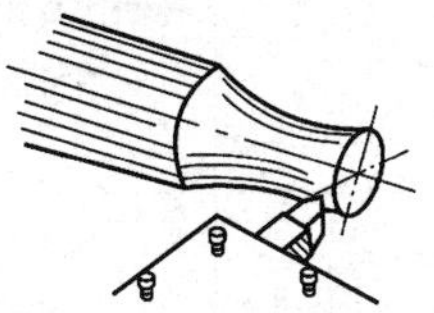 （a）刀尖低于工件旋转中心 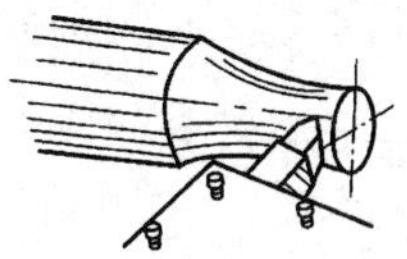 （b）刀尖高于工件旋转中心 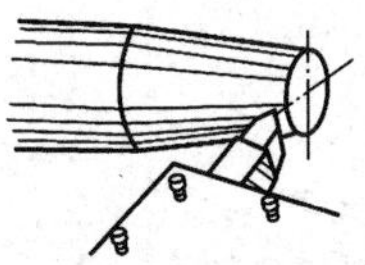 （c）刀尖对准工件旋转中心	（1）精车外圆锥主要目的是提高工件的表面质量和控制外圆锥的尺寸精度。 精车外圆锥时，车刀必须锋利、耐磨，一般使用90°精车刀。 （2）车刀刀尖必须严格对准工件的旋转中心。 车刀刀尖没有严格对准工件的旋转中心，车出的圆锥素线将不是直线，而是双曲线，见图（a）和（b）。 车刀刀尖严格对准工件的旋转中心，车出的圆锥素线将是直线，见图（c）。
小滑板楔铁的调整	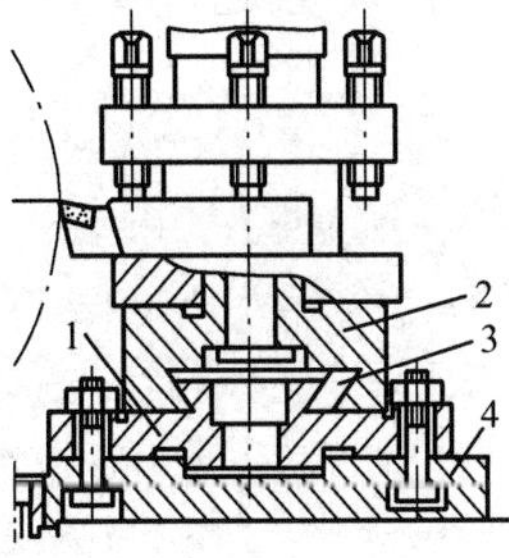 1—小滑板转盘；2—小滑板；3—楔铁；4—中滑板	车圆锥前，应检查和调整小滑板导轨与楔铁间的配合间隙。 若配合间隙调得过紧，则手动进给强度大，小滑板移动不均匀。 若配合间隙调得过松，则小滑板间隙太大，易出现锥度超差，车削刀纹也时深时浅。 配合间隙过紧或过松均会使车出的锥面表面粗糙度大，且圆锥的素线不直

续表

内　　容	图　　示	说　　明
确定小滑板转动方向	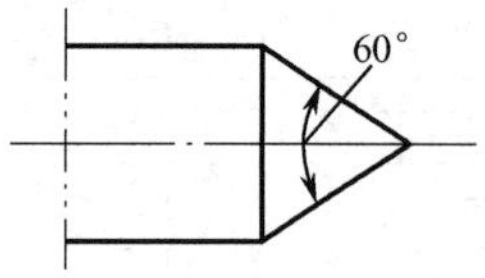	车外圆锥和内圆锥工件，如果最小圆锥直径靠近尾座方向，则小滑板应逆时针方向转动一个圆锥半角（$\alpha/2$）；反之，则应顺时针方向转动一个圆锥半角（$\alpha/2$）。 图示前顶尖，其最大圆锥直径靠近主轴，故小滑板应朝逆时针方向转动
确定小滑板转动角度	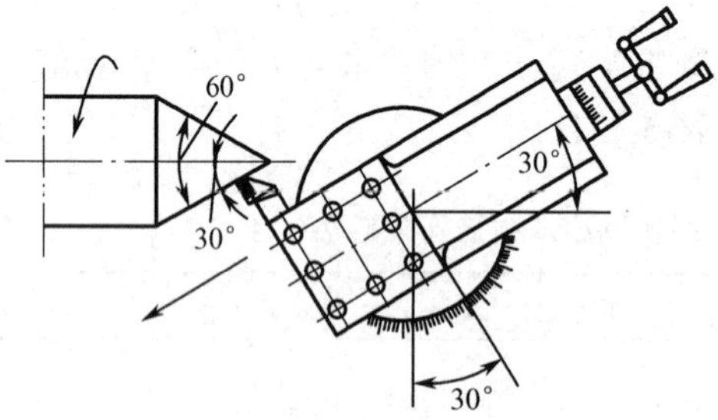	圆锥角度的标注方法很多： （1）若图样上直接标注圆锥半角（$\alpha/2$），则$\alpha/2$就是车床小滑板应转过的角度。 （2）若图样上没有直接标注出圆锥半角（$\alpha/2$），则必须经过换算。换算的原则是把图样上所标注的角度换算成圆锥素线与车床主轴轴线间的夹角（$\alpha/2$）。$\alpha/2$就是车床小滑板应转过的角度。 在图所示前顶尖，其圆锥半角为$\alpha/2=60°/2=30°$，故小滑板应转过30°
试车圆锥	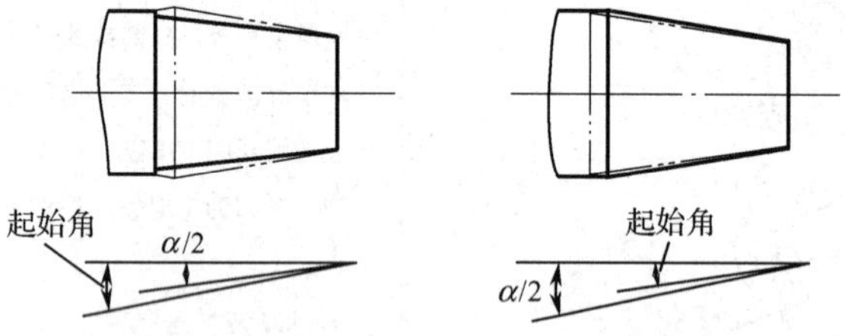 （a）起始角大于$\alpha/2$　　（b）起始角小于$\alpha/2$	（1）确定圆锥起始角。 转动小滑板时，使小滑板的起始角略大于圆锥半角$\alpha/2$，但不能小于$\alpha/2$。 起始角偏小会将圆锥素线车长，难以保证圆锥长度尺寸
	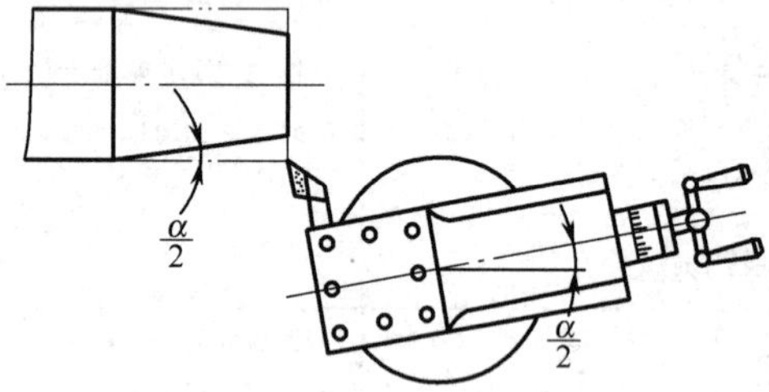	（2）确定起始位置。 启动车床，移动中、小滑板，使车刀刀尖与轴右端外圆面轻轻接触，然后将小滑板向后退出端面，中滑板刻度调至零位，作为粗车外圆锥的起始位置
	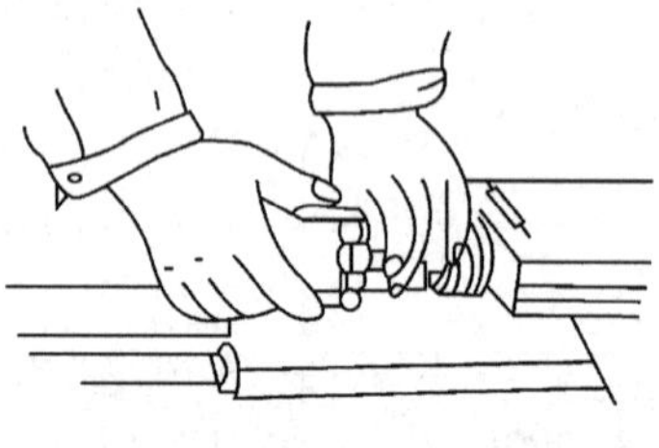	（3）试车外圆锥。 中滑板移动背吃刀量，然后双手交替转动小滑板手柄，手动进给速度应保持均匀一致，不能间断。 当车至终端时，将中滑板退出，小滑板快速后退复位，完成试车，测量并逐步找正角度

续表

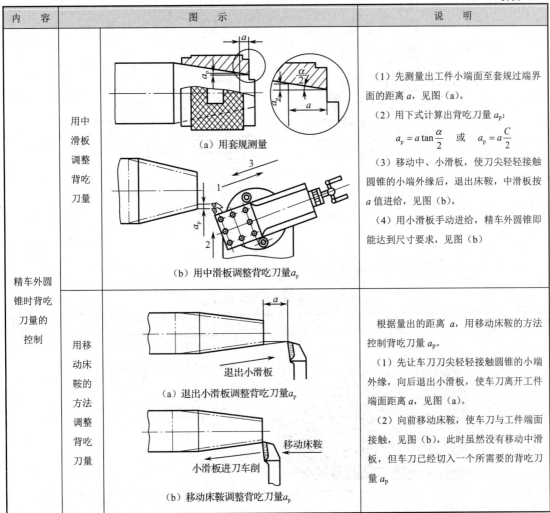

内容		图示	说明
精车外圆锥时背吃刀量的控制	用中滑板调整背吃刀量	(a) 用套规测量 (b) 用中滑板调整背吃刀量 a_p	(1) 先测量出工件小端面至套规过端界面的距离 a,见图(a)。 (2) 用下式计算出背吃刀量 a_p: $a_p = a\tan\dfrac{\alpha}{2}$ 或 $a_p = a\dfrac{C}{2}$ (3) 移动中、小滑板,使刀尖轻轻接触圆锥的小端外缘后,退出床鞍,中滑板按 a 值进给,见图(b)。 (4) 用小滑板手动进给,精车外圆锥即能达到尺寸要求,见图(b)
	用移动床鞍的方法调整背吃刀量	(a) 退出小滑板调整背吃刀量 a_p (b) 移动床鞍调整背吃刀量 a_p	根据量出的距离 a,用移动床鞍的方法控制背吃刀量 a_p。 (1) 先让车刀刀尖轻轻接触圆锥的小端外缘,向后退出小滑板,使车刀离开工件端面距离 a,见图(a)。 (2) 向前移动床鞍,使车刀与工件端面接触,见图(b),此时虽然没有移动中滑板,但车刀已经切入一个所需要的背吃刀量 a_p

转动小滑板法车圆锥的特点:
(1) 可以车削各种角度的内外圆锥,适用范围广。
(2) 操作简便,能保证一定的车削精度。
(3) 由于小滑板法只能用手动进给,故劳动强度较大,表面粗糙度也较难控制,且车削锥面的长度受小滑板行程限制。
(4) 转动小滑板法主要适用于单件、小批量生产,用于车削圆锥半角较大但锥面不长的工件。

四、圆锥工件的测量

1. 万能角度尺

万能角度尺又叫量角器,其结构如图 5-1-3 所示。

其测量范围为 0~320°,精度为 2′。刻线原理与游标卡尺相同。在 2′精度的万能角度尺上,主尺每格为 1°,游标在 29°内分成 30 格,每格为 58′,主副尺每格差 1°−58′=2′。

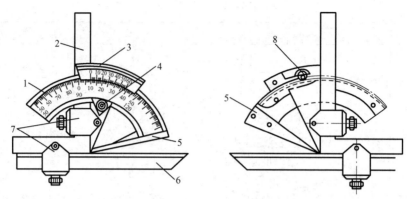

1—尺身；2—直角尺；3—游标；4—制动器；5—基尺；6—直尺；7—卡块；8—捏手

图 5-1-3　万能角度尺

2. 读数方法

万能角度尺具体的读数方法见表 5-1-5。

表 5-1-5　万能角度尺的读数方法

序　号	图　示	内　容
（1）		先从副尺（游标）零线上读出所指主尺的度数，"0"线左侧主尺刻线为 46°
（2）		在游标上找到与主尺对齐的刻度——第 16 格，乘分度值"0.02"，即为 16×2′=32′
（3）		两者相加 46°+32′=46°32′

任务实施

一、工艺分析

（1）车圆锥时，除了对线性尺寸公差、几何公差和表面粗糙度有较高的要求外，还对角度（或锥度）有较高的精度要求。因此，车削时要同时保证线性尺寸和角度尺寸。

（2）一般先保证圆锥角度，然后精车控制几何尺寸。

（3）该莫氏锥柄的最大圆锥直径为 $\phi 36$mm，圆锥长度为 25mm，圆锥小端倒角为 C1mm，要求圆锥表面粗糙度为 Ra 3.2μm，其余要求表面粗糙度为 Ra 3.2μm。工件的最大外圆直径为 $\phi\,48_{-0.02}^{\,0}$mm，两处倒角为 C2mm，工件总长为 35mm。

二、准备工作

1. 工件毛坯

检查毛坯尺寸为 $\phi 50×70$mm；材料为 45 号钢；数量为 1 件/人。

2. 工艺装备（见图 5-1-4）

活扳手、呆扳手、一字旋具、显示剂、90°粗车刀、90°精车刀、45°车刀、0.02mm/（0～150）mm 游标卡尺、（25～50mm）千分尺、钢板尺、圆锥套规。

3. 设备

CA6140 车床。

图 5-1-4 工艺装备

三、操作步骤

加工莫氏锥柄的操作步骤，见表 5-1-6。

表 5-1-6　加工莫氏锥柄的操作步骤

步　骤	操 作 内 容	图　　示
1. 找正并夹紧毛坯	用三爪自定心卡盘夹持外圆，伸出长度为 30mm 左右，找正夹紧	
2. 车外圆	（1）选切削速度 v_c=80～150m/min，进给量 f=0.15～0.35mm/r，车端面，端面车平即可	
	（2）粗、精车外圆 ϕ48mm 至尺寸，长度大于 25mm，表面粗糙度达到图样要求	
	（3）用 25～50mm 的千分尺检测 $\phi\,48_{-0.02}^{\ 0}$ mm 外圆，控制尺寸在公差范围内	

续表

步　骤	操作内容	图　示
3．掉头装夹，齐断面，车外圆	（1）加持车削好的φ48外圆，齐断面 （2）粗、精车外圆φ48mm至尺寸，长度大于35mm，表面粗糙度达到图样要求	
4．调整小滑板间隙	调整小滑板间隙，通过转动小滑板前、后螺钉，移动小滑板内的斜铁，增大或减小小滑板与导轨的间隙，使小滑板移动灵活、均匀	 
5．扳转小滑板，粗车外圆锥	（1）用呆扳手将小滑板锁紧螺母松开，小滑板逆时针转动 5°42′38″，使小滑板基准"0"线与圆锥半角刻线对齐，再锁紧转盘上的4个螺母	

项目5 车内外圆锥面

续表

步骤	操作内容	图示
5．扳转小滑板，粗车外圆锥	（2）粗车外圆锥	
6．用游标万能角度尺找正圆锥角度	用游标万能角度尺使用透光法（查看通过直尺与圆锥素线之间光的多少判定圆锥角度）测量锥度是否正确	
7．精车外圆锥	在检验锥度正确的前提下，精车外圆锥	
	倒角 $C1mm$，去毛刺，卸下工件	

操作提示：

（1）车刀必须对准工件轴线，避免产生双曲线（圆锥素线的直线度）误差。当车刀在中途刃磨后装夹时，必须重新调整，使刀尖严格对准工件轴线。

（2）车外圆锥前，一般应按最大圆锥直径留余量1mm左右。

（3）防止活扳手在紧固小滑板螺母时打滑而撞伤手。

（4）当圆锥半角不是整数时，其小数部分用目测的方法估计，大致对准。

（5）车削前还应根据圆锥长度确定小滑板的行程长度。

（6）粗车时，背吃刀量不宜过大，应先校正锥度，以防工件车小而报废。一般留精车余量0.5mm。

（7）在转动小滑板时，应稍大于圆锥半角（$\alpha/2$），然后逐步校正。当小滑板的角度需要微调整时，只需把紧固螺母稍松一些，用左手拇指紧贴在小滑板转盘与中滑板底盘上，沿小滑板所需找正的方向用铜棒轻轻敲（见图5-1-5），凭手指的感觉决定微调量，从而可较快地找正锥度。

图5-1-5　用铜棒轻敲小滑板

（8）车刀刀刃要始终保持锋利。两手应均匀移动小滑板，将圆锥面一刀车出，中间不能停顿。

任务测评

每位同学完成一件成品后，卸下工件，仔细测量是否符合图样要求，填写车削外圆锥的评分表（见表5-1-7），对自己车削的工件进行评价。

表5-1-7　车外圆锥的评分标准

序号	考核项目	考核内容及要求	配分	评分标准	检测结果	得分
1	ϕ48mm外圆	$\phi 48_{-0.02}^{0}$ mm	10	超差不得分		
		总长35±0.05mm	10	超差不得分		
		表面粗糙度 Ra6.3μm	10	不符合要求不得分		

续表

序号	考核项目	考核内容及要求	配分	评分标准	检测结果	得分
2	外圆锥	$\phi36\pm0.1$mm	10	超差不得分		
		锥度 1∶5	20	超差不得分		
		长度 25mm	10	超差不得分		
		表面粗糙度 $Ra6.3\mu$m（2 处）	10	不符合要求不得分		
3	工具设备的使用与维护	正确、规范使用工具、量具、刃具，合理保养及维护工具、量具、刃具	10	不符合要求酌情扣分		
		正确、规范使用设备，合理保养及维护设备		不符合要求酌情扣分		
		操作姿势、动作规范正确		不符合要求酌情扣分		
4	安全及其他	安全文明生产，按国家颁发的有关法规或企业制定的有关规定	10	不符合要求酌情扣分，发生较大事故者取消考试资格		
		操作步骤、工艺规程正确		不符合要求酌情扣分		
		试件局部无缺陷		不符合要求从总分中扣 1～10 分		
5	完成时间	45 分钟		超过 5 分钟，扣 10 分；超过 15 分钟，为不合格		
指导教师评价		指导教师：　　　　年　月　日				

课后小结

（根据实操完成情况进行小结）

_____
_____
_____
_____
_____
_____
_____
_____
_____
_____

任务 5-2　车内圆锥面

学习目标

（1）了解车内圆锥面的常用方法及特点。
（2）学会用转动小滑板法车圆锥孔。
（3）掌握配套圆锥车削的方法，学会正确测量圆锥孔。

问题与思考

车圆锥孔的常用方法有转动小滑板法、仿形法、铰圆锥孔法等。车圆锥孔比车外圆锥要困难些，主要是因为车圆锥孔不易观察和测量，同学们想一下，车削内圆锥面的关键技术是什么？

工作任务

根据图样及任务 5-1 中的外圆锥，车削内圆锥孔并配做。如图 5-2-1 所示。

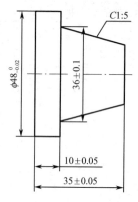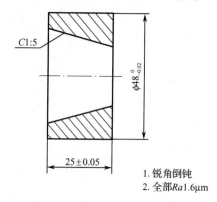

1. 锐角倒钝
2. 全部 $Ra1.6\mu m$

图 5-2-1　锥体配合件图样

预备知识

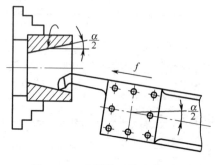

图 5-2-2　内圆锥工件安装方向

车削内圆锥面（圆锥孔）比车外圆锥要困难，因为车削时车刀在孔内车削，不易观察和测量。为了便于加工和测量，装夹工件时应使锥孔大端直径的位置在外端（靠近尾座方向），锥孔小端直径的位置则靠近车床主轴，如图 5-2-2 所示。

在车床上加工内圆锥面的方法主要有转动小滑板法、宽刃刀法和铰内圆锥法。本节将重点讲解转动小滑板法车削内圆锥面。

一、锥孔车刀的选择及装夹

锥孔车刀的刀柄尺寸受锥孔小端直径的限制,为增大刀柄刚度,宜选用圆锥形刀柄,且刀尖应与刀柄中心对称平面等高,以免出现内圆锥面双曲线误差,如图 5-2-3 所示。

车刀装夹时,应使刀尖严格对准工件回转中心,刀柄伸长的长度应保证其切削行程,刀柄与工件锥孔间应留有一定空隙。车刀装夹好后应在停车状态下全程检查是否产生碰撞。

车刀对中心的方法与车端面时对中心的方法相同。在工件端面上有预制孔时,可采用如表 5-2-1 所示方法对中心。

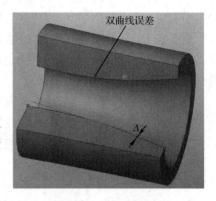

图 5-2-3 双曲线误差

表 5-2-1 内孔车刀在有预制孔的端面对刀

步骤	图示	说明
1		先初步调整车刀的高低位置并装紧,然后移动床鞍和中滑板,使车刀与工件端面轻轻接触,摇动中滑板使车刀刀尖在工件端面上轻轻画出一条刻线 AB
2		将卡盘扳转 180°左右,使刀尖通过 A 点再画一条刻线 AC 与 AB 重合,则说明刀尖对准工件回转中心;若 AC 在 AB 下方,则说明车刀装低了;若 AC 在 AB 上方,则说明车刀装高了。此时可根据 BC 间距离的 1/4 左右增减车刀垫片,使刀尖对准工件的回转中心

二、锥孔的车削方法

(1)钻孔。车削内圆锥面前,应先车平工件端面,然后选择比锥孔小端直径小 1~2mm 的麻花钻钻孔。

（2）转动小滑板车内圆锥面。转动小滑板的方法与车外圆锥面时相同，只是方向相反，应顺时针方向偏转 $a/2$ 度。车削前也必须调整好小滑板导轨与楔铁的配合间隙，并确定小滑板的行程。

（3）按圆锥大端直径和圆锥面长度车成圆柱体，然后再车圆锥面。加工时，车刀从内孔近端面处开始车削（主轴仍正转）。当塞规能塞进工件约 1/2 长度时检查校准圆锥角。

（4）用涂色法（显示剂涂在外圆锥面上，即圆锥塞规表面上）检测圆锥孔角度。根据擦痕情况调整小滑板转动的角度，经几次试切和检查后逐步将角度找正。

精车内圆锥面控制尺寸的方法与精车外圆锥面控制尺寸的方法相同。

三、车削用量的选择

（1）粗车时，切削速度应比车外圆锥面时低 10%～20%；精车时采用低速车削。

（2）手动进给应始终保持均匀，不能有停顿或快慢不均的现象，最后一刀的精车背吃刀量 a_p 一般为 0.1～0.2mm。

（3）精车刚件时，可以加注切削液，以减小表面粗糙度值，提高表面质量。

 任务实施

一、工艺分析

（1）车内圆锥时，除了保证和外圆锥的锥度一致外，还对内圆锥的大小端直径及长度有较高的精度要求。因此，车削时要同时保证线性尺寸和角度尺寸达到要求。

（2）一般先保证内圆锥角度，然后精车控制线性尺寸。

（3）该工件的最大圆锥直径 ϕ36mm，圆锥长度 25mm，要求圆锥表面粗糙度为 $Ra3.2\mu m$，其余要求表面粗糙度为 $Ra3.2\mu m$。工件的最大外圆直径为 $\phi\,48_{-0.02}^{0}$mm，工件总长为 25mm，配做任务 5-1 中的外圆锥面。

二、准备工作

1．工件毛坯

检查毛坯尺寸：ϕ48×26mm。材料：45 号钢，数量：1 件/人。

2．工艺装备

活扳手、呆扳手、一字旋具、显示剂、90°粗车刀、90°精车刀、45°车刀、0.02mm/（0～150）mm 的游标卡尺、（25～50mm）的螺旋测微器、钢板尺、圆锥塞规。

3．设备

CA6140 车床。

三、操作步骤

加工莫氏锥柄的操作步骤见表 5-2-2。

表 5-2-2　加工莫氏锥柄的操作步骤

步　骤	操　作　内　容	图　示
1. 找正并夹紧毛坯	用三爪自定心卡盘夹持外圆，找正夹紧	
2. 齐端面，保证总长	选切削速度 v_c=80～150m/min，进给量 f=0.15～0.35mm/r，车端面，保证工件总长	
3. 钻孔	用 28mm 钻头钻孔，钻通	
4. 调整小滑板间隙	调整小滑板间隙，通过转动小滑板前后螺钉，移动小滑板内的斜铁，增大或减小小滑板与导轨的间隙，使小滑板移动灵活、均匀	 

续表

步　骤	操 作 内 容	图　示
5. 扳转小滑板，粗车外圆锥	用呆扳手将小滑板锁紧螺母松开，小滑板顺时针转动 5°42′38″，使小滑板基准"0"线与圆锥半角刻线对齐，再锁紧转盘上的 4 个螺母	
	粗车内圆锥	
6. 用涂色法，找正圆锥角度	用着色剂测量与外圆锥锥度是否一致	
7. 精车外圆锥	在检验锥度正确的前提下，精车内圆锥	
	倒角 C1mm，去毛刺，卸下工件	

项目 5　车内外圆锥面

 **任务测评**

每位同学完成一件成品后,卸下工件,仔细测量是否符合图样要求,填写车内圆锥面的评分表(见表 5-2-3),对自己车削的工件进行评价。

表 5-2-3　车内圆锥面的评分标准

序号	考核项目	考核内容及要求	配分	评分标准	检测结果	得分
1	ϕ48mm 外圆	$\phi\,48_{-0.02}^{\ 0}$ mm 超差不得分	10	得分		
		表面粗糙度 Ra6.3μm	10	不符合要求不得分		
2	内圆锥面	ϕ31±0.1mm	10	超差不得分		
		长度 25mm	10	超差不得分		
		表面粗糙度 Ra6.3μm(2 处)	20	不符合要求不得分		
3	配做	内外圆锥配做	20	配合不到位,或间隙过大,酌情扣分		
4	工具设备的使用与维护	正确、规范使用工具、量具、刃具,合理保养及维护工具、量具、刃具	10	不符合要求酌情扣分		
		正确、规范使用设备,合理保养及维护设备		不符合要求酌情扣分		
		操作姿势、动作规范正确		不符合要求酌情扣分		
5	安全及其他	安全文明生产,按国家颁发的有关法规或企业制定的有关规定	10	不符合要求酌情扣分,发生较大事故者取消考试资格		
		操作步骤、工艺规程正确		不符合要求酌情扣分		
		试件局部无缺陷		不符合要求从总分中扣 1~10 分		
6	完成时间	45 分钟		超过 5 分钟,扣 10 分;超过 15 分钟,为不合格		
指导教师评价		指导教师:　　　　　年　月　日				

课后小结

(根据实操完成情况进行小结)

_____

_____

_____

项目 6

加工螺纹

任务 6-1 车螺纹的准备

**学习目标**

（1）能根据图样，正确选用和刃磨普通外螺纹车刀。
（2）正确检测螺纹车刀的刀尖角。
（3）判断螺纹是否乱牙，并防止其发生。
（4）独立完成对车床手柄手轮位置的变换。
（5）熟练、协调地操纵提开合螺母法和倒顺车法。

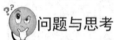**问题与思考**

在生活中，螺纹连接经常会见到，你知道螺纹的专业知识吗？

**工作任务**

图 6-1-1 所示为普通螺纹轴，其中普通外螺纹是主要车削内容。要顺利完成螺纹车削，就要具备加工螺纹的基本知识和基本技能。表 6-1-1 为车螺纹前的操作准备。

表 6-1-1 车削螺纹前的操作准备

序 号	内 容
1	刃磨普通外螺纹车刀
2	判断螺纹是否乱牙
3	根据螺距调整好车床相关手柄位置
4	调整中、小滑板，开合螺母间隙，确保松紧适当
5	车削螺纹的操作练习

项目6 加工螺纹

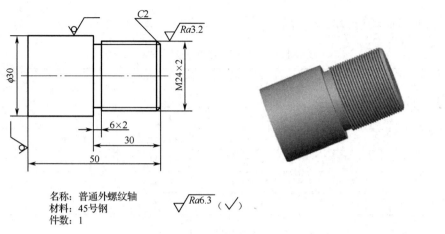

名称：普通外螺纹轴
材料：45号钢
件数：1

图 6-1-1 普通螺纹轴

 预备知识

一、车刀材料的选择

车削螺纹时，车刀材料的选择合理与否对螺纹的加工质量和生产效率有很大影响。目前广泛采用的螺纹车刀材料一般有高速钢和硬质合金两类，见表 6-1-2。

表 6-1-2 螺纹车刀材料的选择

车刀种类	特 点	应用场合
高速钢螺纹车刀	刃磨比较方便，容易得到锋利的切削刃，且韧性较好，刀尖不易崩裂，车出的螺纹表面粗糙度较小，但耐热温度较低	低速车削螺纹或低速精车螺纹
硬质合金螺纹车刀	耐热温度较高，但韧性差，刃磨时容易崩裂，车削时经不起冲击	高速车削螺纹

二、螺纹车刀的几何参数

1．高速钢普通外螺纹车刀

高速钢普通外螺纹车刀如图 6-1-2 所示。

对于三角形螺纹车刀，其几何角度一般做如下选择。

（1）刀尖角 ε_r 等于牙型角。车削普通螺纹时，$\varepsilon_r=60°$。

（2）对于高速钢螺纹车刀，为使切削顺利和提高表面质量，一般磨有 0～15°的背前角 γ_p。粗车时，$\gamma_p=5°～15°$；精车时，$\gamma_p=0～5°$。

当背前角等于零度时，刀尖角应等于牙型角。当背前角不等于零度时，必须修正刀尖角。

实际使用中 ε'_r 可由表 6-1-3 查得。

（3）螺纹升角 ψ 对螺纹车刀工作后角的影响。车螺纹时，由于螺纹升角的影响，车刀工作时的后角与车刀静止时的后角数值不相同。螺纹升角 ψ 越大，对工作后角的影响越明

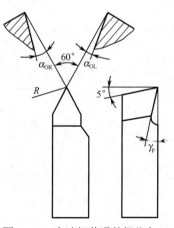

图 6-1-2 高速钢普通外螺纹车刀

显。螺纹车刀的工作后角一般为 3°～5°。

表 6-1-3 螺纹车刀前面上刀尖角 ε_r' 修正值

牙型角 背前角	29°	30°	40°	55°	60°
0	29°	30°	40°	55°	60°
5°	28°54′	29°53′	39°52′	54°49′	59°49′
10°	28°35′	29°34′	39°26′	54°17′	59°15′
15°	28°03′	29°01′	38°44′	53°23′	58°18′
20°	27°19′	28°16′	37°46′	52°08′	56°58′

螺纹车刀左、右切削刃刃磨后角的计算公式见表 6-1-4。

表 6-1-4 螺纹车刀左、右切削刃刃磨后角的计算公式

螺纹车刀的刃磨后角	左侧切削刃刃磨后角 a_{OL}	右侧切削刃刃磨后角 a_{OR}
车右旋螺纹	$a_{OL}=(3°～5°)+\psi$	$a_{OR}=(3°～5°)-\psi$
车左旋螺纹	$a_{OL}=(3°～5°)-\psi$	$a_{OR}=(3°～5°)+\psi$

(4) 一般刀尖圆弧半径 $R=0.1P$（mm）。

2. 刀具刀尖角

刀具刀尖角 ε_r 的检查如图 6-1-3 所示。

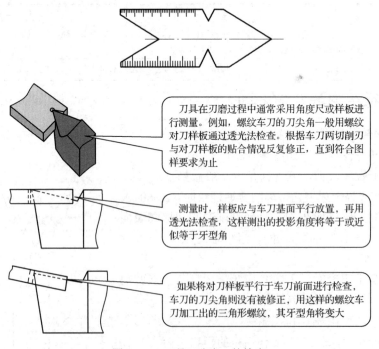

图 6-1-3 刀具刀尖角 ε_r 的检查

三、车螺纹时乱牙的预防

车削螺纹时，一般要经过数次行程才能完成。当一次工作行程结束后，快速把车刀退出，迅速拉开开合螺母，使之脱离丝杠，并退回中滑板到原来位置，进刀后合上开合螺母进行第二次工作行程。若车削时车刀未能切入原来的螺旋槽内，把螺旋槽车乱，则称为乱牙。

1．产生乱牙的原因

产生乱牙是由于丝杠转过一转时，工件未转过整数转造成的。

车削螺纹时，工件和丝杠都在旋转，车刀沿工件轴线方向进给，当开合螺母提起之后，车刀停止自动进给，若要再次进给，则至少要等丝杠转过一转后才能重新合上开合螺母。当丝杠转过一转时，工件转过整数转，车刀刀尖刚好在原来切削过的螺旋槽内，即不会产生乱牙。如丝杠转过一转，而工件未转过整数转，则车刀刀尖不在切削过的螺旋槽内，此时就会产生乱牙。

【例6-1】 车床丝杠螺距为6mm，车削螺距为3mm和8mm两种螺纹，试分别判断是否会乱牙。

解：由于传动比 $i=\dfrac{nP_\text{工}}{P_\text{丝}}=\dfrac{P_\text{丝}}{P_\text{工}}$

当车削 $P_\text{工}=3$mm 的螺纹时，$i=\dfrac{nP_\text{工}}{P_\text{丝}}=\dfrac{P_\text{丝}}{P_\text{工}}=\dfrac{3}{6}=\dfrac{1}{2}$，即丝杠转过 1 转时，工件转了 2 转，不会产生乱牙。

当车削 $P_\text{工}=8$mm 的螺纹时，$i=\dfrac{nP_\text{工}}{P_\text{丝}}=\dfrac{P_\text{丝}}{P_\text{工}}=\dfrac{8}{6}=\dfrac{3}{4}=\dfrac{1}{\frac{3}{4}}$，即丝杠转过一转时，工件转了 3/4 转，所以车刀在第二次进刀切削时，它的刀尖切在 3/4 牙处，产生乱牙。

2．预防乱牙的方法

预防车螺纹时乱牙一般采用倒顺车法，即在一次行程结束时，不提起开合螺母，把车刀沿径向退出后，将主轴反转，使螺纹车刀沿纵向退回，再进行第二次车削。这样反复车削螺纹过程中，因主轴、丝杠和刀架之间的传动没有分离，车刀刀尖始终在原来的螺旋槽中，所以不会产生乱牙。

任务实施

一、刃磨普通外螺纹车刀

1．识读普通螺纹车刀图

识读普通螺纹车刀图如图 6-1-4 所示。

2．螺纹车刀的刃磨准备

准备 14mm×14mm 高速钢刀条、细粒度砂轮（如 80# 白刚玉砂轮）、防护镜、冷却水、万能角度尺和螺纹对刀样板，如图 6-1-5 所示。

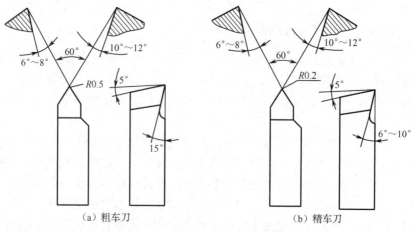

(a)粗车刀　　　　　　　　　(b)精车刀

图 6-1-4　高速钢普通外螺纹车刀

图 6-1-5　普通外螺纹车刀刃磨准备

3. 普通外螺纹车刀的刃磨过程

普通外螺纹车刀刃磨操作见表 6-1-5。

表 6-1-5　普通外螺纹车刀刃磨操作

步　骤	操 作 内 容	图　示
1. 刃磨进给方向后面	刃磨进给方向后面，控制刀尖半角 $\varepsilon_r/2$ 及后角 α_{OL}（$\alpha_O+\psi$），此时刀柄与砂轮圆周夹角约 $\varepsilon_r/2$，面向外侧倾斜 $\alpha_O+\psi$，刀头上翘 5°	
2. 刃磨背离进给方向后面	刃磨背离进给方向后面，以初步形成两刃夹角，控制刀尖角 ε_r 及后角 α_{LR}（$\alpha_O-\psi$），刀杆与砂轮圆周夹角约 $\varepsilon_r/2$，面向外侧倾斜 $\alpha_O-\psi$，刀头上翘 5°	

项目6 加工螺纹

续表

步　　骤	操 作 内 容	图　　示
3.精磨两后面	精磨两后面，车刀左侧进刀后角$\alpha_{OL}=10°\sim 12°$，右侧背离进刀后角$\alpha_{LR}=6°\sim 8°$，刀头仍上翘5°，以形成主后角5°	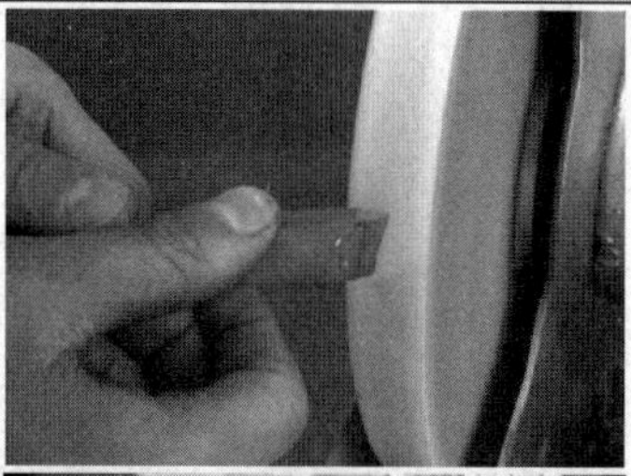 
4.用螺纹车刀样板测量刀尖角	用螺纹车刀样板来测量刀尖角，测量时样板应与车刀底平面平行，用透光法检查。 检查两后面是否面光、刃直，后角是否正确	
5.粗、精磨前面	（1）粗磨前面，以形成粗车刀背前角$\gamma_p=5°\sim 15°$。 （2）精磨前面，以形成精车刀背前角$\gamma_p=0\sim 5°$。 方法是刀尖离开砂轮、在磨削深度大于牙型深度处，以砂轮边为支点，夹角等于前角，使火花最后在刀尖处磨出	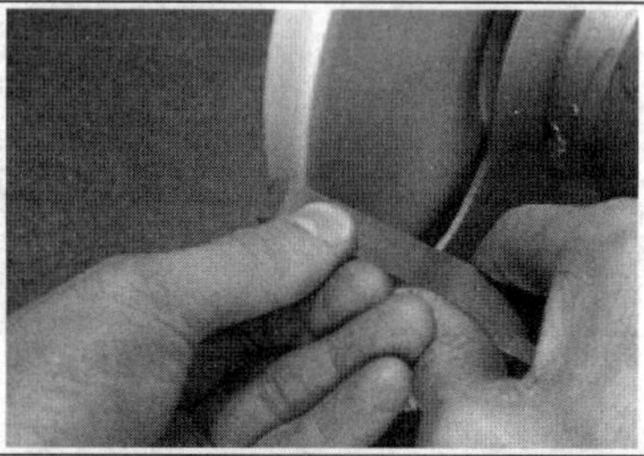
6.刃磨刀尖圆弧	刃磨刀尖圆弧，刀尖过渡棱宽度约为0.1P（P为螺距）	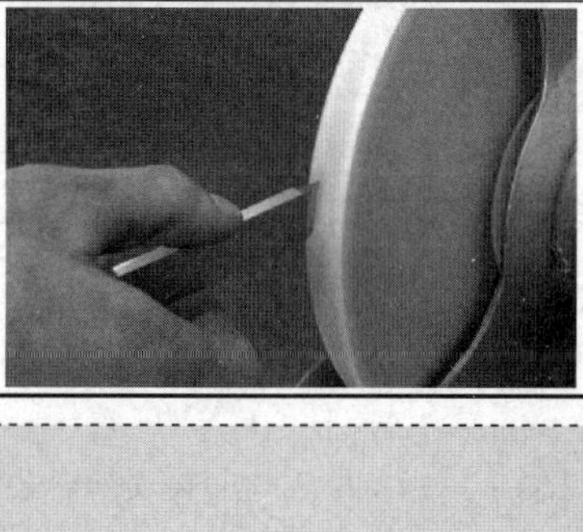

操作提示：

（1）粗磨有背前角的螺纹车刀时，可先使刀尖角略大于牙型角，等磨好背前角后，再修磨出刀尖角。

（2）刃磨高速钢螺纹刀时，应选用细粒度砂轮（如 80# 白刚玉砂轮），刃磨时刀具对砂轮的压力应小于一般车刀，并经常浸水冷却，以免退火。

（3）在刃磨过程中，应在砂轮表面左右移动，以利于刃口平直。

（4）刃磨时，人的站立姿势要正确。

（5）磨削时，两手握住螺纹车刀使其与砂轮接触的径向压力小于硬质合金车刀。

（6）一般情况下，刀尖角平分线应平行刀体中线。本任务所加工的工件，螺纹和沟槽直径处阶台可较高，使靠近阶台的左侧刀刃短些，这样不易擦伤轴肩，如图 6-1-6 所示。

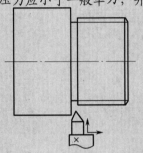

图 6-1-6　靠近阶台的左侧刀刃短

二、根据螺距调整车床相关手柄

在准备活动中，要特别注意根据被加工螺纹的螺距调整车床手柄的位置。

在 CA6140 型车床上车削常用螺距（或导程）的螺纹时，根据工件螺距在进给箱铭牌上对应手柄的位置，把手柄拨到所需的位置，核对好交换齿轮的齿数。CA6140 型车床进给箱铭牌（部分）上的数据如图 6-1-7 所示。

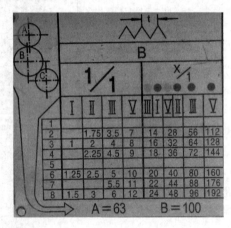

图 6-1-7　CA6140 型车床进给箱铭牌（部分）

本次加工任务是车削 M24×2mm 螺纹，2mm 螺距车床手柄的相关位置调整见表 6-1-6。

表 6-1-6　车削 M24×2mm 螺纹时手柄位置的调整

操 作 内 容	手柄和手轮位置
1. 变换正常或扩大螺距手柄位置，选择右旋正常螺距（或导程）	

续表

操 作 内 容	手柄和手轮位置
2. 变换主轴变速手柄位置，选择主轴转速为 71min/r，以满足切削速度的要求	
3. 变换螺纹种类及手柄位置，选择手柄位置 B（米制螺纹）	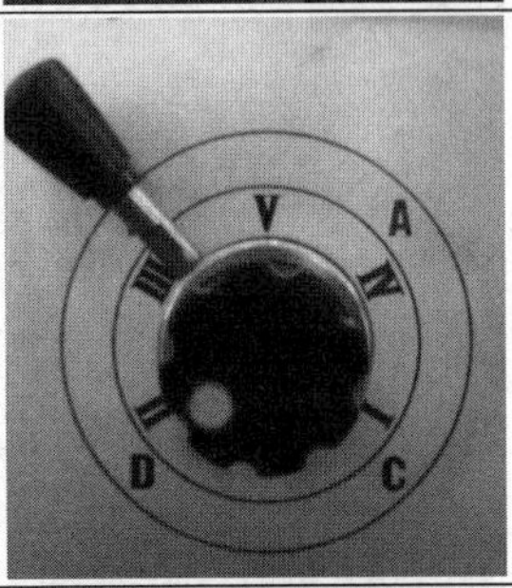
4. 变换进给基本组操纵手柄位置，将手柄扳至"3"，以选择所需螺距 $P=2$mm	
5. 变换进给倍增组操纵手柄，将手柄扳至"Ⅱ"	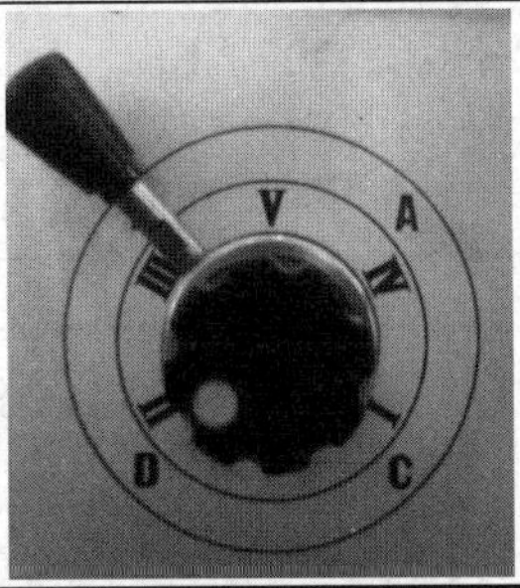

💡 **操作提示：**

为防止事故的发生，在调整手柄时，可按口诀"一降转速、二变手柄、三合开合螺母"的顺序来变换各手柄。

三、调整车床间隙

1. 小滑板间隙的调整

小滑板间隙的调整见表 6-1-7。

表 6-1-7　调整小滑板与楔铁之间的间隙

步　骤	图　示
1．松开右侧的顶紧螺栓	
2．调整左侧的限位螺栓	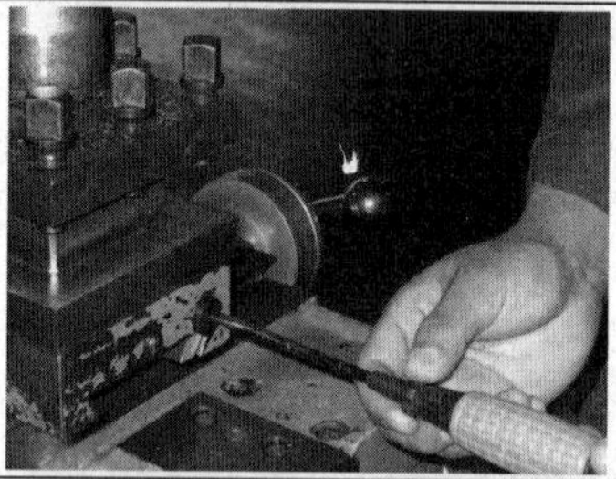
3．调整合适后，紧固右侧的顶紧螺栓	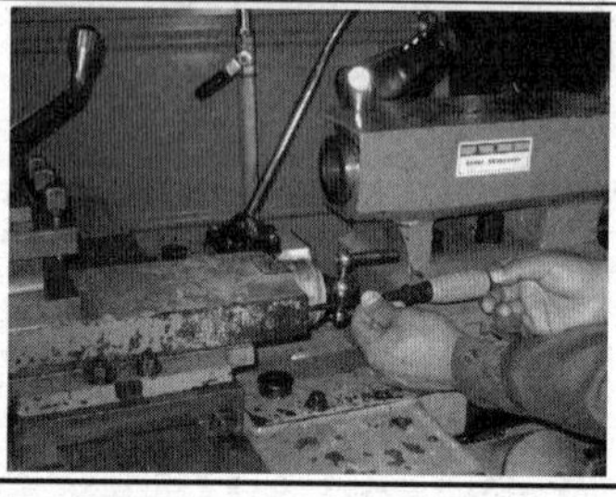

2. 中滑板间隙的调整

中滑板间隙的调整见表 6-1-8。

表 6-1-8　调整中滑板与楔铁之间的间隙

步　骤	图　例
1．松开后面的顶紧螺栓	

续表

步　骤	图　例
2．调整前面的限位螺栓	
3．调整合适后，紧固后面的顶紧螺栓	

3．开合螺母松紧的调整

开合螺母松紧的调整见表 6-1-9。

表 6-1-9　开合螺母松紧的调整

操作步骤	图　示
1．先切断电源，找准溜板箱右侧的 3 个开合螺母的调节螺母 2．用呆扳手（或活扳手）从下到上依次松开开合螺母的 3 个调节螺母	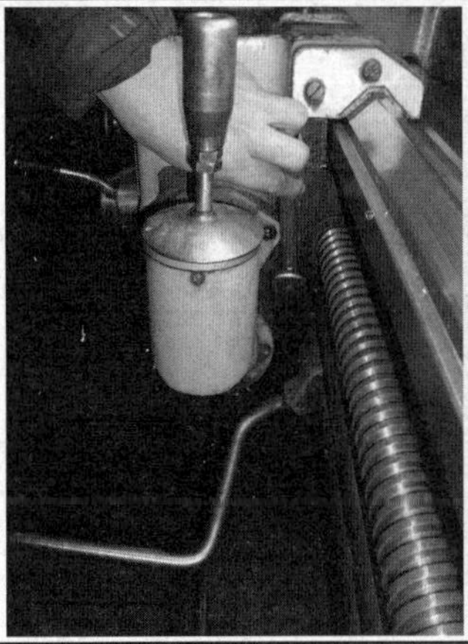 

续表

操作步骤	图示
3. 用一字旋具从下到上依次旋紧或放松调节螺钉	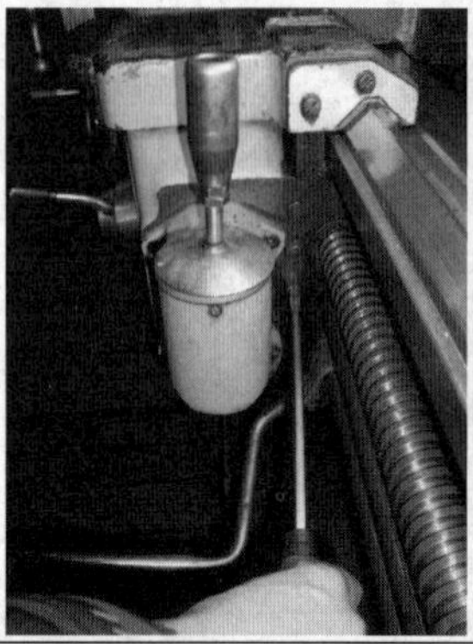 
4. 将车床主轴转速调整至 100r/min,顺时针和逆时针扳动开合螺母手柄,应操纵灵活自如,不得有阻滞或卡住现象,无异常声音 5. 再检查溜板箱移动,应轻重均匀平稳	 
6. 开合螺母的松紧程度调整好后,用呆扳手(或活扳手)从上到下依次锁紧开合螺母的 3 个调节螺母	 

> **操作提示:**
>
> (1)车削螺纹时,中、小滑板与楔铁之间的间隙应适当。不能太紧,也不能太松。太紧了,摇动滑板费力,操作不灵活;太松了,车螺纹时容易产生"扎刀"。
>
> (2)开合螺母的松紧应适度。过松,车削过程中容易跳起,使螺纹产生乱牙;过紧,开合螺母手柄提起、合下操作不灵活。
>
> (3)同时符合表 6-1-9 中 4 和 5 的两个检验要求,即为开合螺母的松紧调整合适;否则,重新调整。

四、车削螺纹的操纵练习

(1)提开合螺母法车螺纹动作练习见表 6-1-10。

表 6-1-10 提开合螺母法车螺纹动作

序号	操作内容	图示
1	向上提起操纵杆手柄,操作者站在十字手柄和中滑板手柄之间(约45°方向),此时车床主轴转速为85r/min	 
2	确认丝杠旋转,并在导轨离卡盘一定距离处做一记号,或放置非金属构件作为车削时的纵向移动终点	 丝杠旋转,在导轨上做记号
3	左手握中滑板手柄进给0.5mm,同时右手压下开合螺母手柄,使开合螺母与丝杠啮合到位,床鞍和刀架按照一定的螺距作纵向移动	
4	当床鞍移动到记号处时,右手迅速提起开合螺母,左手中滑板退刀	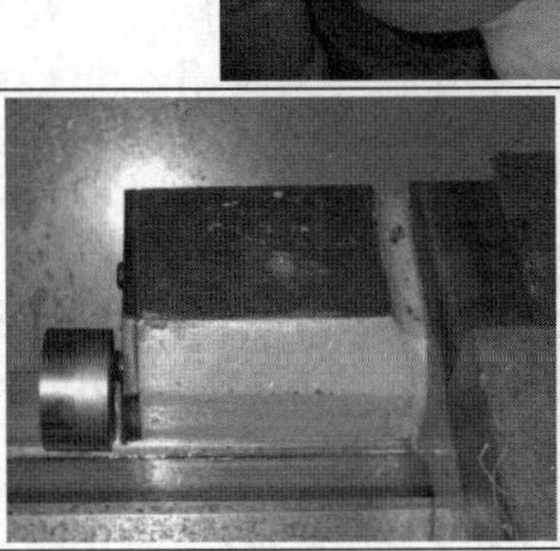 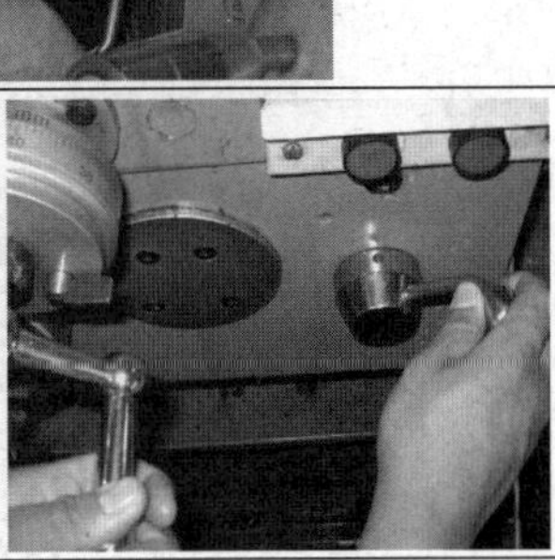
5	手摇床鞍手柄,将床鞍移动到初始位置	
6	重复3、4、5	

（2）开倒顺车法车螺纹动作见表6-1-11。

表6-1-11　开倒顺车法车螺纹动作

序号	图例或说明	
1	站立位置改为站在卡盘和刀架之间（约45°方向），左手操作中不离操纵杆，右手在开合螺母合下后负责中滑板进刀	
2	当床鞍移动到记号处时，不提开合螺母，右手快速退中滑板，左手同时压下操纵杆，使主轴反转，床鞍纵向退回	
3	向上提起操纵杆手柄，将床鞍停留到初始位置	
4	重复1、2、3	

> 操作提示：
>
> （1）为防止误操作，当开合螺母合下后，床鞍和十字手柄的功能被锁住，此时工件每转一转，车刀移动一个螺距。
>
> （2）由于初学车螺纹，宜采用由低速开始练习的方法，并特别注意练习操作过程中注意力要集中。
>
> （3）开合螺母要合闸到位，如感到未闸好，则应立即起闸，移动床鞍重新进行。
>
> （4）在离卡盘和尾座一定距离处，可用金属笔在导轨上画出两条安全警示线，床鞍快到警示线时，应立即提起开合螺母手柄或按急停按钮，以避免刀架因来不及停止而撞击卡盘或尾座。
>
> （5）再用金属笔在安全警示线之间画出进刀线和退刀线。
>
> （6）提起开合螺母退刀法适用于车削有退刀槽或不乱牙的螺纹。
>
> （7）开倒顺车时，主轴换向不能过快，否则车床传动部分会受到瞬时冲击，易使传动件损坏。
>
> （8）开倒顺车时，离进刀、退刀线还有一段距离时，即把操纵杆手柄放到中间位置，利用惯性使床鞍移动到进刀线、退刀线。

项目6 加工螺纹

（9）车螺纹时，注意力要集中，特别是初学者在开始练习时，主轴转速不宜过高，待操作熟练后，逐步提高主轴转速或增大螺纹螺距，最终能高速车削普通螺纹。

（10）反复练习，使操作者反应灵敏；双手的动作配合要协调、娴熟、自然。

开倒顺车退刀法适用于车削各种螺纹，尤其适用于车削无退刀槽或乱牙的螺纹。

任务测评

请将车削螺纹准备工作情况填入表 6-1-12，看操作者是否达到反应灵敏、双手动作配合协调、娴熟、自然等要求。

表 6-1-12 车削螺纹准备工作情况记录表

工作内容	完成情况	存在问题	改进措施
外螺纹车刀的刃磨			
螺距调整			
车床间隙调整			
车削螺纹的操纵练习			
开倒顺车法车削动作练习			
安全文明操作			
指导教师评价	指导教师：　　　　年　　月　　日		

课后小结

（根据实践操作完成情况进行小结）

_____
_____
_____
_____
_____
_____
_____
_____
_____
_____
_____

任务 6-2　车普通外螺纹

学习目标

（1）正确装夹螺纹车刀。
（2）具备低速车削普通外螺纹的技能。
（3）具备普通外螺纹的检测技能。

问题与思考

在机械中有很多普通螺纹连接的地方，你知道普通三角形螺纹在车床上是怎样进行加工的吗？

工作任务

本任务的主要内容是车削如图 6-1-1 所示的含退刀槽的普通细牙外螺纹，螺距 $P=2\text{mm}$，倒角为 $C2\text{mm}$，长度为 50mm；螺纹两牙侧的表面粗糙度为 $Ra3.2\mu\text{m}$；退刀槽宽为 6mm，深为 2mm。

车削普通螺纹操作步骤为：装夹外螺纹车刀→车端面→粗、精车外圆→车槽→倒角→粗车螺纹→精车螺纹。

预备知识

一、普通螺纹的主要参数

通过螺栓和螺母轴线把螺纹剖开，可以清楚地看到普通螺纹牙型。如图 6-2-1 所示为螺纹牙型上的主要参数。

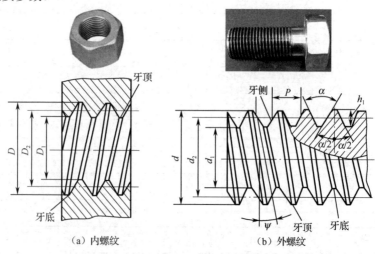

图 6-2-1　螺纹牙型上的主要参数

普通螺纹主要参数的公式、定义见表 6-2-1。

项目6 加工螺纹

表 6-2-1 普通螺纹主要参数的公式、定义

主 要 参 数	公　式	定　义
牙型角 α	$\alpha=60°$	在螺纹牙型上，相邻两牙侧间的夹角
牙型高度 h_1	$h_1=0.5413P$	在螺纹牙型上，牙顶到牙底在垂直于螺纹轴线方向上的距离
螺纹大径 D、d（公称直径）	$d=D=$公称直径	与内螺纹牙底或外螺纹牙顶相切的假想圆柱的直径，它代表螺纹尺寸的直径，是公称直径
螺纹小径 D_1、d_1	$d_1=D_1=d-1.0825P$	与内螺纹牙顶或外螺纹牙底相切的假想圆柱（或圆锥）的直径
螺纹中径 D_2、d_2	$d_2=D_2=d-0.6495P$	指一个假想圆柱的直径，该圆柱的母线通过牙型上沟槽和凸起宽度相等的地方
螺距 P	P	相邻两牙在中径线上对应两点间的轴向距离
螺纹升角 ψ	$\tan\psi=\dfrac{nP}{\pi d_2}$	在中径圆柱上，螺旋线的切线与垂直于螺纹轴线平面之间的夹角

二、装夹螺纹车刀

螺纹车刀的装夹见表 6-2-2。

表 6-2-2 螺纹车刀的装夹

步　骤	操 作 内 容	图　示
装夹螺纹车刀	螺纹车刀不宜伸出刀架过长。一般伸出长度为刀柄厚度的 1.5 倍，约 25～30mm	
	一般根据尾座顶尖高度调整和检查，使螺纹车刀刀尖与车床主轴轴线等高	
	采用弹性刀柄，可以吸振和防止"扎刀"	

续表

步骤	操作内容	图示
装夹螺纹车刀	螺纹车刀的刀尖角平分线应与工件轴线垂直，装刀时可用对刀样板调整，见图（a）。如果把车刀装歪，会使车出的螺纹两牙型半角不相等，产生歪斜牙型（俗称"倒牙"），见图（b）	 (a) 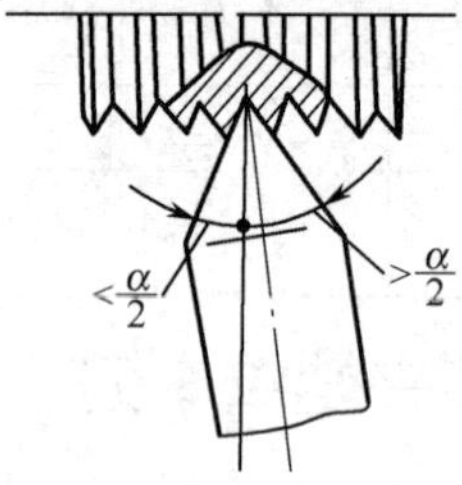 (b)

三、车削螺纹的进刀方式

低速车削螺纹时，可根据不同的情况选择不同的进刀方法，它们各自的特点和应用场合见表 6-2-3。

表 6-2-3 低速车削普通螺纹的进刀方法

进刀方法	直进法	斜进法	左右切削法
图示	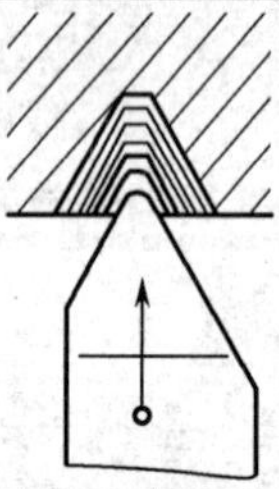	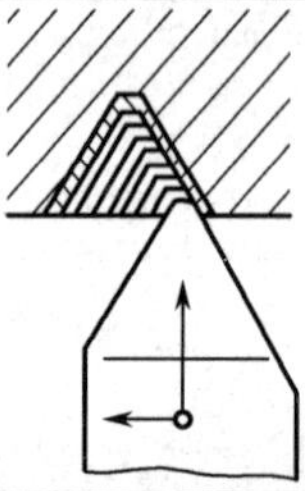	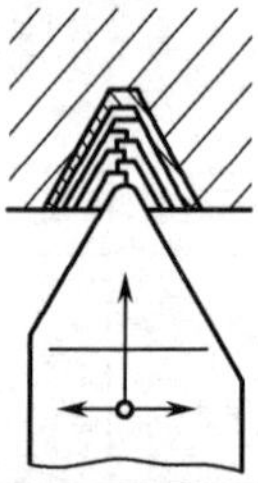
方法	车削时只用中滑板横向进给	在每次往复行程后，除中滑板横向进给外，小滑板只向一个方向做微量进给	除中滑板做横向进给外，同时用小滑板将车刀向左或向右做微量进给
加工性质	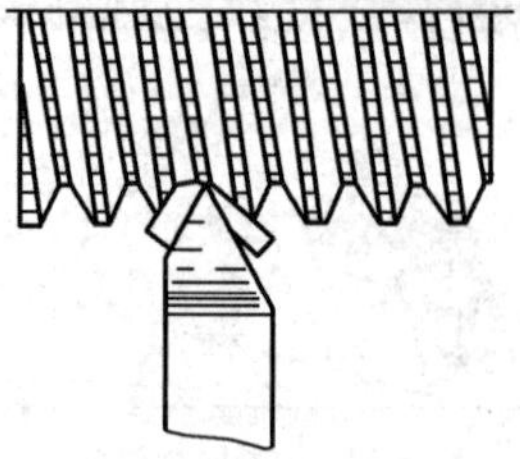 双面切削	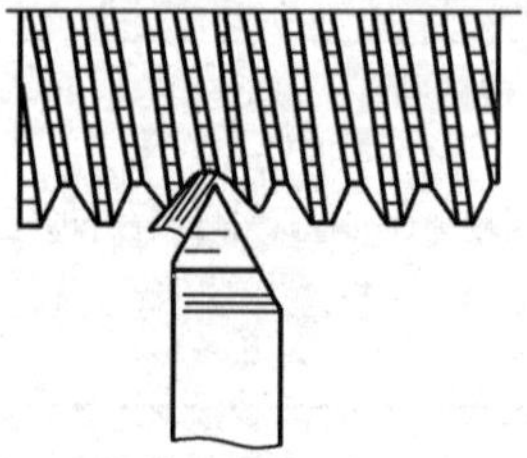 单面切削	
加工特点	容易产生"扎刀"现象，但是能够获得正确的牙型角	不易产生"扎刀"现象，用斜进法粗车螺纹后，必须用左右切削法精车	不易产生"扎刀"现象，但小滑板的左右移动量不易太大
使用场合	车削螺距较小（$P<2.5mm$）的普通螺纹	车削螺距较大（$P>2.5mm$）的普通螺纹	车削螺距较大（$P>2.5mm$）的普通螺纹

四、车削螺纹时切削用量的选择

1．车削螺纹时进刀方式的选择

车削螺纹时进刀方式的选择见表 6-2-4。

表 6-2-4　车削螺纹时进刀方式的选择

切削用量	工件材料	加工性质	车刀刚度	根据进刀方式
相应增大	加工塑性金属	粗车螺纹	车刀刚度高（如外螺纹车刀）	直进法车削
相应减小	加工脆性金属	精车螺纹	车刀刚度低（如内螺纹车刀）	斜进法和左右切削法车削

2．车削螺纹时切削用量的推荐值

车削螺纹时的切削用量见表 6-2-5。

车螺纹时，要经过多刀进给才能完成。粗车第 1、2 刀时，由于总的切削面积不大，可以选择相对较大的背吃刀量，以后每次的背吃刀量应逐渐减小。精车时，背吃刀量更小，以获得小的表面粗糙度。需要注意的是，车削螺纹必须在一定的进给次数内完成。

表 6-2-5　车削螺纹时的切削用量

工件材料	刀具材料	螺距（mm）	切削速度 v_c（m/min）	背吃刀量 a_p（mm）
45 号钢	W18Cr4V	1.5	粗车：15～30	粗车：0.15～0.30
			精车：5～7	精车：0.05～0.08

3．确定进刀次数

合理选择粗、精车普通螺纹的切削用量后，还要在一定的进刀次数内完成车削，如低速车削 3 种螺距螺纹的合理进刀次数，见表 6-2-6。

表 6-2-6　低速车螺纹的合理进刀次数

进刀次数	P=3mm			P=2.5mm			P=2mm		
	中滑板进刀格数	小滑板进刀格数		中滑板进刀格数	小滑板进刀格数		中滑板进刀格数	小滑板进刀格数	
		左	右		左	右		左	右
1	9	0		9	0		9	0	
2	6	3		6	2		4	3	
3	4	2		4	3		3	2	
4	3	2		2	2		2	2	
5	3	2		2			1	1/2	
6	2	1		1	1		0.65	1/2	
7	2	1		1/2			1/4	1/2	
8	1	1/2		1/2	1/2		1/4		2.5
9	1/2	1		1/4			1/2		1/2
10	1/2	0		1/4		3	1/2		1/2
11	1/4	1/2		1/2		0	1/4		1/2

续表

进刀次数	P=3mm			P=2.5mm			P=2mm		
	中滑板进刀格数	小滑板进刀格数		中滑板进刀格数	小滑板进刀格数		中滑板进刀格数	小滑板进刀格数	
		左	右		左	右		左	右
12	1/4	1/2		1/2		1/2	1/4		0
13	1/4		3	1/4		1/2	螺纹深度=1.0826mm n=21.65 格		
14	1/4		0	1/4		0			
15	1/4		1/2	螺纹深度=1.353mm n=27 格					
16	1/4		0						
	螺纹深度=1.6239mm n=32.5 格								

五、螺纹的检测

车削螺纹时，必须根据不同的质量要求和生产批量，选择不同的测量方法，认真进行测量。常用的测量方法有单项测量法和综合测量法。

1．单项测量法

单项测量法是指测量螺纹的某一单项参数，一般为对螺纹大径、螺距和中径的分项测量。测量的方法和选用的量具也不相同，具体见表 6-2-7。

表 6-2-7　螺纹单项测量

步　骤	测量参数	测量说明	图　例
1	大径	螺纹大径公差较大，一般采用游标卡尺和千分尺测量	
2	螺距	螺距一般可用螺纹样板或钢直尺测量	

续表

步骤	测量参数	测量说明	图例
3	中径	测量中径的常用方法有：用螺纹千分尺测量和用三针测量法测量（比较精密）。 螺纹千分尺附有两套（60°和55°牙型角）适用于不同螺纹的螺距测量头，可根据需要进行选择。 测量头插入千分尺的轴杆和砧座的孔中，更换测量头之后，必须调整砧座的位置，使千分尺对准零位	（上测量头／下测量头）

2. 综合测量法

综合测量法是采用极限量规对螺纹的基本要素（螺纹大径、中径和螺距等）同时进行综合测量的一种测量方法，外螺纹测量时采用螺纹环规，如图 6-2-2 所示。综合测量法测量效率高，使用方便，能较好地保证互换性，广泛用于对标准螺纹或大批量生产螺纹的检测。

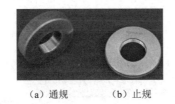

（a）通规　　（b）止规

图 6-2-2　螺纹环规

测量时，如果螺纹环规的通规能顺利拧入工件螺纹的有效长度范围（有退刀槽的螺纹应旋合到底），而止规不能拧入（不超过 1/4 圈），则说明螺纹符合尺寸要求。

> **操作提示：**
> （1）螺纹千分尺一般用来测量螺距（或导程）为 0.4～6mm 的三角形螺纹。
> （2）螺纹千分尺附有两对（牙型角分别为 60°和 55°）测量头，在更换测量头时，必须校正螺纹千分尺的零位。
> （3）用螺纹环规测量前，应做好量具和工件的清洁工作，并先检查螺纹的大径、牙型、螺距和表面粗糙度，以免尺寸不对而影响测量。
> （4）螺纹环规是精密量具，使用时不能用力过大，更不能用扳手硬拧，以免降低环规测量精度，甚至损坏环规。

任务实施

一、准备工作

1. 工件毛坯

检查毛坯尺寸:$\phi 30mm \times 105mm$。材料:45号钢。数量:1件/人。

2. 工艺装备(见图6-2-3)

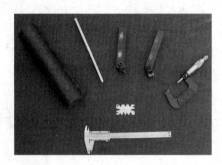

图6-2-3 工艺装备

90°粗车刀、90°精车刀、45°车刀、车槽刀、高速钢普通外螺纹车刀、游标卡尺、(25~50mm)千分尺、螺纹环规、对刀样板。

3. 设备

CA6140车床。

二、操作步骤

有退刀槽螺纹零件的加工操作过程,见表6-2-8。

表6-2-8 有退刀槽螺纹零件的加工操作过程

步 骤	操 作 内 容	图 示
1. 找正并夹紧毛坯	夹持毛坯外圆,伸出长度60mm,找正后夹紧	
2. 车端面	车端面,光平即可。 选择主轴转速 n 为630~800r/min,进给量 f 为0.25~0.3mm/r	

续表

步 骤	操作内容	图 示
3. 粗、精车外圆	粗、精车外圆螺纹大径至尺寸φ51.74mm，长度50mm至尺寸要求。 粗车时选 n =320～500r/min，f =0.25～0.3mm/r；精车选 n=800～1250r/min，f=0.08～0.25mm/r	
4. 倒角	倒角 C2mm	
5. 车退刀槽	车退刀槽 6mm×2mm	
6. 调整手柄	按进给箱铭牌上标注的螺距 P=2mm，调整手柄相应的位置，见任务6-1	
7. 选择切削用量	高速钢车刀必须低速车削，建议粗车转速选 55～105r/min，精车转速选 28～45r/min。 开倒顺车，采用直进法精车 M24×2 螺纹至图样要求。由于螺距 P=2mm 不乱牙，也可采用提开合螺母法	
8. 用螺纹环规综合检测	用 M24×2mm 螺纹环规综合检测工件（要求通规要通过退刀槽与阶台平面靠平，止规旋入不超过1/2圈）	 （a）螺纹通规　　（b）螺纹止规
9. 卸下工件	检测合格后卸下工件	

操作提示：

（1）应首先调整好床鞍和中、小滑板的松紧程度及开合螺母间隙。

（2）调整进给箱手柄时，车床在低速下操作或停车用手拨动卡盘一下。

（3）车螺纹时，应注意不可将中滑板手柄多摇进一圈，否则会造成车刀刀尖崩刃或损坏工件。

（4）车螺纹过程中，不准用手摸或用棉纱去擦螺纹，以免伤手。

（5）应始终保持螺纹车刀锋利。中途换刀或刃磨后重新装刀，必须重新调整螺纹车刀刀尖的高低，然后再次对刀。

（6）在螺纹车削过程中，若要更换螺纹车刀或进行精车，装刀后，必须先静态对刀，再进行动态对刀。静态对刀是装刀后，在外圆表面对"0"，按下开合螺母，工件正转停下，移动中、小滑板将车刀放置于螺旋槽内，记住中滑板刻度。

（7）动态对刀是车刀退出加工表面，中滑板摇至刚才对刀刻度，按下开合螺母，开低速或晃车，待刀具移至加工区域时，快速移动中、小滑板，使螺纹车刀的刀尖对准螺旋槽，即在刀具移动过程中检查刀尖与螺旋槽的对准程度。

（8）出现积屑瘤时应及时清除。

（9）车脆性材料螺纹时，背吃刀量不宜过大，否则会使螺纹牙尖爆裂，造成废品。低速精车螺纹时，最后几刀采取微量进给或无进给车削，以车光螺纹侧面。

三、结束工作

每位同学完成一件后，卸下工件，仔细测量是否符合图样要求，对刃磨的螺纹车刀连同车削的工件进行评价。针对出现的质量问题，出现的废品种类，参考表6-2-9，分析出原因，找出改进措施。

表6-2-9 车螺纹时产生废品的原因及预防措施

废品种类	产生原因	预防措施
中径不正确	（1）车刀切入深度不正确。 （2）刻度盘使用不当	（1）经常测量中径尺寸。 （2）正确使用刻度盘
螺距不正确	（1）交换齿轮计算或组装错误；主轴箱、进给箱有关手柄位置扳错。 （2）局部螺距不正确。 ① 车床丝杠和主轴的轴向窜动过大。 ② 溜板箱手轮转动不平衡。 ③ 开合螺母间隙过大。 （3）车削过程中开合螺母抬起	（1）在工件上先车出一条很浅的螺旋线，测量螺距是否正确。 （2）对应处理如下。 ① 调整好主轴和丝杠的轴向窜动量。 ② 将溜板箱手轮拉出，使之与传动轴脱开或加装平衡块使之平衡。 ③ 调整好开合螺母的间隙。 （3）用质量合适的重物挂在开合螺母手柄上防止中途抬起
牙型不正确	（1）车刀刃磨不正确。 （2）车刀装夹不正确。 （3）车刀磨损	（1）正确刃磨和测量车刀角度。 （2）用对刀样板正确装刀。 （3）合理选用切削用量并及时修磨车刀

续表

废品种类	产生原因	预防措施
表面粗糙度大	（1）产生积屑瘤。 （2）刀柄刚度不够，车削时产生振动。 （3）车刀背前角太大，中滑板丝杠螺母间隙过大产生扎刀。 （4）工件刚度低，而切削用量选用过大	（1）高速钢车刀切削时，应降低切削速度，并加切削液。 （2）增加刀柄截面面积，并减小悬伸长度。 （3）减小车刀背向前角，调整中滑板丝杠螺母间隙。 （4）选择合理的切削用量

任务测评

请将加工情况填入表 6-2-10 中。

表 6-2-10　加工情况记录表

工作内容	加工情况	存在问题	改进措施
M24×2mm			
长度 50mm			
倒角 C2mm			
退刀槽 6mm×2mm			
螺纹环规综合检测			
安全文明操作			
指导教师评价	指导教师：　　　　　年　　月　　日		

课后小结

（根据实操完成情况进行小结）

_____
_____
_____
_____
_____
_____
_____
_____

任务 6-3 用圆板牙套外螺纹

**学习目标**

（1）熟悉圆板牙的结构。
（2）确定套螺纹前的外圆直径。
（3）具备用圆板牙套螺纹的技能。

**问题与思考**

除了用车刀加工三角形螺纹，还有没有其他加工方式？尤其是相对较小直径的螺栓该怎么样加工更省时省力呢？

**工作任务**

本任务是加工图 6-3-1 所示的一带有普通外螺纹的长头螺栓工件。加工的主要内容是长度为 25mm 的 M8 外螺纹，对于这种直径和螺距较小，精度要求又较低的螺纹，可以用圆板牙进行切削，又称为套螺纹。

该工件加工的操作步骤：车端面→粗车外圆→精车外圆→倒角→套螺纹→检测。

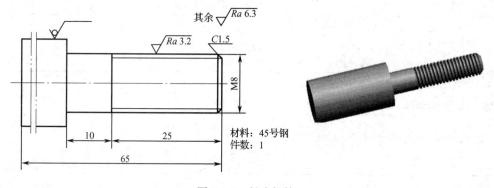

图 6-3-1 长头螺栓

**预备知识**

套螺纹是用圆板牙切削外螺纹的一种加工方法，该方法操作简便，生产效率高。

一、圆板牙

圆板牙大多用合金钢制成，它是一种标准的多刃螺纹加工工具，其结构形状如图 6-3-2 所示。它像一个圆螺母，圆板牙上有 4～6 个排屑孔，排屑孔与圆板牙内螺纹相交处为切削刃，圆板牙两端的锥角是切削部分，因此正、反都可使用。圆板牙中间完整的齿深为螺纹牙型的校正部分。螺纹的规格和螺距标注在圆板牙端面上。

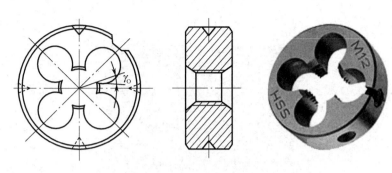

图 6-3-2　圆板牙

二、确定套螺纹前的外圆直径

套螺纹时，工件外圆比螺纹的公称尺寸略小，其直径可按以下近似公式计算：

$$d_0 \approx d - (0.13 \sim 0.15)P$$

式中　d_0——套螺纹前的外圆直径（mm）；

　　　d——螺纹大径（mm）；

　　　P——螺距（mm）。

三、套螺纹时切削速度的选择

不同工件材料对应的切削速度见表 6-3-1。

表 6-3-1　不同工件材料对应的切削速度

工件材料	钢件	铸铁	黄铜
切削速度 v_c（m/min）	3～4	2～3	6～9

四、选择套螺纹时的切削液

切削钢件时，一般选用硫化切削油、机油或乳化液；切削低碳钢或韧性较大的材料（如 40Cr 钢等）时，可选用工业植物油；切削铸铁时，可用煤油或不使用切削液。

 任务实施

一、准备工作

1. 工件

检查毛坯尺寸：ϕ30mm×70mm。材料：45 号钢。数量：1 件。

2. 工艺装备（见图 6-3-3）

45°车刀、90°车刀、M8 圆板牙、套螺纹工具、游标卡尺、M8 螺纹环规。

3. 设备

CA6140 车床。

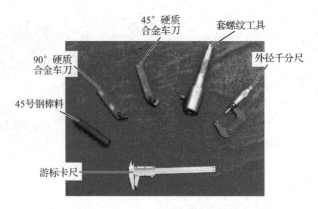

图 6-3-3 　工艺装备

二、实践操作

车床上套螺纹的加工操作过程见表 6-3-2。

表 6-3-2 　车床上套螺纹的加工操作过程

步　　骤	操作内容	图　例
1. 找正并夹紧毛坯	夹持毛坯外圆，找正并夹紧	
2. 车端面	车端面 （齐平即可，建议选择主轴转速 n 为 800～1250r/min，进给量 f 为 0.25～0.3mm/r）	
3. 粗、精车螺纹大径	粗、精车外圆至 $\phi7.84$mm，长 35mm （粗车时，选择主轴转速 n 为 320～500r/min，进给量 f 为 0.25～0.3mm/r；精车时，选择主轴转速 n 为 800～1250r/min，进给量 f 为 0.08～0.25mm/r）	

续表

步 骤	操 作 内 容	图 例
4. 倒角	倒角 $C1.5$mm	
5. 切削用量的调整	变换主轴变速手柄位置，以满足切削速度的要求；建议选择主轴转速 n 为 $80 \sim 100$r/min，进给量 f 为 $0.08 \sim 0.25$mm/r	
6. 装夹圆板牙和套螺纹工具	（1）将套螺纹工具的锥柄装入尾座套筒的锥孔内	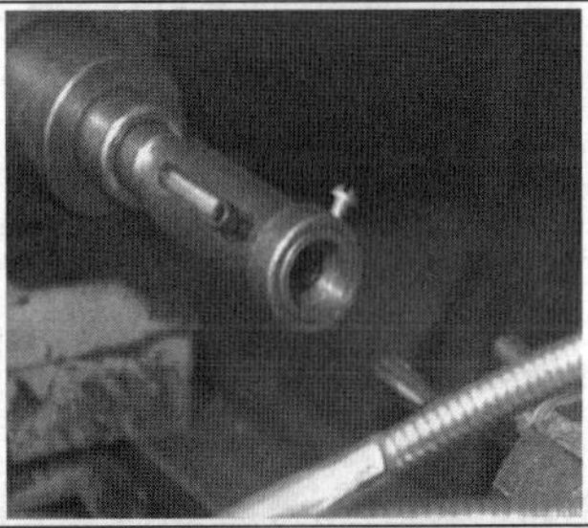
	（2）将圆板牙装入套螺纹工具内，使螺钉对准圆板牙上的锥孔后拧紧	
7. 锁紧尾座	将尾座移动到工件前的适当位置（约 20mm）处锁紧	

续表

步骤	操作内容	图例
8．转动尾座手轮，套螺纹	（1）转动尾座手轮，使圆板牙靠近工件端面，开动车床	
	（2）开动切削液泵加注切削液，继续转动尾座手轮，使圆板牙切入工件后停止转动尾座手轮，此时圆板牙沿工件轴线自动进给，圆板牙切削工件外螺纹	
	（3）当圆板牙切削到所需长度位置时，立即停止，然后使主轴反转	
	（4）开反车使主轴反转，退出圆板牙，完成螺纹加工	
9．检测合格后卸下工件	检测合格后卸下工件	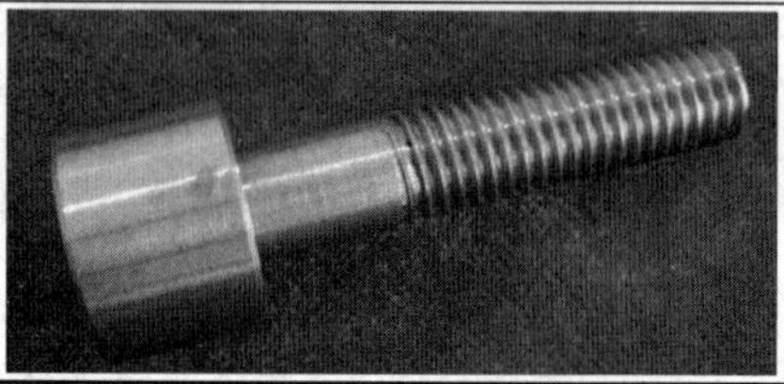

操作提示：

（1）选用圆板牙时，应检查圆板牙的齿形是否有缺损。

（2）套螺纹工具在尾座套筒锥孔中必须装紧，以防套螺纹时过大的切削力矩引起套螺纹工具锥柄在尾座锥孔内打转，损坏尾座锥孔表面。

（3）圆板牙装入套丝工具时，不能歪斜。必须使圆板牙端面与主轴轴线垂直。

（4）外圆车至尺寸后，端面倒角要小于或等于45°，使圆板牙容易切入。

三、结束工作

1. 自检与评价

每位同学完成一件后，卸下工件，仔细检测是否符合图样要求，填写套内螺纹的评分表，对车削的工件进行评价。

2. 质量分析

针对出现的质量问题、出现的废品类型，参考表6-3-3，分析出原因，并找出改进措施。

表6-3-3 套螺纹时的质量分析

废品种类	产生原因	预防方法
牙型高度不够	外螺纹的外圆车得太小	按计算的尺寸来加工外圆
螺纹中径尺寸不对	（1）圆板牙安装歪斜。 （2）圆板牙磨损。	（1）校正尾座跟主轴同轴度≤0.05mm，圆板牙端面必须装得跟主轴中心线垂直。 （2）更换圆板牙
螺纹表面粗糙度差	（1）切削速度太高。 （2）切削液缺少或选用不当。 （3）圆板牙齿部崩裂。 （4）容屑槽切屑挤塞	（1）降低切削速度。 （2）合理选择和充分浇注切削液。 （3）修磨或调换圆板牙。 （4）经常清除容屑槽中的切屑

任务测评

每位同学完成操作后，卸下工件，仔细测量看是否符合图样要求，填写套内螺纹评分表（见表6-3-4）。

表6-3-4 套内螺纹评分表

序号	项目	考核内容及要求	配分	评分标准	检测结果	得分
1	外圆	长度25mm	10	超差不得分		
2		长度10mm	10	超差不得分		
3		外圆、端面 $Ra6.3\mu m$（3处）	12	不符合要求不得分		
4	螺纹	$\phi7.84mm$	10	超差不得分		
5		M8	30	不符合要求不得分（环规检查）		
6		M8 螺纹牙型两侧面 $Ra3.2\mu m$	16	不符合要求不得分		
7		不能有乱牙	9	不符合要求不得分		

续表

序号	项目	考核内容及要求	配分	评分标准	检测结果	得分
8	倒角	C1.5mm	3	不符合要求不得分		
9	外观	毛刺、损伤、畸形等倒扣1～5分				
10		严重畸形扣10分				
11	安全文明生产	酌情扣5～10分				
12	完成时间	30分钟，未完成倒扣10分				
指导教师评价		指导教师：　　　　　　　年　月　日				

课后小结

（根据实操完成情况进行小结）

任务 6-4　高速车普通外螺纹

**学习目标**

（1）刃磨并装夹硬质合金普通外螺纹车刀。
（2）确定高速车削普通外螺纹前的直径。
（3）具备高速车普通外螺纹的技能。

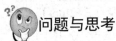**问题与思考**

低速车削螺纹相对效率较低，那么有没有效率较高而且加工质量也较高的一种加工方式呢？

**工作任务**

本任务是加工如图 6-4-1 所示的一带有普通外螺纹的工件，加工的主要内容是车削 M33×2mm 的外螺纹。

用硬质合金车刀高速车普通螺纹时，切削速度可比低速车削螺纹提高 15～20 倍，而且行程次数可以减少 2/3 以上，如低速车削螺距为 2mm 的材料为中碳钢的螺纹时，一般需 12 次左右进给；而高速车削螺纹仅需 3～4 次进给即可。

高速车削普通螺纹可以大大提高生产率，而且牙型两侧表面精度较高，在工厂中已被广泛采用。

图 6-4-1 所示的螺杆，其 M33×2mm 的外螺纹就可以选用高速车削。

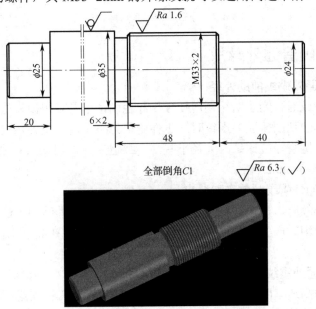

图 6-4-1　螺杆

该工件加工的操作步骤：车端面→粗车外圆→精车外圆→倒角→车螺纹→检测。

预备知识

一、硬质合金普通外螺纹车刀

由于高速钢外螺纹车刀在高温下易磨损，加工效率低，所以在高速车削普通外螺纹和加工脆性材料的螺纹时，常选用硬质合金外螺纹车刀，它硬度高，耐磨性好，加工效率高，但抗冲击能力差。

硬质合金三角形螺纹车刀的几何形状如图 6-4-2 所示。在车削较大螺距（$P>2mm$）及材料硬度较高的螺纹时，在车刀两侧切削刃上磨出宽度为 $b_{r1}=0.2\sim0.4mm$，$\gamma_{o1}=-5°$ 的倒棱。刀尖及左、右侧切削刃还要经过精细研磨。

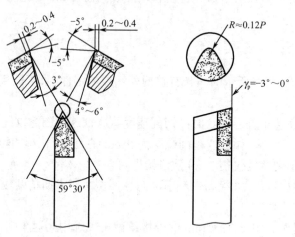

图 6-4-2　硬质合金三角形螺纹车刀

二、高速车削普通外螺纹

1. 高速车削普通外螺纹前的外径

高速车削普通螺纹时，为了防止切屑使牙侧起毛刺，不易采用斜进法和左右切削法，只能用直进法车削。高速切削普通外螺纹时，工件受车刀挤压后会使外螺纹大径尺寸变大。因此，车削螺纹前的外圆直径应比螺纹大径小些。当螺距为 1.5～3.5mm 时，车削螺纹前的外径一般可以减小 0.2～0.4mm。

2. 高速车削普通外螺纹时的车刀装夹

高速车普通外螺纹时，车刀的装夹方法与低速车普通螺纹的装刀方法基本相同。

为了防止高速车削时产生振动和"扎刀"，车刀刀尖应安装在高于工件轴线 0.1～0.2mm 的位置。

3. 高速车削普通外螺纹的进刀方法

用硬质合金车刀高速车削普通外螺纹时，一般用直进法进刀；对螺距稍大的螺纹可用微量斜进法，但注意不要挤掉刀片。

三、高速车削普通外螺纹时的切削用量

用硬质合金车刀高速车削中碳钢或中碳合金钢螺纹时,进给次数可参考表 6-4-1。

表 6-4-1　高速车削中碳钢或中碳合金钢螺纹的进给次数

螺距(mm)		1.5～2	3	4	5	6
进给次数	粗车	2～3	3～4	3～4	3～4	3～4
	精车	1	2	2	2	2

高速车削普通外螺纹时,背吃刀量开始时应大一些,以后逐步减小,但最后一刀不能小于 0.1mm。其切削用量的推荐值,见表 6-4-2。

表 6-4-2　高速车削普通外螺纹时的切削用量

工件材料	刀具材料	螺距(mm)	切削速度 v_c (m/min)	背吃刀量 a_p (mm)
45 号钢	P10	2	60～90	余量 2～3 次完成
铸铁	K20	2	粗车:15～30	粗车:0.20～0.40
			精车:15～25	精车:0.05～0.10

【例 6-2】螺距 P=2mm 的螺纹,其进给次数和背吃刀量如何分配?

解:螺距 P=2mm 的螺纹的牙型高度 h_1≈0.6495P=1.299mm,其进给次数和背吃刀量的分配情况如下(见图 6-4-3):

第 1 次的背吃刀量: a_{P1}=0.6mm
第 2 次的背吃刀量: a_{P2}=0.4mm
第 3 次的背吃刀量: a_{P3}=0.2mm
第 4 次的背吃刀量: a_{P4}=0.1mm

图 6-4-3　背吃刀量分配情况

任务实施

一、准备工作

1. 毛坯

检查毛坯尺寸:ϕ38×185mm。材料:45 号钢。数量:1 件。

2. 工艺装备

45°车刀、90°车刀、车槽刀、硬质合金普通外螺纹车刀、螺距规、(0～25mm)千分尺、游标卡尺、M33×2 螺纹环规。

3. 设备

CA6140 车床。

二、操作步骤

车床上螺杆的加工操作过程见表 6-4-3。

表 6-4-3　车床上螺杆的加工操作过程

步　骤	操 作 内 容	图　例
1. 刃磨并装夹硬质合金普通螺纹车刀	（1）前角取 0~3°，以增强刀尖强度	
	（2）检查刀尖角度	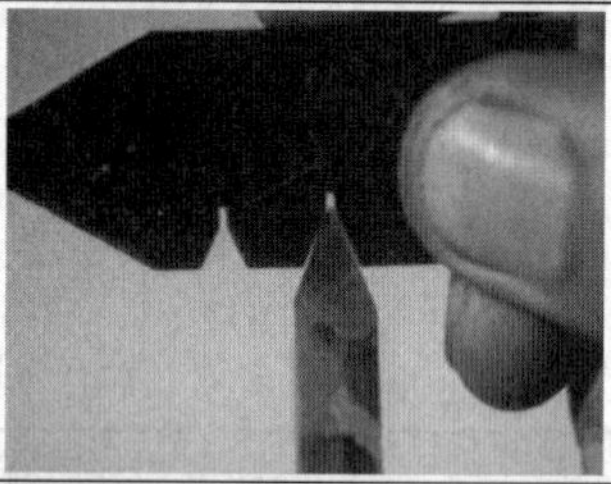
	（3）将两侧倒棱用油石研光	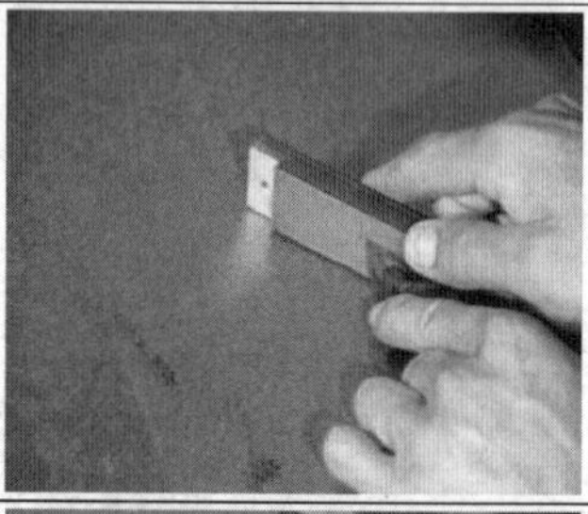
	（4）应先调整螺纹车刀的高低	
	（5）然后用对刀样板装正车刀	
2. 调整车床	（1）先调整中小滑板间隙及松紧度	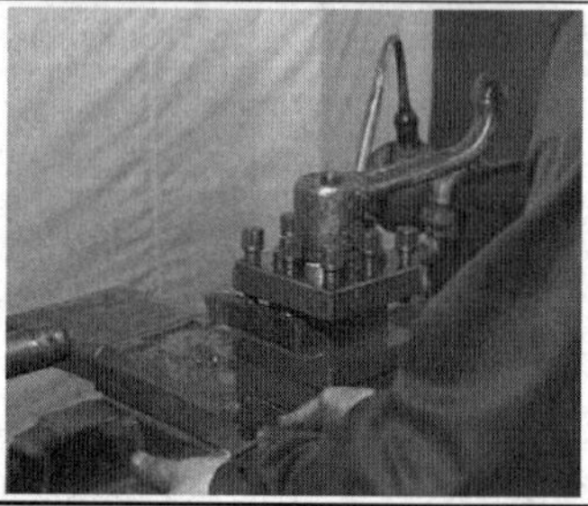

项目6 加工螺纹

续表

步 骤	操作内容	图 例
2.调整车床	(1) 先调整中小滑板间隙及松紧度	
	(2) 检查摩擦离合器、制动器是否灵活 (3) 根据工件进退刀距离,选择主轴转速为 710r/min	
	(4) 检查开合螺母间隙	
3.车左端外圆	(1) 夹住工件外圆,伸出长度为 60mm,找正、夹紧	
	(2) 车端面 (3) 车左端 ϕ25mm×20 mm 外圆	
4.高速车削右端外圆及槽	(1) 掉头装夹,伸出长度为 110mm,找正夹紧	

续表

步骤	操作内容	图例
4．高速车削右端外圆及槽	（2）车平端面 （3）将 M33 螺纹的外径车成 $\phi 32.8$mm	
	（4）车右端 $\phi 24$mm×40mm 外圆	
	（5）将 $\phi 33$mm 根部退刀槽车成 $\phi 28.8_{-0.08}^{0}$ mm，保证长度为 48mm	
5．高速车削 M33×2 螺纹	（1）确定用开倒顺车的进退刀方法，确定背吃刀量为 1.9～2.3mm （2）第 1 次进给，在外圆表面轻轻画线，检查螺距	
	（3）第 2 次进给，背吃刀量为 0.8mm （4）第 3 次进给，背吃刀量为 0.7mm （5）第 4 次进给，背吃刀量为 0.4mm	
	（6）倒角 C1mm （7）用螺纹环规综合检测	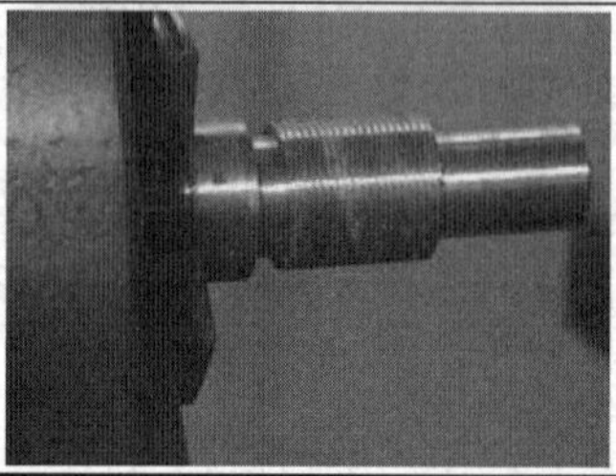

项目6 加工螺纹

> **操作提示：**
>
> （1）高速车削螺纹时，不论是采用开倒顺车，还是采用提开合螺母法，均要求车床各调整点准确、灵活且机构不松动。
>
> （2）车削时切削力较大，必须将工件和车刀夹紧，必要时工件应增加轴向定位装置，以防工件移位。
>
> （3）车削过程中一般不需加注切削液。
>
> （4）若车刀发生崩刃，应立即停止车削，清除嵌入工件的硬质合金碎粒，然后用高速钢螺纹车刀低速修整有伤痕的牙型侧面。
>
> （5）高速车削螺纹时，最后一刀的背吃刀量一般要大于 0.1mm，否则会降低表面粗糙度。
>
> （6）应使切屑垂直于螺纹轴线方向排出，否则切屑向倾斜方向排出，会拉毛螺纹牙侧。
>
> （7）车削时要思想集中，胆大心细，在有阶台的工件上高速车螺纹要及时退刀，以防碰撞工件和卡爪，如图 6-4-4 所示。
>
> （8）不能用手去摸螺纹表面，也不能用棉纱擦工件，否则会使棉纱卷入工件时带动手指也一起卷进而造成事故。
>
> （9）用量具检查螺纹时，应先用锉刀或油石修去牙顶的毛刺。

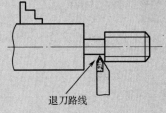

图 6-4-4　高速车螺纹的退刀

三、结束工作

1. 自检与评价

每位同学完成一件后，卸下工件，仔细检测是否符合图样要求，填写高速车螺杆的评分表，对车削的工件进行评价。

2. 质量分析

针对出现的质量问题、出现的废品类型，分析出原因，并找出改进措施。

任务测评

请将加工情况填入表 6-4-4 中。

表 6-4-4　加工情况记录表

工作内容	加工情况	存在问题	改进措施
刃磨普通外螺纹车刀			
车床调整			
左端 $\phi25\text{mm}\times20\text{mm}$ 外圆			
M33 螺纹的外径 $\phi32.8\text{mm}$			
右端 $\phi24\text{mm}\times40\text{mm}$ 外圆			
退刀槽 $\phi28.8_{-0.08}^{\ 0}$ mm			
长度 48mm			

续表

工作内容	加工情况	存在问题	改进措施
M33×2 螺纹			
倒角 C1mm			
螺纹环规综合检测			
安全文明操作			
指导教师评价	指导教师：　　　　年　月　日		

 课后小结

（根据实操完成情况进行小结）

_____
_____
_____
_____
_____
_____
_____
_____
_____
_____
_____
_____
_____
_____
_____
_____
_____
_____
_____
_____

项目6 加工螺纹

任务 6-5　低速车普通内螺纹

学习目标

（1）选择、刃磨并正确装夹普通内螺纹车刀。
（2）会确定普通内螺纹的底孔孔径。
（3）具备普通内螺纹的车削技能。

问题与思考

工件内部的螺纹称为内螺纹，由于内螺纹在车削过程中不易观察，受机床，刀具等影响因素较多，较外螺纹难以加工，故内螺纹采用低速车削。

工作任务

图 6-5-1 所示为一带有普通内螺纹的螺孔垫圈图样。本任务就是要在 CA6140 型车床上完成该零件的加工。该零件加工的主要内容是一通孔内三角形普通细牙螺纹，螺距 P 为 2mm。

普通内螺纹的车削方法与三角形外螺纹的车削方法基本相同，只不过进刀与退刀的方向相反而已。

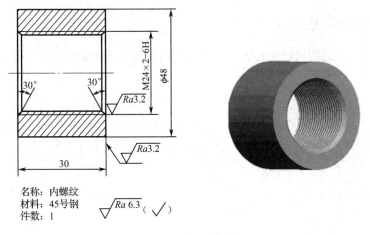

图 6-5-1　螺孔垫圈

预备知识

车内螺纹（尤其是直径较小的内螺纹）时，由于刀具刚度较差、不易排屑、不易注入切削液及不便于观察等原因，造成车内螺纹比车外螺纹要困难得多，必须引起足够重视，如图 6-5-2 所示。

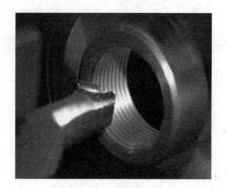

图 6-5-2　车内螺纹

一、内螺纹

内螺纹通常有通孔内螺纹、盲孔内螺纹和阶台孔内螺纹 3 种形式（见图 6-5-3）。

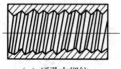 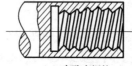 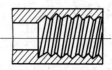

（a）通孔内螺纹　　　　　　（b）盲孔内螺纹　　　　　　（c）阶台孔内螺纹

图 6-5-3　内螺纹形式

二、普通内螺纹车刀

车削内螺纹时，应根据螺纹形式选用不同的内螺纹车刀，如图 6-5-4 所示。

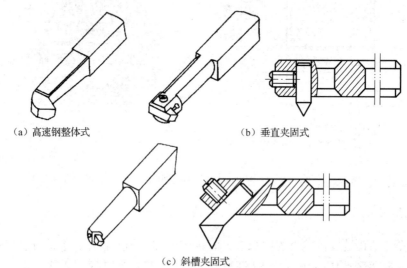

图 6-5-4　高速钢内螺纹车刀

内螺纹车刀刀柄受螺纹孔径尺寸的限制，刀柄应在保证顺利车削的前提下截面积尽量选大些，一般选用车刀刀尖至刀柄外侧尺寸比孔径小 3～5mm 的螺纹车刀。如果刀柄太细，车削时容易振动；如果刀柄太粗，退刀时会碰伤内螺纹牙顶，甚至不能车削。

三、车普通内螺纹底孔孔径的确定

车内螺纹时，因车刀切削时的挤压作用，内孔直径（螺纹小径）会缩小，在车削塑性金属时尤为明显，所以车削内螺纹前的孔径 $D_孔$ 应比内螺纹小径 D_1 的基本尺寸略大些。车削普通内螺纹前的孔径可用下列近似公式计算：

车削塑性金属的内螺纹时：
$$D_孔 \approx D - P \tag{6-1}$$

车削脆性金属的内螺纹时：
$$D_孔 \approx D - 1.05P \tag{6-2}$$

式中　$D_孔$——车内螺纹前的孔径（mm）；
　　　D——内螺纹的大径（mm）；
　　　P——螺距（mm）。

四、检测内螺纹

采用螺纹塞规（见图6-5-5）进行综合检测。

图6-5-5　螺纹塞规

检测时，螺纹塞规通端能顺利拧入工件，而止端不能拧入工件，说明螺纹合格。

任务实施

一、工艺分析

本任务的普通内螺纹加工是主要内容，其操作步骤：车端面→车外圆→钻孔→倒内角→切断→掉头车端面→倒内角→粗车螺纹底孔→精车螺纹底孔→粗车内螺纹→精车内螺纹→检测。

二、刃磨内螺纹车刀的操作

1. 识读普通内螺纹车刀几何形状

识读普通内螺纹车刀几何形状，如图6-5-6所示。

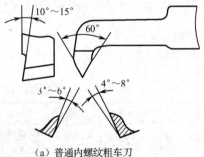

（a）普通内螺纹粗车刀

图6-5-6　高速钢普通内螺纹车刀

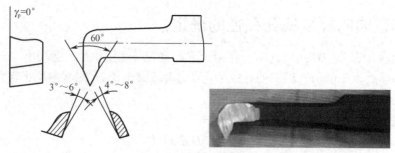

（b）普通内螺纹精车刀

图 6-5-6　高速钢普通内螺纹车刀（续）

> **操作提示：**
> （1）根据所加工内孔的结构特点来选择合适的内螺纹车刀。
> （2）由于内螺纹车刀的大小受内螺纹孔的限制，所以内螺纹车刀刀体的背尺寸应比螺纹孔径小 3~5mm 以上，否则退刀时易碰伤牙顶，甚至无法车削。
> （3）在选择内螺纹车刀时，也要注意内孔刀的刚度和排屑问题。
> 　内螺纹车刀除了其刀刃几何形状应具有外螺纹车刀的几何形状特点外，还应具有内孔刀的特点。

2. 刃磨及装夹内螺纹车刀的操作准备

刃磨及装夹内螺纹车刀需要准备白钢条、细粒度砂轮（如 80# 白刚玉砂轮）、防护镜、冷却水、角度尺和样板，如图 6-5-7 所示。

图 6-5-7　普通内螺纹车刀刃磨准备

3. 内螺纹车刀的刃磨步骤

内螺纹车刀刃磨操作过程见表 6-5-1。

表 6-5-1　内螺纹车刀刃磨操作过程

步　骤	操作内容	图　示
1. 刃磨刀杆伸出部分	根据螺纹长度和牙型深度，刃磨出留有刀头的伸出刀杆部分	

续表

步骤	操作内容	图示
2.刃磨进给方向后面控制刀尖半角及后角	刃磨进给方向后面，控制刀尖半角$\varepsilon_r/2$及后角$\alpha_{oe}+\psi$（此时刀杆与砂轮圆周夹角约为$\varepsilon_r/2$，面向外侧倾斜$\alpha_{oe}+\psi$）	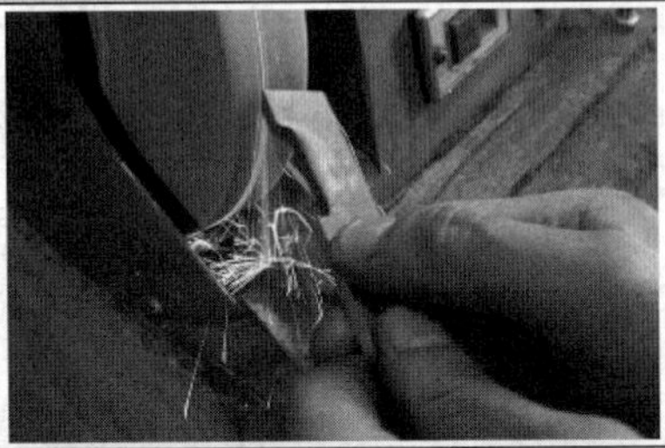
3.刃磨背进给方向后面，初步形成两刃夹角	刃磨背进给方向后面，以初步形成两刃夹角，控制刀尖角ε_r及后角$\alpha_{oe}-\psi$（刀杆与砂轮圆周夹角约为$\varepsilon_r/2$，面向外侧倾斜$\alpha_{oe}-\psi$）	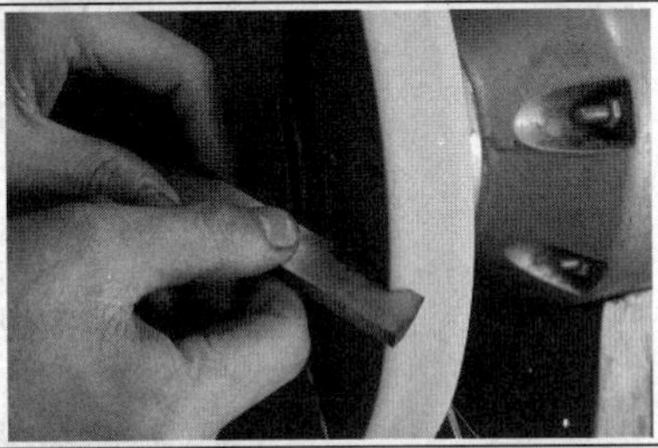
4.刃磨前面，以形成前角	刃磨前面，以形成前角（在离开刀尖、大于牙型深度处以砂轮边角为支点，夹角等于前角，使火花最后在刀尖处磨出）	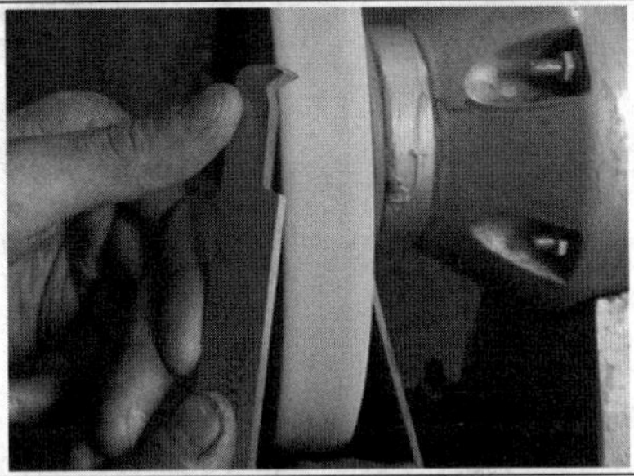
5.粗精磨后面，用样板测量刀尖角	粗精磨后面，并用螺纹车刀样板来测量刀尖角（测量时样板应与车刀刀杆平行，用透光法检查）	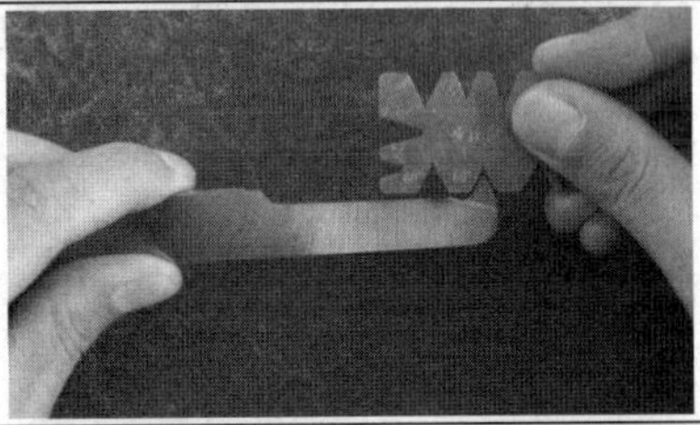
6.修磨刀尖	修磨刀尖（刀尖过渡棱宽度约为0.1P）	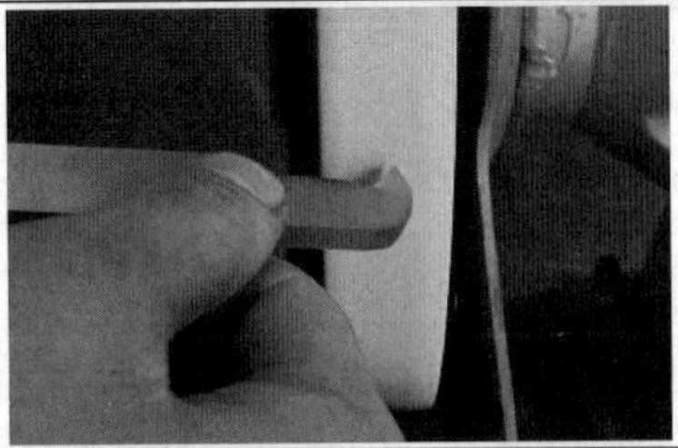
7.磨背后角	磨出背后角，防止与螺纹顶径相碰（磨圆弧或者磨成两个后角）	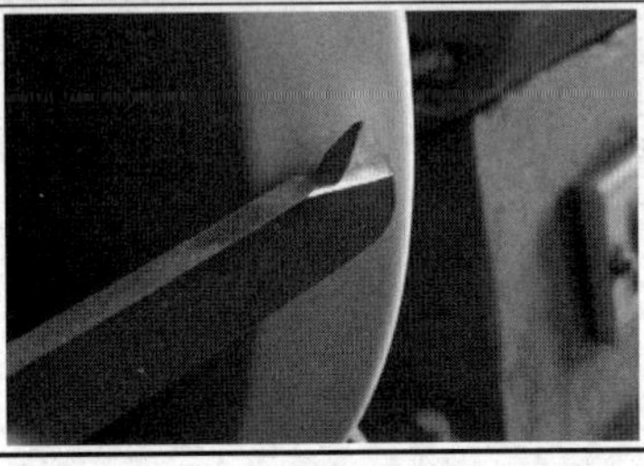

三、车削螺孔垫圈的操作

1. 毛坯准备
准备 $\phi 65mm \times 80mm$ 的 45 号钢棒料。

2. 工艺装备
工艺装备需要高速钢内螺纹车刀、麻花钻、外圆车刀、端面车刀、切断刀、游标卡尺、内径千分尺和螺纹塞规等,如图 6-5-8 所示。

图 6-5-8 工艺装备

3. 机床选择
选择 CA6140 型车床。

4. 螺孔垫圈的操作过程
螺孔垫圈的操作过程见表 6-5-2。

表 6-5-2 螺孔垫圈的操作过程

步骤	操作内容	图示
1. 找正并夹紧毛坯	夹持棒料,伸出长度 60mm 左右,找正后夹紧	
2. 机床调整、车端面	车端面 (光平即可,建议选择主轴转速 n 为 630~800r/min,进给量 f 为 0.25~0.3mm/r)	

续表

步　骤	操作内容	图　示
3. 粗精车外圆尺寸至要求	车外圆至 ϕ48mm×35mm 尺寸（粗车时主轴转速 n 为 320～500r/min，进给量 f 为 0.25～0.3mm/r；最后精车选择主轴转速 n 为 800～1250r/min，进给量 f 为 0.08～0.25mm/r）	
4. 钻孔	钻 ϕ22mm 孔，控制孔深尺寸	
5. 保证长度尺寸切断	切断，保证 30mm 总长尺寸	
6. 掉头装夹，车端面，保证总长	掉头夹持 ϕ48mm 外圆，车另一端面	
7. 粗精车螺纹底孔	粗精车螺纹孔径至尺寸 ϕ22.5mm	
8. 内螺纹车刀的装夹	（1）刀柄伸出长度应大于内螺纹长度 10～20mm （2）刀尖应与主轴轴线等高。如果装得过高，车削容易振动，使螺纹表面产生鱼鳞斑；如果装得过低，刀头下部会与工件发生摩擦，车刀切不进去 （3）用螺纹对刀样板侧面靠平工件端面，刀尖进入样板槽内对刀，调整并夹紧刀具	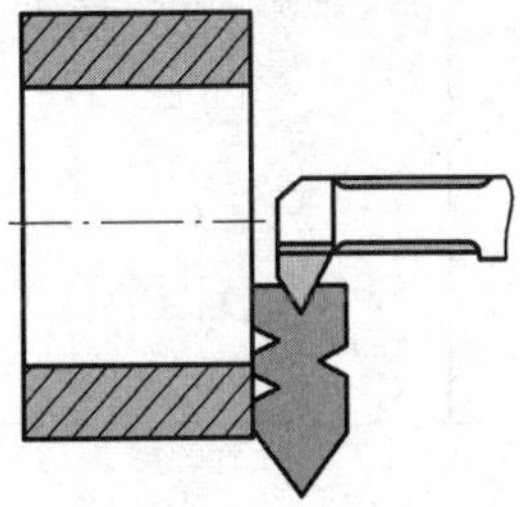

步　骤	操作内容	图　示
8．内螺纹车刀的装夹	（4）装夹后车刀应在孔内手动试走一次，以防刀柄和内孔相碰 （5）车刀装夹好后，启动车床对刀，记住中滑板刻度（或将中滑板刻度盘调零）	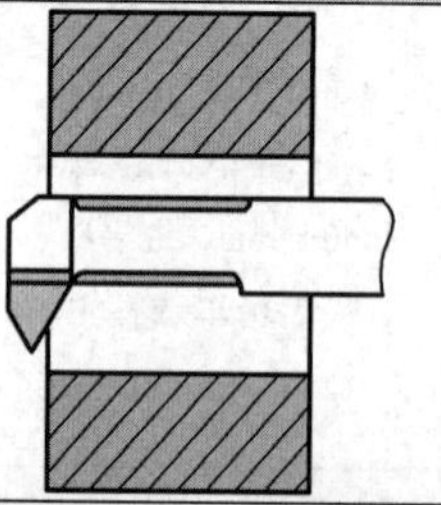
	（6）在车刀刀柄上做标记或用床鞍手轮刻度控制螺纹车刀在孔内车削的长度	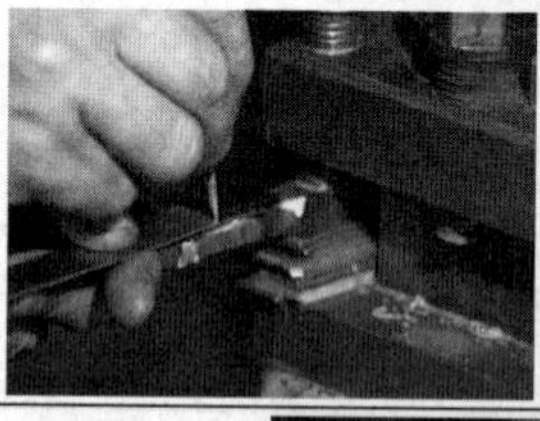 
9．孔口倒角	两端孔口倒角 2×30°	
10．手柄位置调整选择螺距	手柄位置的调整： 变换正常或扩大螺距手柄位置，选择右旋正常螺距（或导程） 变换主轴变速手柄位置，满足切削速度的要求 变换螺纹种类变换手柄位置，选择米制螺纹 变换进给基本组操纵手柄位置，将手柄扳至"1"，以选择所需螺距 $P=2\text{mm}$ 变换进给倍增组操纵手柄，将手柄扳至"Ⅱ"	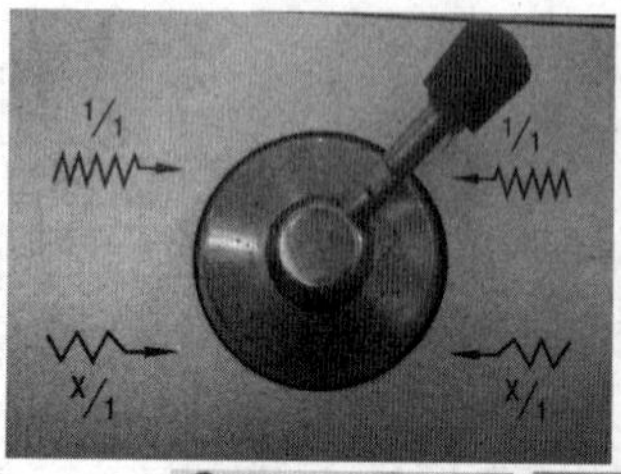  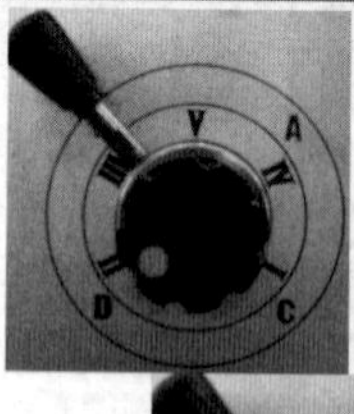  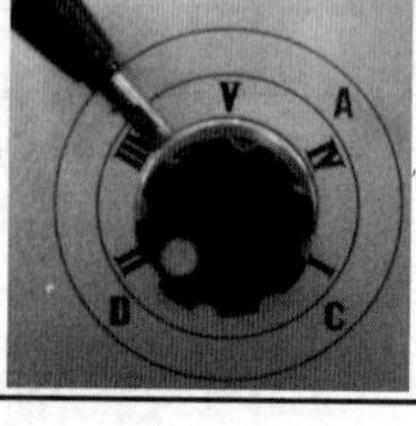

续表

步 骤	操作内容	图 示
11. 车内螺纹	通过开倒顺车法	
	采用直进法粗、精车内螺纹 M24×2，达到图样要求	
12. 用螺纹塞规进行综合检测	（1）检测时，螺纹塞规通端能顺利拧入工件，而止端不能拧入工件，说明螺纹合格	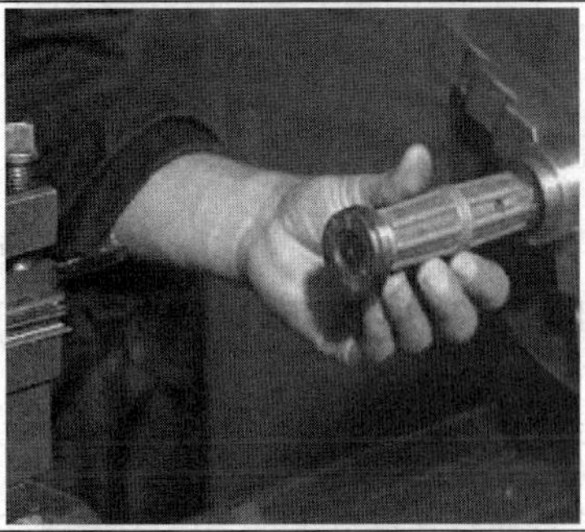
	（2）检测合格后卸下工件	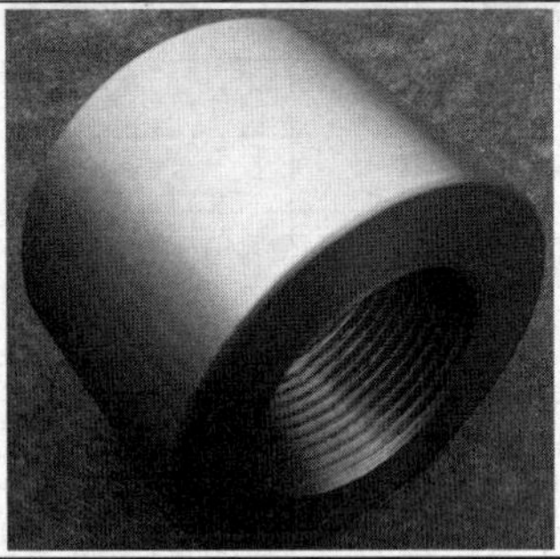

四、结束工作

1．自检与评价

每位同学完成一件后，卸下工件，仔细测量是否符合图样要求，填写车普通内螺纹的评分表，对车削的工件进行评价。

2．质量分析

针对出现的质量问题，出现的废品种类，分析原因，并找出改进措施。

> **操作提示：**
>
> （1）装夹内螺纹车刀时，车刀刀尖应对准工件轴线。如果车刀装得过高，车削时容易引起振动，使螺纹表面产生鱼鳞斑现象；如果车刀装得过低，刀头下部会与工件发生摩擦，车刀切不进去。
>
> （2）应将中、小滑板适当调紧些，以防车削中中、小滑板产生位移造成螺纹乱牙。
>
> （3）退刀要及时、准确。退刀过早螺纹未车完；退刀过迟车刀容易碰撞孔底。
>
> （4）赶刀量不宜过大，以防精车螺纹时没有余量。
>
> （5）精车时必须保持车刀锋利，否则容易产生"让刀"，致使螺纹产生锥形误差。一旦产生锥形误差，不能盲目增加背吃刀量，而应让螺纹车刀在原背吃刀量上反复进行无进给车削来消除误差。
>
> （6）工件在回转中不能用棉纱去擦内孔，绝对不允许用手指去摸内螺纹表面，以免手指旋入而发生事故。
>
> （7）车削中发生车刀碰撞孔底时，应及时重新对刀，以防因车刀移位而造成"乱牙"。
>
> （8）车盲孔螺纹或阶台孔螺纹时，还需车好内槽，内槽直径应大于内螺纹大径，槽宽为（2～3）P。

任务测评

请将加工情况填入表 6-5-3。

表 6-5-3　加工情况记录表

工作内容	加工情况	存在问题	改进措施
内螺纹车刀的刃磨			
ϕ60mm			
40mm			
底孔直径ϕ38mm			
孔口倒角 2×30°			
车内螺纹 M40×2			
螺纹塞规综合检测			
安全文明操作			
指导教师评价	指导教师：　　　　年　月　日		

课后小结

（根据实操完成情况进行小结）

项目6 加工螺纹

任务 6-6 车梯形螺纹

学习目标

（1）知道梯形螺纹的用途和技术要求。
（2）能根据工件螺距，查车床进给箱的铭牌表及调整手柄位置和挂轮。
（3）能根据螺纹样板正确刃磨和装夹车刀。
（4）正确使用切削液，合理选择切削用量，掌握车梯形螺纹的基本动作和方法。

问题与思考

梯形螺纹是应用广泛的一种传动螺纹，机床上可见的丝杠和中、小滑板丝杠都是梯形螺纹。你知道在车床上是如何进行梯形螺纹车削的吗？

工作任务

图 6-6-1 所示为一带有梯形螺纹的螺杆轴图样。本任务就是要在 CA6140 型车床上完成该零件的加工。该零件加工的主要内容是梯形外螺纹，螺距 P 为 6mm。

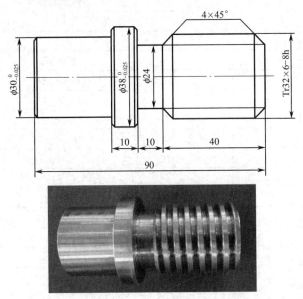

图 6-6-1 螺杆轴

预备知识

一、梯形螺纹

梯形螺纹的牙型如图 6-6-2 所示。

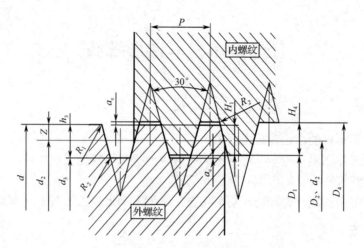

图 6-6-2 梯形螺纹的牙型

梯形螺纹各部分名称、代号及计算公式见表 6-6-1。

表 6-6-1 梯形螺纹各部分名称、代号及计算公式

名称		代号	计算公式			
牙型角		α	$\alpha=30°$			
螺距		P	由螺纹标准确定			
牙顶间隙		a_c	P	1.5～5	6～12	14～44
			a_c	0.25	0.5	1
外螺纹	大径	d	公称直径			
	中径	d_2	$d_2=d-0.5P$			
	小径	d_3	$d_3=d-2h_3$			
	牙高	h_3	$h_3=0.5P+a_c$			
内螺纹	大径	D_4	$D_4=d+2a_c$			
	中径	D_2	$D_2=d_2$			
	小径	D_1	$D_1=d-P$			
	牙高	H_4	$H_4=h_3$			
牙顶宽		f、f'	$f=f'=0.366P$			
牙槽底宽		W、W'	$W=W'=0.366P-0.536a_c$			
螺旋升角		ψ	$\tan\psi=P/\pi d_2$			
三针测量			$M=d_2+4.864d_D-1.866P$ 量针直径 d_D：最大值 $d_D=0.656P$；最佳值 $d_D=0.518P$；最小值 $d_D=0.486P$			

【例 6-3】 车梯形螺纹 Tr20×4，其孔径、牙高、牙顶宽和牙槽底宽（刀头宽度）应是多大？

已知：$d=20$mm，$P=4$mm。

小径：$D_1=d-P=20-4=16$（mm）

牙高：$h_3=0.5P+a_c=0.5×4+0.25=2.25$（mm）

牙顶宽：$f=f'=0.366P=0.366×4=1.464$（mm）

牙槽底宽：$W=W'=0.366P-0.536a_c=0.366×4-0.536×0.25=1.33$（mm）

二、高速钢梯形螺纹车刀的几何形状

1．高速钢梯形螺纹粗车刀

为了便于左右切削并留有精车余量，刀头宽度应小于槽底宽 W，如图6-6-3所示。

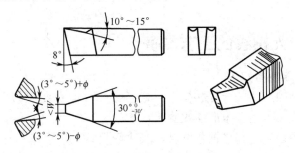

图6-6-3　高速钢梯形螺纹粗车刀

2．高速钢梯形螺纹精车刀

车刀纵向前角 $\gamma_p=0°$，两侧切削刃之间的夹角等于牙型角。为了保证两侧切削刃切削顺利，都磨有较大前角（$\gamma_o=10°\sim20°$）的卷屑槽，但在使用时必须注意，车刀前端切削刃不能参加切削。如图6-6-4所示。

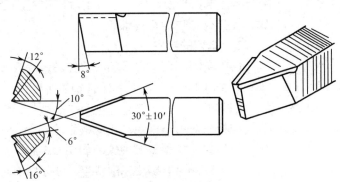

图6-6-4　高速钢梯形螺纹精车刀

高速钢梯形螺纹车刀能车削出精度较高和表面粗糙度较小的螺纹，但生产效率较低。

三、高速钢梯形螺纹车刀的刃磨

1．刃磨要求

（1）刃磨螺纹车刀两刃夹角时，应随时目测和用样板校对。

（2）径向前角不等于0的螺纹车刀，两切削刃的夹角应修正，其修正方法与三角形螺纹车刀的修正方法相同。

（3）螺纹车刀各切削刃要光滑、平直、无裂口，两侧切削刃应对称，刀体不能歪斜。

（4）螺纹车刀各切削刃应用油石研去毛刺。

2．注意事项

（1）刃磨两侧后角时，要注意螺纹的左、右旋向，并根据螺纹升角的大小来确定两侧后角的增减。

(2) 刃磨高速钢螺纹车刀时,应随时蘸水冷却,以防刃口因过热退火。

(3) 梯形螺纹粗车刀为增加刀头强度,可在两刀刃处磨出圆弧过渡刃。精车刀为了保证螺纹牙型清晰和刀具的锋利性,不需要磨出圆弧过渡刃。

(4) 螺距较小的梯形螺纹精车刀不便于刃磨断屑槽时,可采用较小径向前角梯形螺纹精车刀。

四、车削梯形外螺纹的工艺准备

1. 梯形螺纹的一般技术要求

梯形螺纹的轴向剖面形状是一等腰梯形。梯形螺纹用作传动,精度要求较高,表面粗糙度值小,车削梯形螺纹比车削三角形螺纹困难。

(1) 梯形螺纹中径必须与基准轴颈同轴,其大径尺寸应小于基本尺寸。

(2) 由于梯形螺纹以中径配合定心,因此车削梯形螺纹必须保证中径尺寸公差。

(3) 梯形螺纹的牙型角要正确。

(4) 梯形螺纹两侧面的表面粗糙度值要小。

2. 工件的装夹

一般采用两顶尖或一夹一顶装夹。粗车较大螺距时,可采用四爪卡盘一夹一顶,以保证装夹牢固,同时使工件的一个阶台靠住卡盘平面,固定工件的轴向位置,以防止因切削力过大,使工件移位而车坏螺纹。

3. 车刀的装夹

(1) 车刀主切削刃必须与工件轴线等高(用弹性刀杆应高于轴线约 0.2mm),同时和工件轴线平行。

(2) 车刀刀尖角的对称中心线必须与工件轴线垂直,装刀时用样板来对刀,以免产生螺纹半角误差,如果把车刀装歪,就会产生如牙型歪斜等现象。如图 6-6-5 所示。

(3) 根据梯形螺纹车削特点,可分为轴向安装和法向安装两种。

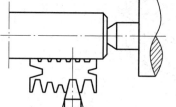

图 6-6-5 梯形螺纹车刀的装夹

轴向安装是使车刀前面与工件轴线重合。其特点是在轴向剖面上牙型两侧是直线。而法向安装时牙型侧面是曲线,但是法向安装车刀可以改变车刀两个面的性能,即左、右切削力前角相等,使切削时排屑顺畅,因此粗车梯形螺纹时采用法向装刀,精车梯形螺纹时则采用轴向装刀。如图 6-6-6 所示。

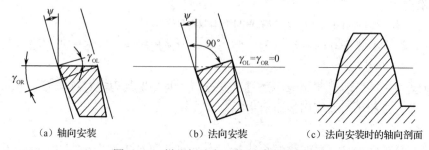

(a) 轴向安装　　(b) 法向安装　　(c) 法向安装时的轴向剖面

图 6-6-6 梯形螺纹车刀的两种安装方式

项目6 加工螺纹

安装高度：车刀安装时应使刀尖对准工件回转中心，以防止牙型角变化。

4．进刀方式

梯形螺纹车削进刀方式如表 6-6-2 所示。

表 6-6-2　梯形螺纹车削进刀方式

方　法	介　绍	图　示
左右车削法	车削 $P\leqslant 8$mm 的梯形螺纹至一定深度，在每次横向进给后，车刀向左或向右微量移动，以防止因三个切削刃同时参与切削而产生过热和扎刀现象	
车直槽法	车削 $P\leqslant 8$mm 的梯形螺纹，可选用主切削刃宽度等于牙槽底宽 W 的矩形螺纹车刀车出螺旋直槽，使槽底直径等于梯形螺纹的小径，然后用梯形螺纹精车刀精车两牙侧	
车阶梯槽法	车削 $P>8$mm 的梯形螺纹，可用主切削刃宽度小于 $P/2$ 的矩形螺纹车刀，用车直槽法车至螺纹中径处，再用主切削刃宽度等于牙槽底宽 W 的矩形螺纹车刀把槽车至接近螺纹牙型高度，然后用梯形螺纹精车刀精车两牙侧	

5．机床手柄的调整

（1）正确调整机床各处间隙，对床鞍、中小滑板的配合部分进行检查和调整，注意控制机床主轴的轴向窜动、径向圆跳动及丝杠轴向窜动。

（2）主轴上左、右摩擦片的松紧程度应调整合适，以减小切削时因机床因素而产生的加工误差。

（3）查看机床进给箱铭牌上螺距对应的各手柄位置进行手柄调整。以 $P=6$mm 为例，依次进行机床手柄的调整，如表 6-6-3 所示。

表 6-6-3　$P=6$ 螺距的调整

序　号	图　示	调整过程
1		在螺纹加工模式下，找到正常螺距表格中 $P=6$ 的位置，然后进行对应手柄的调整

续表

序号	图示	调整过程
2	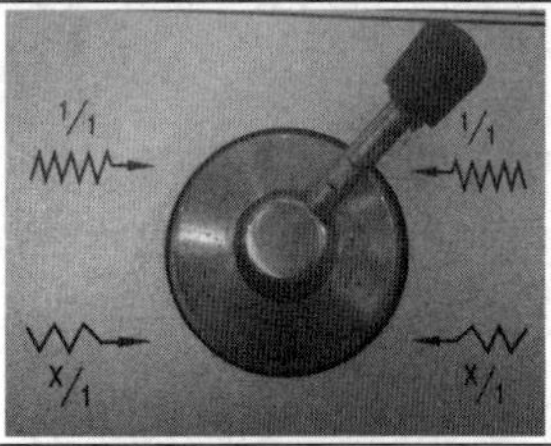	变换正常或扩大螺距手柄位置,选择右旋正常螺距(或导程)
3	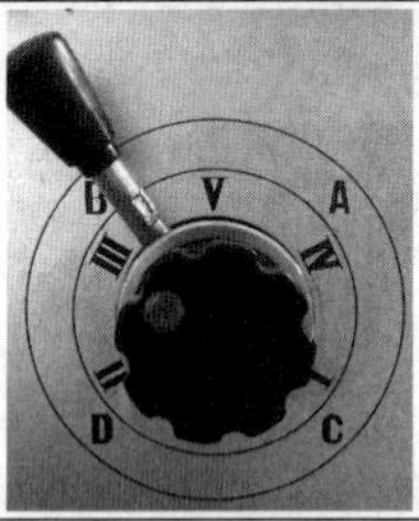	变换进给倍增组操纵手柄,将手柄扳至"Ⅲ",圆点处表示指示位置
4	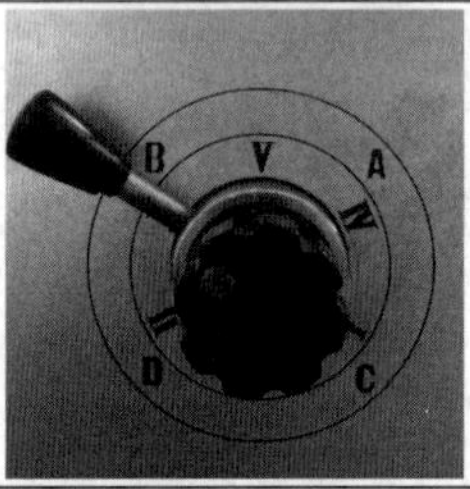	变换螺纹种类变换手柄位置,选择米制螺纹 将里圈长手柄位置指向B
5		变换进给基本组操纵手柄位置,将手柄扳至"8",以选择所需螺距 $P=6$mm 转塔手轮拔出后,将数字旋转到8,然后将转塔手轮旋入

五、车削梯形外螺纹

1. 粗车梯形外螺纹

(1)粗车、半精车螺纹大径,留精车余量0.2mm左右,车螺纹退刀槽,倒角。

(2)降低转速,调整手柄,摇动中滑板使粗车刀主切削刃在外圆处轻微接触后对"0",合上开合螺母,用正反转车削法,进刀0.1mm车削,停车检查螺距是否正确。若正确,采取恰当的进刀方法粗车、半精车梯形螺纹,每边留0.1~0.2mm精车余量,用螺纹小径车至深度。

> 💡 **操作提示:**
> 螺距小于4mm,精度要求不高的梯形外螺纹,可用一把梯形螺纹车刀粗精车到尺寸要求。

2. 精车梯形外螺纹

(1)精车螺纹大径至图样要求。

(2)精车刀在螺纹大径表面对"0"后,扳好手柄,用"晃车"(操纵杆控制在接近水平,机床转速缓慢）技术将螺纹车刀放置在螺纹槽内小径表面，精车小径至牙型高度；在动态下（机床不停，左手操纵操纵杆"晃车"，右手移动下滑板）将车刀右移至槽的后侧面，精车后侧面至表面粗糙度达到要求；继续动态左移车刀至槽的前侧面，半精车后，用中径千分尺测量，确定余量后，逐渐精车至中径尺寸，同时确保表面粗糙度符合要求。

（3）车削完成，提起开合螺母，将进给箱手柄旋转扳成光杠旋转。

六、梯形螺纹的测量方法

1. 综合测量法

综合测量法是用标准螺纹量规对螺纹各主要参数进行综合性测量。螺纹量规包括螺纹塞规和螺纹环规，都分为通规和止规，在使用中不能搞错。如果通规难以旋入，应对螺纹的各直径尺寸、牙型角、牙型半角和螺距进行检查，经修正后再用量规检验。螺纹量规如图6-6-7所示。

图 6-6-7　用标准螺纹环规综合测量

2. 三针测量法

这种方法是测量外螺纹中径的一种比较精密的方法，适用于测量一些精度要求较高，螺纹升角小于 4°的三角形螺纹、梯形螺纹和蜗杆的中径尺寸。测量时把三根直径相等并在一定尺寸范围内的量针放在螺纹相对应的螺旋槽中，用千分尺量出两边量针顶点之间的距离 M，如图 6-6-8 所示。三针测量法所用的量具公法线千分尺如图 6-6-9 所示。

$$M = d_2 + 4.864 d_D - 1.866 P$$

式中，M 为三针测量值；d_2 为中径；d_D 为测针直径；P 为螺距；量针直径 d_D：最大值 $d_D = 0.656P$；最佳值 $d_D = 0.518P$；最小值 $d_D = 0.486P$。

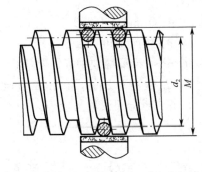
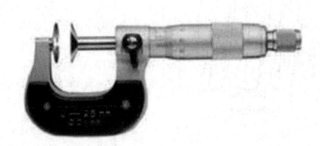

图 6-6-8　三针测量梯形螺纹中径　　　　图 6-6-9　公法线千分尺

【例 6-4】　车 Tr32×6 梯形螺纹，用三针测量螺纹中径，求量针直径和千分尺读数值 M。

量针直径： $d_D=0.518P=301mm$

千分尺读数值： $M=d_2+4.864d_D-1.866P$

$=29+4.864×3.1-1.866×6$

$≈29+15.08-11.20$

$≈32.88mm$

测量时应考虑公差，则 $M=32.88_{-0.018}^{0}$ mm 为合格。

操作提示：

三针测量法采用的量针一般是专门制造的。在实际应用中，往往不能很及时地购买到最佳量针，有时也用优质钢丝或新钻头的柄部来代替，但与计算出的最佳量针直径尺寸不相符合，这就需要认真选择。要求所代用的钢丝或钻柄直径尺寸最大不能在放入螺旋槽时被顶在螺纹牙尖上，最小不能在放入螺旋槽时和牙底相碰，故在测量前应选择合适的量针，即量针的直径应在最大值与最小值之间方可进行实测，否则将失去测量中径的真正意义。如图 6-6-10 所示。

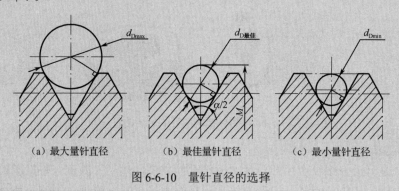

图 6-6-10　量针直径的选择

3. 单针测量法

这种方法的特点是只需用一根量针，放置在螺旋槽中，用千分尺量出螺纹大径与量针顶点之间的距离 A。如图 6-6-11 所示。

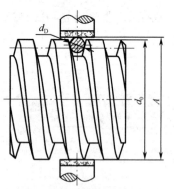

图 6-6-11　单针测量

A 值的计算：

$$A=1/2（M+d_0）$$

式中　A——单针测量值（mm）；

d_0——螺纹顶径的实际尺寸（mm）；

M——三针测量时量针测量距的计算值（mm）。

【例 6-5】 用单针测量 Tr36×6-8e 梯形螺纹中径，量得工件实际外径 $d_0=35.95mm$，量针直径 d_D 分别为 2mm、3mm、3.5mm、4mm，请选择一根最佳的量针，并求千分尺读数 A 的值。

解：

量针直径 $d_D=0.518P=3.01mm$。

选择 3mm 的量针最接近最佳值，将 $d_D=3mm$ 代入 M 值公式进行计算。

$d_2=d-0.5P=36-0.5×6=33（mm）$

$$M=d_2+4.864d_D-1.866P=33+4.864\times3-1.866\times6=36.396 \text{ (mm)}$$

查有关国家标准,得中径偏差为

$$d_2=\phi33_{-0.543}^{-0.118} \text{ mm}$$

则
$$M=36.396_{0.543}^{0.118} \text{ mm}$$

$$A=1/2(M+d_0)=0.5\times(36.396+35.95)=36.173 \text{ (mm)}$$

单针测量值 A 的极限偏差值应为中径极限偏差的一半,因此,$A=36.173_{-0.272}^{-0.059}$ mm 为合格。

任务实施

一、刃磨内螺纹车刀的操作

1. 刃磨梯形螺纹车刀的操作准备

需要准备白钢条、细粒度砂轮(如 80#白刚玉砂轮)、防护镜、冷却水、角度尺和样板,如图 6-6-12 所示。

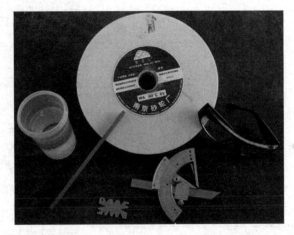

图 6-6-12 刃磨梯形螺纹车刀的操作准备

2. 刃磨步骤

以高速钢梯形螺纹粗车刀为例介绍刃磨过程,如表 6-6-4 所示。

表 6-6-4 梯形螺纹粗车刀刃磨步骤

刃磨步骤	操作内容	图示
1	刃磨左侧进给方向后面,控制刀尖半角 $\varepsilon_r/2$ 及后角 a_{oL} ($a_0+\psi$),此时刀柄与砂轮圆周夹角约为 $\varepsilon_r/2$,刀面向外侧倾斜 $a_0+\psi$,刀尖上翘 $8°$	

续表

刃磨步骤	操作内容	图示
2	刃磨右侧进给方向后面,以初步形成刀尖半角ε_r,控制刀尖半角$\varepsilon_r/2$ 及后角 a_{oR}($a_o-\psi$),此时刀柄与砂轮圆周夹角约为$\varepsilon_r/2$,刀面向外侧倾斜$a_o-\psi$,刀尖上翘8°	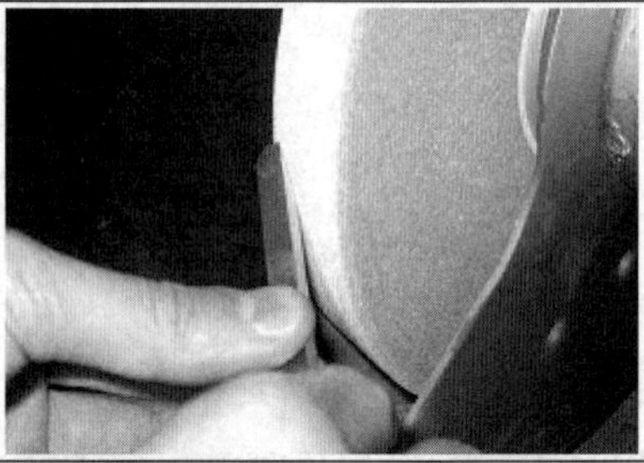
3	粗精磨前面,以形成前角$\gamma_p=10°\sim15°$,方法是离开刀尖大于牙型深度处,以砂轮边角为支点,夹角等于前角前面与砂轮接触磨削,使火花最后在刀尖处磨出	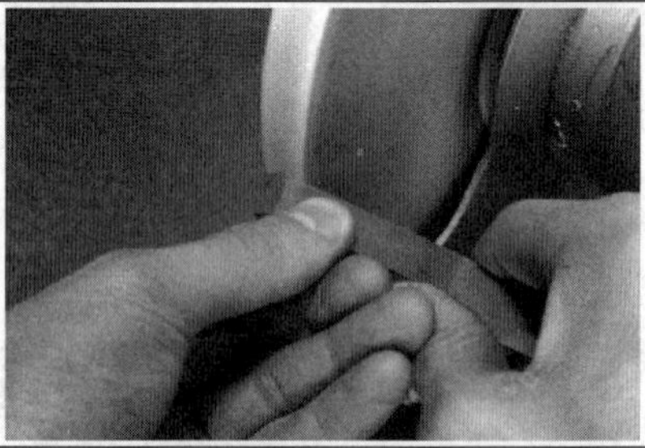
4	用螺纹车刀样板测量刀尖角,测量时样板应与车刀底平面平行,用透光法检查 检查两后面是否面光、刃直,后角正确	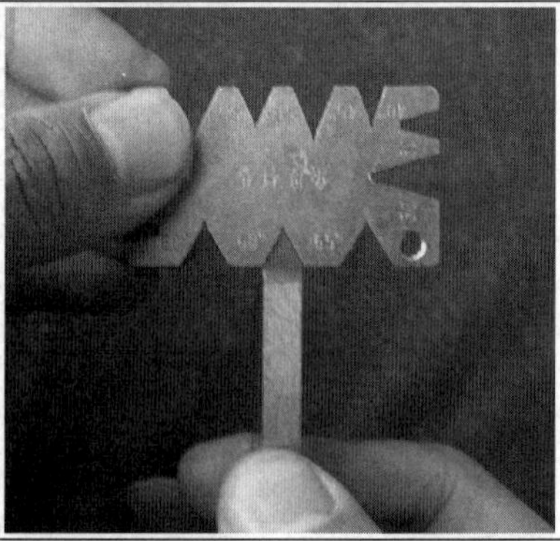
5	精磨两后面,形成车刀左侧进刀后角a_{oL}和右侧背离进刀后角a_{oR},刀头仍上翘8°,以形成主后角8°	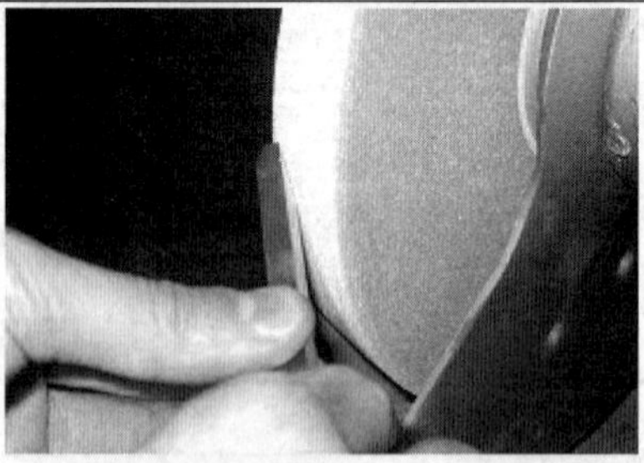
6	刃磨刀尖圆弧,刀尖过渡棱宽度约为$0.1P$(P为螺距)	

二、车削螺杆轴的操作

1．毛坯准备
ϕ40mm×95mm 的 45 号钢棒料。

2．工艺装备
高速钢梯形螺纹车刀、外圆车刀、端面车刀、切断刀、游标卡尺、千分尺和公法线千分尺等。

3．机床选择
CA6140A 型车床。

4．螺杆轴的操作过程
螺杆轴的加工操作过程如表 6-6-5 所示。

表 6-6-5　螺杆轴的加工操作过程

步　骤	操 作 内 容	图　示
1．找正并夹紧毛坯	夹持棒料，伸出长度 60mm 左右，找正后夹紧	
2．机床调整、车端面	车端面 （光平即可，建议选择主轴转速 n 为 630～800r/min，进给量 f 为 0.25～0.3mm/r）	
3．粗精车外圆尺寸至要求	车外圆至 ϕ38mm×45mm、ϕ30mm×30mm 尺寸	
4．倒角	倒角 1×30°	

续表

步骤	操作内容	图示
5. 掉头装夹	掉头夹持ϕ30mm 外圆，车另一端面，保证总长为 90mm	
6. 车外圆	粗精车梯形螺纹大径$\phi 30_{-0.335}^{0}$	
7. 车槽	车槽ϕ24mm×10mm	
8. 倒角	4×45°（两处）	
9. 调整手柄位置选择螺距	手柄位置的调整详见表 6-6-3 安装梯形螺纹车刀	

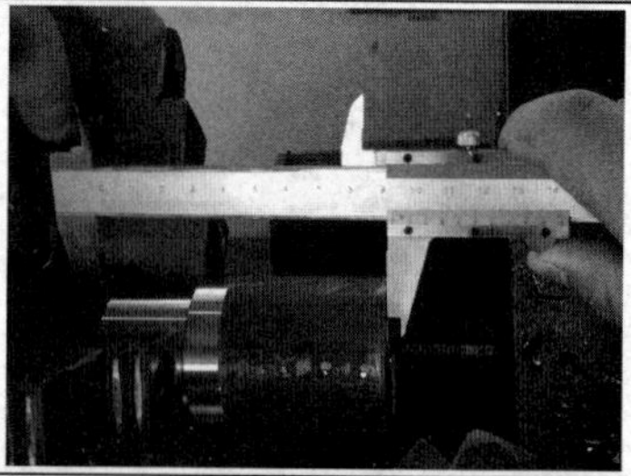

续表

步骤	操作内容	图示
10. 车梯形螺纹	通过开倒顺车法 采用左右切削法粗精车梯形螺纹 Tr32×6，达到图样要求	
11. 用公法线千分尺进行中径检测	（1）根据计算得出的 M 值进行控制 （2）检测合格后卸下工件	

三、结束工作

1．自检与评价

每位同学完成一件后，卸下工件，仔细测量是否符合图样要求，填写车普通内螺纹的评分表，对所车削的工件进行评价。

2．质量分析

针对自己出现的质量问题、出现的废品种类，分析原因，并找出改进措施。

> **操作提示：**
>
> （1）装夹梯形螺纹车刀时，车刀刀尖应对准工件轴线。如果车刀装得过高，车削时容易引起振动，使螺纹表面产生鱼鳞斑现象；如果车刀装得过低，刀头下部会与工件发生摩擦，车刀切不进去。
>
> （2）应将中、小滑板适当调紧些，以防车削中、小滑板时产生位移造成螺纹乱牙。

（3）退刀要及时、准确。退刀过早螺纹未车完；退刀过迟车刀容易发生碰撞。

（4）赶刀量不宜过大，以防精车螺纹时没有余量。

（5）精车时必须保持车刀锋利，否则容易产生"让刀"，致使螺纹产生锥形误差。一旦产生锥形误差，不能盲目增加背吃刀量，而应让螺纹车刀在原背吃刀量上反复进行无进给车削来消除误差。

（6）工件在回转中不能用棉纱去擦内孔，绝对不允许用手指去摸内螺纹表面，以免手指旋入而发生事故。

任务测评

请将加工情况填入表 6-6-6 中。

表 6-6-6　加工情况记录表

工作内容	加工情况	存在问题	改进措施
内螺纹车刀的刃磨			
⌀38mm			
⌀30mm			
⌀24mm			
槽宽 10mm			
10mm			
40mm			
总长 90mm			
螺纹大径 ⌀32mm			
倒角 1×45°（3 处）			
倒角 4×45°（2 处）			
中径检测			
安全文明操作			
指导教师评价	指导教师：　　　　年　　月　　日		

课后小结

（根据实操完成情况进行小结）

_____

_____

_____

_____

项目 7

滚花、车成形面和车偏心工件

任务 7-1 滚花

学习目标

（1）选用、装夹滚花刀。
（2）确定滚花前工件的直径。
（3）掌握滚花时的工作要点，具备滚花的技能。

问题与思考

在千分尺的微分筒、车床中滑板刻度盘等某些工具和零件的捏手部分有花纹，那么这些花纹有什么作用呢？你知道它们是怎么加工出来的吗？

工作任务

把 ϕ30mm×60mm 毛坯车成图 7-1-1 所示的形状和尺寸，并滚压网纹 m0.3。

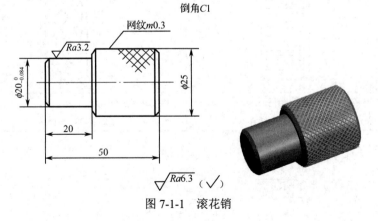

图 7-1-1　滚花销

预备知识

一、滚花的花纹

滚花的目的是为了增加摩擦力或使零件表面美观，常在零件表面滚压出各种不同的花纹，如图 7-1-2 所示。

（a）直纹滚花螺钉

（b）网纹滚花螺钉
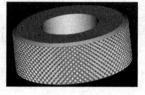
（c）滚花垫套

（d）滚花手柄

图 7-1-2　滚花工件

在车床上用滚花刀在工件表面滚压出花纹的加工，称为滚花。滚花过程是利用滚花刀的滚轮来滚压工件表面的金属层，使其产生一定的塑性变形而形成花纹。

花纹的粗细由节距 P 的大小决定，并用模数 m 区分。模数越大，花纹越粗。滚花花纹的粗细应根据工件滚花表面的直径大小选择，直径大选用大模数花纹；直径小则选用小模数花纹。

国标规定，零件上的滚花等网状结构，应用粗实线完全或部分地表示出来。滚花花纹的种类和标记如表 7-1-1 所示。

表 7-1-1　滚花花纹的种类和标记

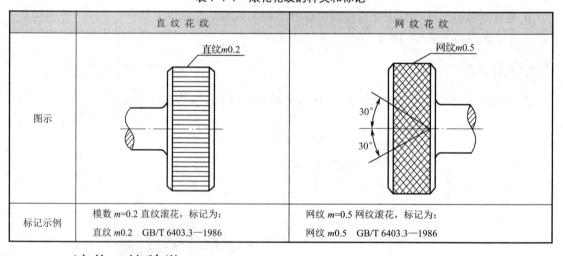

	直纹花纹	网纹花纹
图示	直纹 $m0.2$	网纹 $m0.5$　30°　30°
标记示例	模数 $m=0.2$ 直纹滚花，标记为： 直纹 $m0.2$　GB/T 6403.3—1986	网纹 $m=0.5$ 网纹滚花，标记为： 网纹 $m0.5$　GB/T 6403.3—1986

二、滚花刀的种类

滚花刀的种类如表 7-1-2 所示。

项目 7 滚花、车成形面和车偏心工件

表 7-1-2 滚花刀的种类

种类	单轮滚花刀	双轮滚花刀	六轮滚花刀
图示	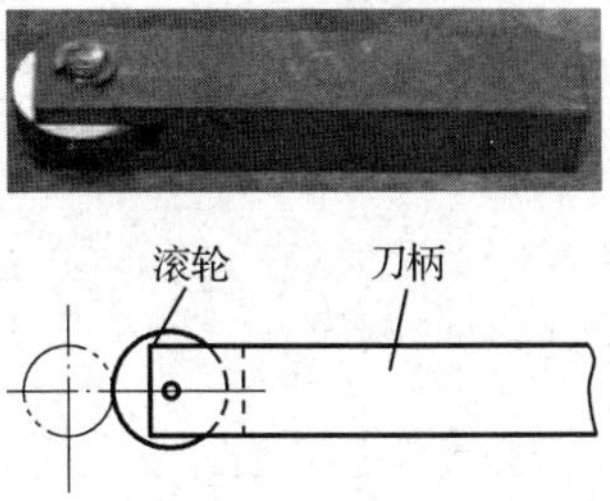 (滚轮、刀柄)	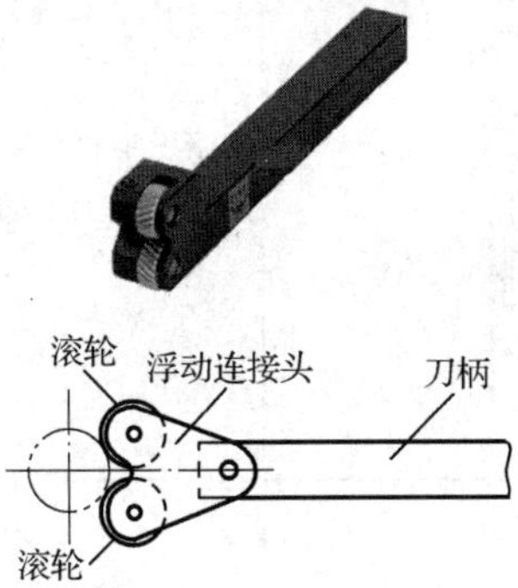 (滚轮、浮动连接头、刀柄)	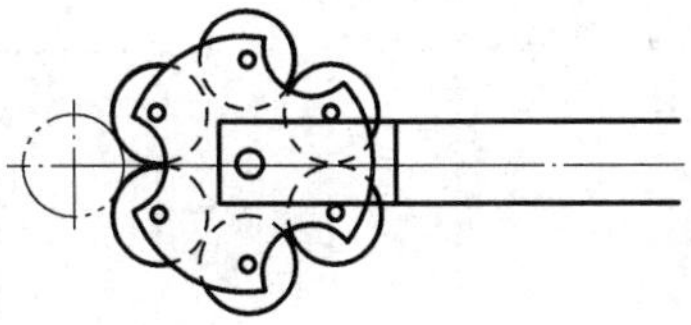
滚轮	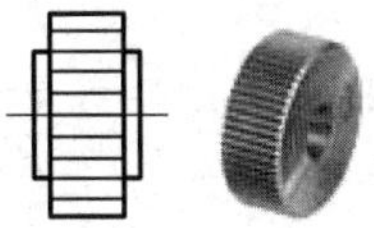	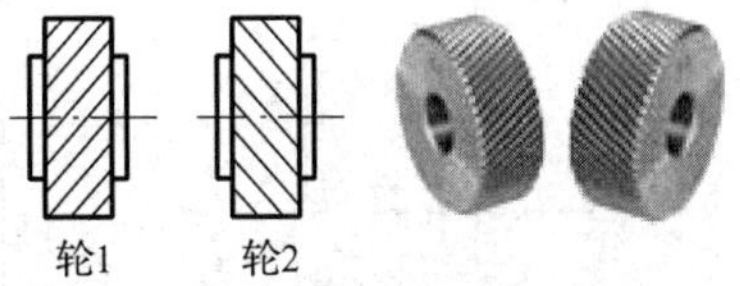 轮1 轮2	
结构	由直纹滚轮和刀柄组成	由两只旋向不同的滚轮、浮动连接头及刀柄组成	由 3 对不同模数、不同旋向的滚轮，通过浮动连接头与刀柄组成一体
用途	用来滚直纹	用来滚网纹	可根据需要滚出 3 种不同模数的网纹，应用较广

三、滚花方法

滚花方法如表 7-1-3 所示。

表 7-1-3 滚花方法

滚花过程	图 示	说 明
滚花前的工件直径	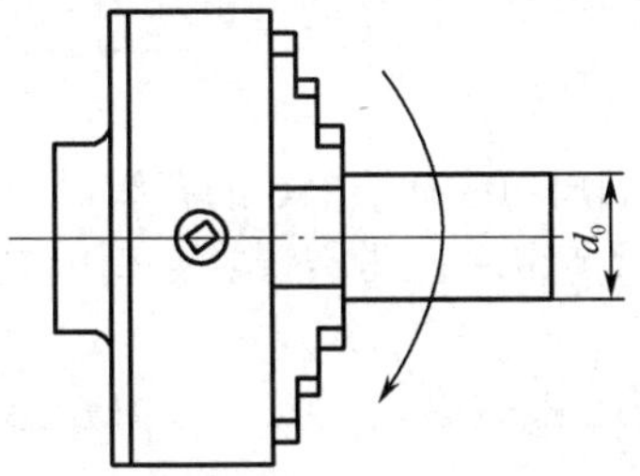 (图示 d_0)	随着花纹的形成，滚花后的工件直径会增大。为此，在滚花前滚花表面的直径 d_0 根据工件材料的性质和花纹的大小相应减小，即 $$d_0 = d-(0.8\sim 1.6)m$$ 式中 d_0——滚花前圆柱表面的直径，mm； d——滚花后滚花表面的直径，mm； m——模数，mm
滚轮表面与工件表面接触	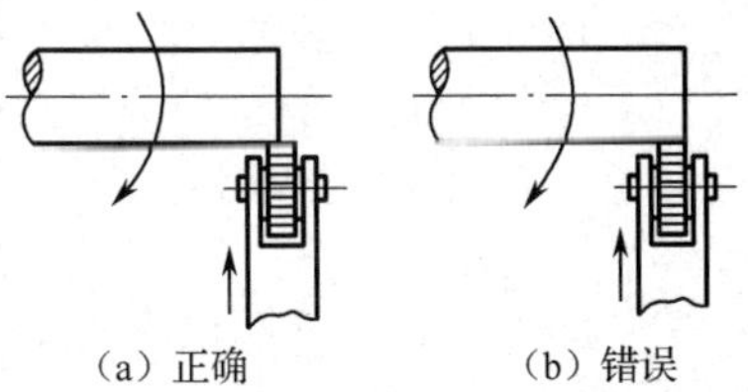 (a) 正确　(b) 错误	为了减小滚花开始时的背向力，可以使滚轮表面宽度的 1/3～1/2 与工件表面接触，使滚花刀容易切入工件表面

续表

滚花过程	图　示	说　明
滚轮轴线装夹与工件轴线平行		滚压有色金属或滚花表面要求较高的工件时，滚花刀的滚轮轴线与工件轴线平行
刀柄尾部向左偏斜3°～5°		滚压碳素钢或滚压表面要求一般的工件时，可使滚花刀刀柄尾部向左偏斜3°～5°装夹，以便切入工件表面且不易产生乱纹

任务实施

一、识读滚花销零件图

图 7-1-1 所示的零件图标注了滚花的标记：网纹 $m0.3$，其含义是 $m=0.3$mm 的网纹滚花。$\phi 25$mm 的滚花圆柱面直径是指滚花后的尺寸，而非滚花前的直径尺寸。

二、工艺分析

该零件加工的主要内容之一是加工网纹 $m0.3$ GB6403.3—1986 的花纹。

（1）由于滚花时出现工件移位现象难以避免，所以车削带有滚花表面的工件时，应安排在粗车之后、精车之前进行滚花。

（2）滚花前，应根据工件材料的性质和花纹模数的大小，将工件滚花表面的直径车小 $(0.8\sim1.6)\ m=(0.8\sim1.6)\ 0.3=0.24\sim0.48$mm。

（3）要选用双轮或六轮滚花刀，并装好滚花刀。

（4）滚花后再进行倒角。

三、准备工作

1. 工件毛坯

检查毛坯尺寸：$\phi 30$mm×70mm。材料：45号钢。数量：1件。

2. 工艺装备

需要准备90°粗车刀、90°精车刀、45°车刀、0.02mm/(0～150)mm 的游标卡尺、(25～50mm) 千分尺、$m0.3$ 双轮滚花刀、钢丝刷，如图 7-1-3 所示。

3. 设备

CA6140 车床。

图 7-1-3 工艺装备

四、操作步骤

加工图 7-1-1 所示滚花销的具体操作内容如表 7-1-4 所示。

表 7-1-4 滚花销加工的具体内容

步骤	操作内容	图示
1. 找正并夹紧毛坯	用三爪自定心卡盘夹持工件毛坯外圆，找正并夹紧	
2. 车端面	(1) 选取进给量为 0.20mm/r，主轴转速为 800r/min，背吃刀量为 0.3～1mm (2) 用 45°车刀车端面（车平即可）	

续表

步 骤	操作内容	图 示
3. 粗车 $\phi 20_{-0.084}^{0}$ mm 外圆	用 90°外圆粗车刀粗车 $\phi 20_{-0.084}^{0}$ mm 外圆至 $\phi 21.2$mm，长 30mm	
4. 调头	调头夹持 $\phi 21.2$mm 外圆，长 30mm，找正并夹紧	
5. 粗定总长，车外圆	（1）选取进给量为 0.30mm/r，主轴转速为 710r/min，背吃刀量为 1～2mm （2）用 45°车刀车端面，保证总长 70.5mm （3）用 90°外圆精车刀精车 $\phi 25$mm 外圆至 $\phi 24.65$mm	
6. 滚花	（1）选取主轴转速为 71r/min （2）选取进给量为 0.3～0.6 mm/r，调整进给手柄位置 （3）装滚花刀。要求滚花刀的装刀中心与工件回转中心等高，并使滚花刀的滚轮表面相对于工件表面向左倾斜 3°～5° （4）手动试切，使滚轮表面约 1/3～1/2 的宽度与工件接触，滚花刀就容易压入工件表面	

续表

步骤	操作内容	图示
6. 滚花	（5）加注充分的切削液，以润滑滚轮，降低温度 （6）停车检查花纹是否准确，当花纹符合要求后，即可纵向机动进给 （7）如此往复循环滚压 1～2 次，直至花纹凸出为止 （8）要经常用钢丝刷清除滚花刀轮内的切屑	
7. 倒角	（1）选取主轴转速为 500r/min （2）用 45°车刀倒角 $C1$mm	
8. 保证总长	（1）调头夹持滚花表面，找正并夹紧 （2）选取进给量为 0.20mm/r，主轴转速为 800r/min，背吃刀量为 1mm （3）用 45°车刀车端面，保证总长 70mm	

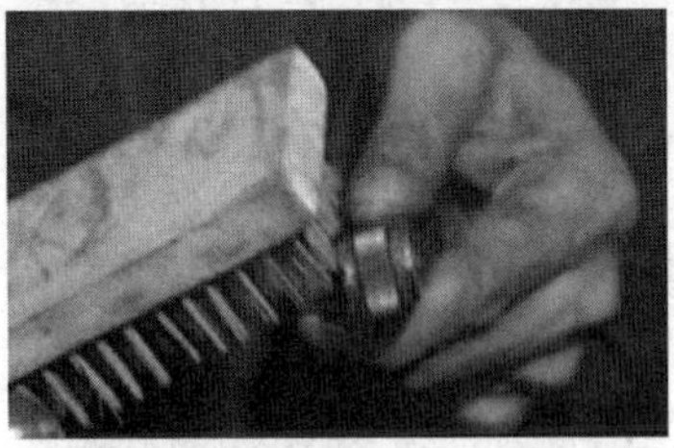

续表

步骤	操作内容	图示
9. 精车 $\phi 20_{-0.084}^{0}$ mm 外圆	（1）选取进给量为 0.10mm/r，主轴转速为 800r/min （2）用 90°外圆精车刀精车外圆 $\phi 20_{-0.084}^{0}$ mm，长 30mm 至尺寸要求 （3）用 45°车刀倒角 C1mm（2 处）	

操作提示：

（1）滚花时的背向力很大，所用车床的刚度应较高，工件必须装夹牢靠。

（2）滚花前工件的表面粗糙度应为 Ra12.5μm。

（3）滚花刀装夹在车床方刀架上，滚花刀的装刀（滚轮）中心与工件回转中心等高，如图 7-1-4 所示。

（4）滚花时，应选低的切削速度，一般为 5～10mm/min。纵向进给量选择大些，一般为 0.3～0.6mm/r。

（5）在滚花刀开始滚压时，挤压力要大且猛一些，使工件圆周上一开始就形成较深的花纹，这样就不易产生乱纹。

（6）停车检查花纹符合要求后，即可纵向机动进给，如此循环往复滚压 1～3 次，直至花纹凸出达到要求为止。

图 7-1-4 滚花刀装夹

（7）滚花开始就应充分浇注切削液，以润滑滚轮和防止滚轮发热损坏，并经常清除滚压产生的碎屑。

（8）浇注切削液或清除切屑时，应避免毛刷接触工件与滚轮的咬合处，以防毛刷被卷入。

（9）在滚压过程中，绝对不能用手或棉纱去接触滚压表面，以防手指被卷入。

（10）滚压细长工件时，应防止工件弯曲；滚压薄壁工件时应防止变形。

五、结束工作

每位同学完成一件后,卸下工件,仔细测量,判断是否符合图样要求,对工件进行评价。针对出现的乱纹废品(见图 7-1-5),参考表 7-1-5,分析原因,并找出改进措施。

图 7-1-5 乱纹

表 7-1-5 滚花时产生乱纹的原因及预防措施

产 生 原 因	预 防 措 施
工件外圆周长不能被滚花刀节距 P 除尽	可把外圆略车小一些
滚花开始时,吃刀压力太小,或滚花刀跟工件表面接触面过大	开始滚花时要使用较大的压力,把滚花刀偏一个很小的类似副偏角的角度
滚花刀转动不灵,或滚花刀跟刀柄小轴配合间隙太大	检查原因或调换小轴
工件转速太高,滚花刀与工件表面产生滑动	降低转速
滚花前没有清除滚花刀中的细屑或滚花刀齿部磨损	清除细屑或更换滚花刀

**任务测评**

每位同学完成操作后,卸下工件,仔细测量,看是否符合图样要求,填写滚花轴评分表(见表 7-1-6)。

表 7-1-6 滚花轴评分标准

序号	考核项目	考核内容及要求	配分	评分标准	检测结果	得分
1	外圆	$\phi 20_{-0.084}^{0}$ mm	10	超差不得分		
2		表面粗糙度 $Ra3.2\mu m$	8	不符合要求不得分		
3	滚花	$\phi 25mm$ 按未注公差	8	超差不得分		
4		网纹清晰,凸出	8	不符合要求不得分		
5		花纹中无切屑滞塞	8	不符合要求不得分		
6		模数 $m0.3$	8	不符合要求不得分		
7		无乱纹	10	不符合要求不得分		
8	长度	30mm、70mm 按未注公差	8	超差不得分		
9		表面粗糙度 $Ra6.3\mu m$(3 端面)	12	不符合要求不得分		

续表

序号	考核项目	考核内容及要求	配分	评分标准	检测结果	得分
10	倒角	轴向尺寸1mm（2处）	5	超差不得分		
11		角度45°（2处）	5	不符合要求不得分		
12	工具设备的使用与维护	正确、规范使用工具、量具、刃具，合理保养及维护工具、量具、刃具	5	不符合要求酌情扣分		
		正确规范使用、合理保养及维护设备		不符合要求酌情扣分		
		操作姿势、动作规范正确		不符合要求酌情扣分		
13	安全及其他	安全文明生产，按国家颁发的有关法规或企业自定的有关规定	5	不符合要求酌情扣分，发生较大事故者取消考试资格		
		操作步骤、工艺规程正确		不符合要求酌情扣分		
		试件局部无缺陷		不符合要求从总分中扣1～10分		
14	完成时间	90分钟		超过5分钟，扣10分；超过20分钟，不合格		
指导教师评价						
		指导教师：　　　　　年　月　日				

课后小结

（根据实操完成情况进行小结）

任务 7–2 双手控制法车成形面

学习目标

（1）具备双手控制法车成形面的技能。
（2）掌握锉刀修光、砂布抛光的技术要点。
（3）具备成形面的检测技能。

问题与思考

机床上有许多手柄形状并非圆柱形的，而是带有一些曲面。怎样进行曲面的加工呢？

工作任务

图 7-2-1 所示的工件为橄榄球手柄，材料为 45 号钢。本任务就是要用 $\phi 25mm \times 120mm$ 毛坯完成该工件的加工。

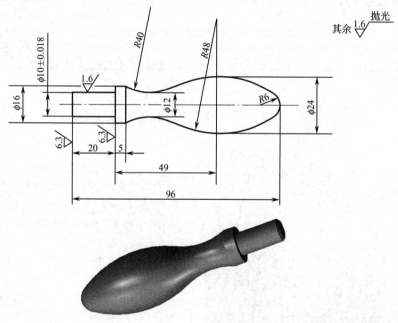

图 7-2-1 橄榄球手柄

预备知识

一、成形面

有些机器零件表面在零件的轴向剖面中呈曲线形，如三球手柄，以及如图 7-2-2 所示的圆球手柄、橄榄球手柄等。具有曲线特征的表面称为成形面，也称特形面。

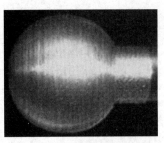 

(a) 单球手柄　　　　　　　　(b) 三球手柄

图 7-2-2　具有成形面的零件

在车床上加工成形面时，应根据工件的表面特征、精度高低和生产批量大小等情况，采用不同的车削方法。这些加工方法主要有双手控制法、成形法（样板刀车削法）、仿形法和专用工具法等。其中，双手控制法是成形面车削的基本方法。

二、双手控制法车单球手柄

表 7-2-1 所示为用双手控制法车单球手柄。

表 7-2-1　双手控制法车单球手柄

内　　容	图　　示	说　　明
双手控制及其特点		（1）用双手控制中、小滑板或者控制中滑板与床鞍的合成运动，使刀尖的运动轨迹与工件所需求的成形面曲线重合，以实现车成形面目的的方法称为双手控制法 （2）该方法的特点：灵活、方便，不需要其他辅助工具，但需操作者具有较高的技能水平 （3）双手控制法主要用于单件或数量较少的成形面工件的加工

续表

内　容	图　示	说　明
圆球部分的长度计算	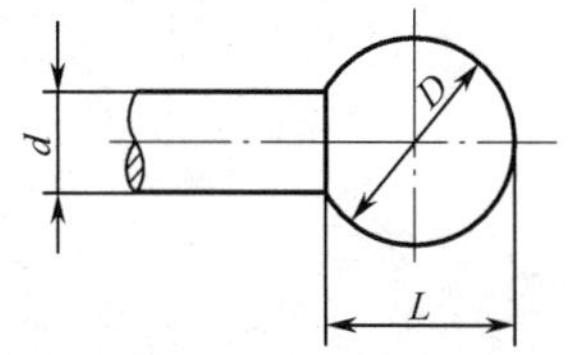 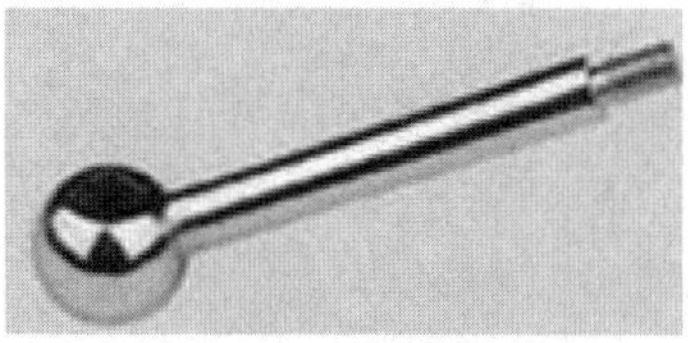	圆球部分的长度 L 可按下式计算：$$L = \frac{1}{2}(D + \sqrt{D^2 - d^2})$$ 式中　L——圆球部分的长度（mm）； 　　　D——圆球的直径（mm）； 　　　d——柄部直径（mm）
车刀移动速度分析	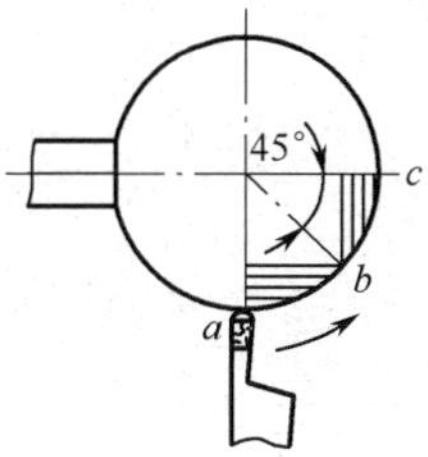 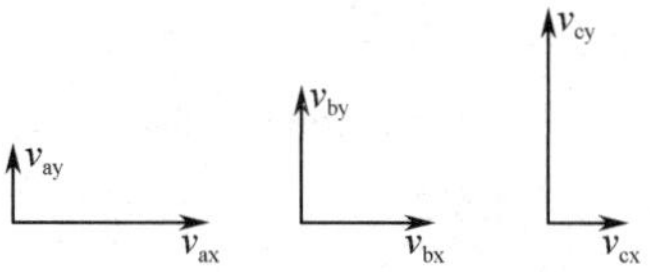	双手控制法车圆球时，车刀刀尖在圆球各不同位置的纵、横向进给速度是不相同的。车刀从 a 点出发至 c 点，纵向进给速度为快→中→慢；横向进给速度为慢→中→快 　　车削 a 处时，中滑板的横向进给速度要比小滑板的纵向进给速度慢；车削 b 处时，横向与纵向进给速度基本相等；车削 c 处时，横向进给速度要比纵向进给速度快 　　如此，经过多次合成运动进给，才能使车刀刀尖逐渐逼近所要求的圆弧
单球手柄的车削	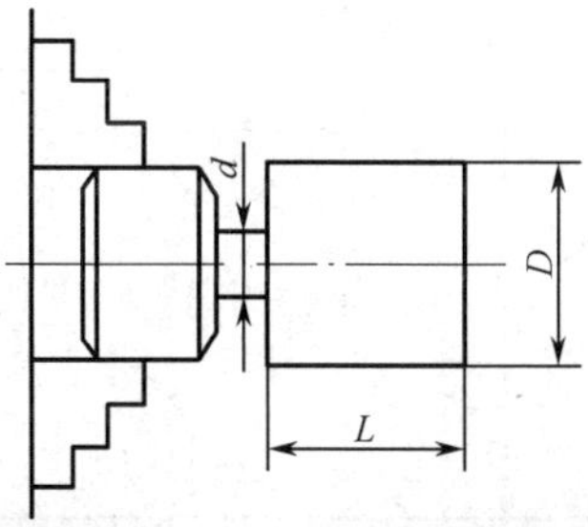 	（1）先车圆球直径 D 和柄部直径 d，以及圆球部分的长度 L，并留精车余量 0.2～0.3mm

续表

内　容	图　示	说　明
单球手柄的车削	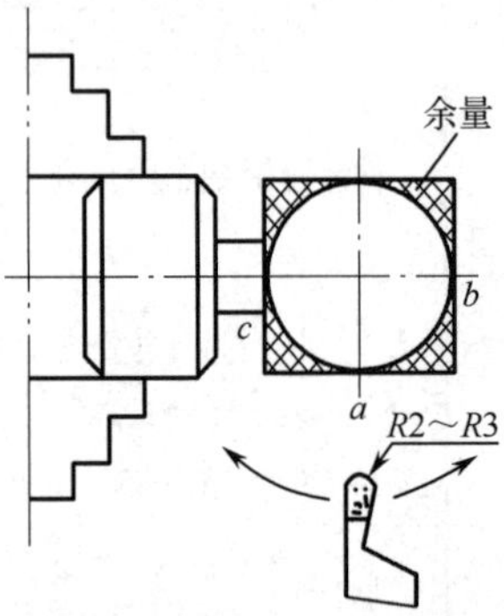	（2）用半径为 $R2\sim R3$mm 的圆头车刀分别从 a 点向左（c 点）、向右（b 点）方向逐步把余量车去
	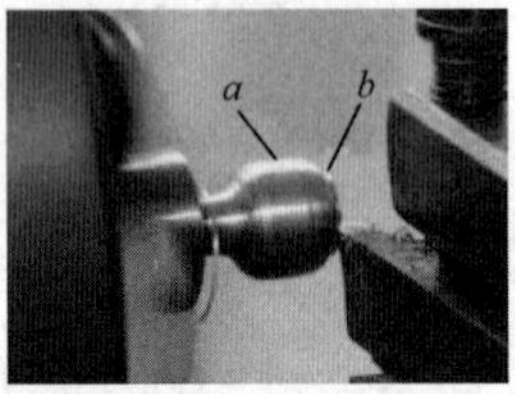	（3）双手控制法从 a 点向右（b 点）方向逐步把余量车去
		（4）双手控制法从 a 点向左（c 点）方向逐步把余量车去
	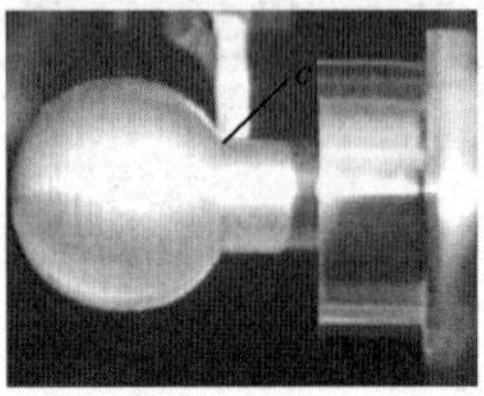	（5）在 c 点处用切断刀进行清角

三、表面抛光

由于双手控制法为手动进给车削，尤其是双手同时进给车成形面时，工件表面不可避免地留下高低不平的刀痕，因此必须用细齿纹的平锉来修光，再用砂布进行抛光。用砂布或砂纸磨光工件表面的过程称为抛光。

在车床上抛光通常采用锉刀修光和砂布抛光两个过程。

1．锉刀修光

锉刀修光如表 7-2-2 所示。

2．砂布抛光

砂布抛光如表 7-2-3 所示。

表 7-2-2　锉刀修光

内　容	图　例	说　明
锉刀	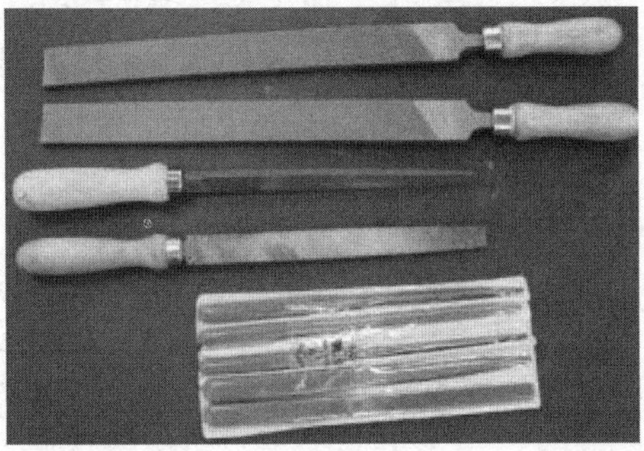	修光用的锉刀常用细齿纹的平锉（又称板锉）和整形锉（旧称什锦锉），或特细齿纹的油光锉 修光时的锉削余量一般为 0.01～0.03mm
握锉方法	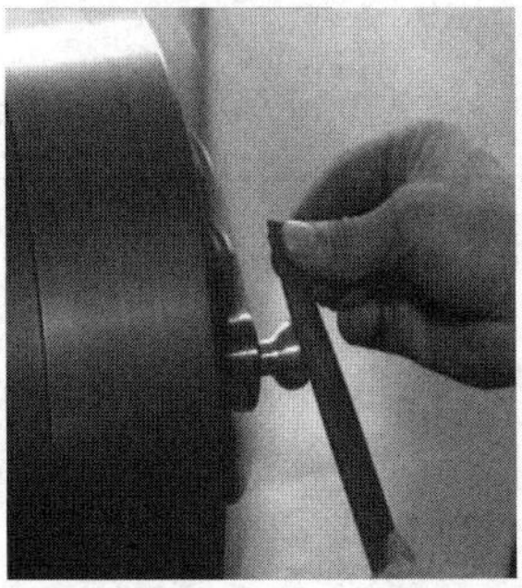 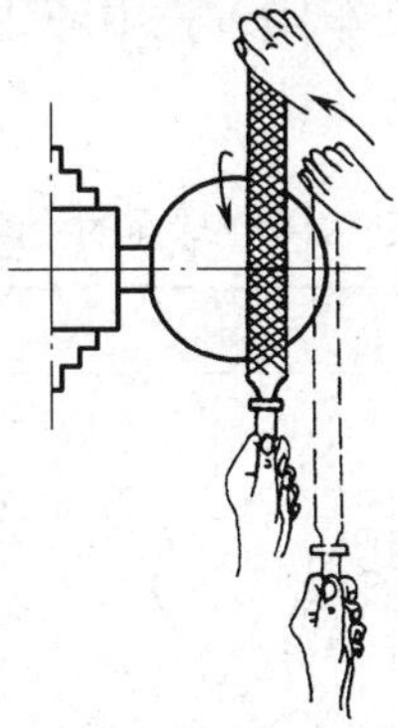	在车床上用锉刀修光时，为保证安全，最好用左手握住锉柄，右手扶锉刀前端进行锉削修光

表 7-2-3　砂布抛光

内　容	图　示	说　明
砂布		工件表面经过精车或锉刀修光后，如果表面粗糙度还不够小，可用砂布进行抛光 抛光时常用的细粒度砂布有 0 号或 1 号。砂布越细，抛光后获得的表面粗糙度就越小
抛光外表面的方法	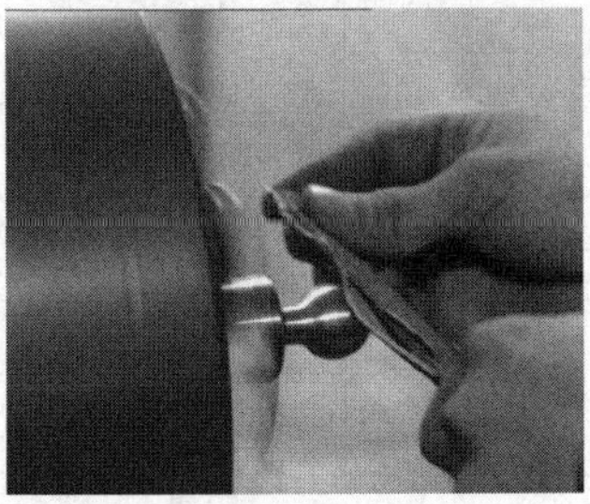	（1）把砂布垫在锉刀下面进行抛光

续表

内容	图示	说明
抛光外表面的方法	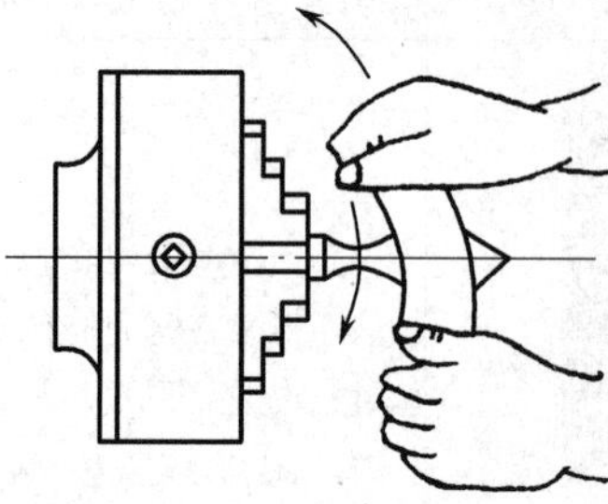	（2）用双手直接捏住砂布两端，右手在前、左手在后进行抛光 抛光时，双手用力不可过大，防止砂布因摩擦过度而被拉断

四、成形面的检测

为保证成形面的外形尺寸正确，在车削过程中应边车削边检测。检测圆球的常用方法如表 7-2-4 所示。

表 7-2-4　球面的检测

检测方法	图示	说明
用样板检查	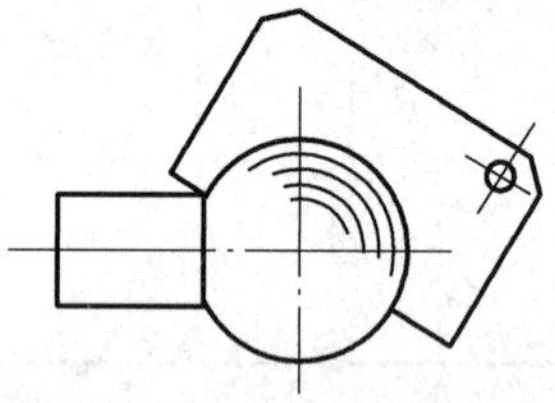 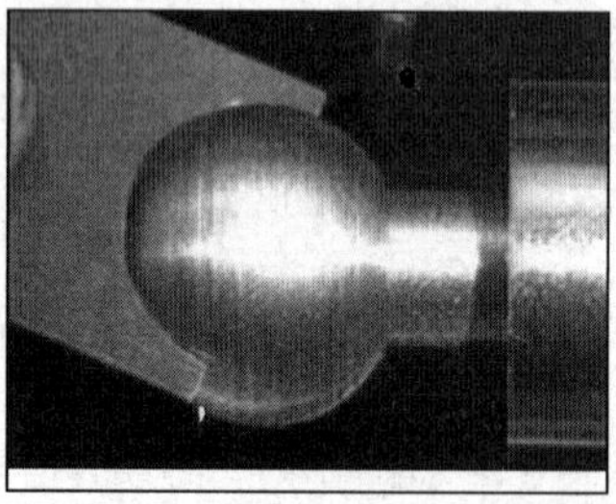	样板应对准工件中心，观察样板与工件间隙的大小，并根据间隙情形进行修整，最终使样板与工件成形面轮廓全部重合方可
用半径样板检查	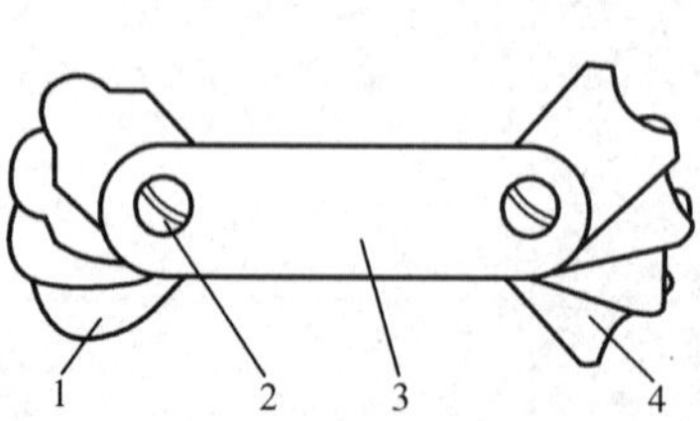 1—凸形样板；2—螺钉或铆钉；3—保护板；4—凹形样板	半径样板又称为半径规，是一种具有不同半径的标准圆弧薄钢片，是成组供应的 用比较法依次以不同半径尺寸的样板与被检测的工件圆弧套合，当密合一致无光隙或光隙最小时，该半径样板的尺寸即为被检测圆弧的半径尺寸 使用半径样板时，应防止圆弧边缘碰撞损坏，使用完毕应擦净，涂上防锈油，收回到保护板内

续表

检测方法	图 示	说 明
用千分尺检测圆球	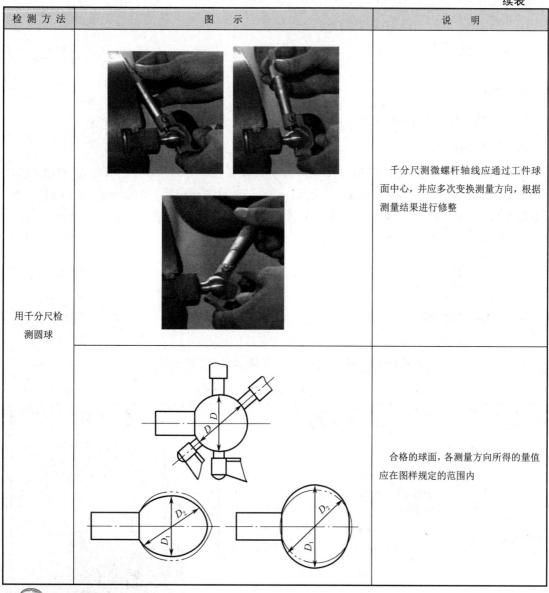	千分尺测微螺杆轴线应通过工件球面中心,并应多次变换测量方向,根据测量结果进行修整
		合格的球面,各测量方向所得的量值应在图样规定的范围内

任务实施

一、工艺分析

（1）成形面一般不能作为工件的装夹表面,所以车削带有成形面的工件时,应安排在粗车之后、精车之前进行；也可以在一次装夹中车削完成。车削数量较少,故车削橄榄球时,可采用一夹一顶的装夹方法。

（2）车削橄榄球时采用双手控制法,可用圆弧形的沟槽车刀。

（3）橄榄球修整时用锉刀及砂布。

（4）橄榄球的尺寸精度检测可用样板和千分尺。

二、准备工作

1．工件毛坯

检查毛坯尺寸：ϕ25mm×135mm。材料：45号钢。数量：2件/人。

2．工艺装备

需要准备90°车刀（粗、精车刀）、45°车刀、圆弧刃车刀、车槽刀、中心钻、细齿纹的平锉、1号或0号砂布、(0~25mm) 千分尺、(25~50mm) 千分尺、0.02mm/(0~150)mm 的游标卡尺、万能角度尺、钢板尺、半径样板。

3．设备

CA6140车床。

三、操作步骤

加工图7-2-1所示的橄榄球手柄的具体操作步骤如表7-2-5所示。

表7-2-5　橄榄球手柄的车削步骤

步　骤	车削内容	图　示
1．刃磨、装夹圆弧刃车刀	（1）圆弧刃车刀的刃磨与刃磨90°车刀刀尖圆弧的方法基本相同 （2）同车槽刀的装夹要求 （3）把圆弧刃车刀的圆弧刃中点位置看作刀尖，应装得与工件轴线等高或稍高	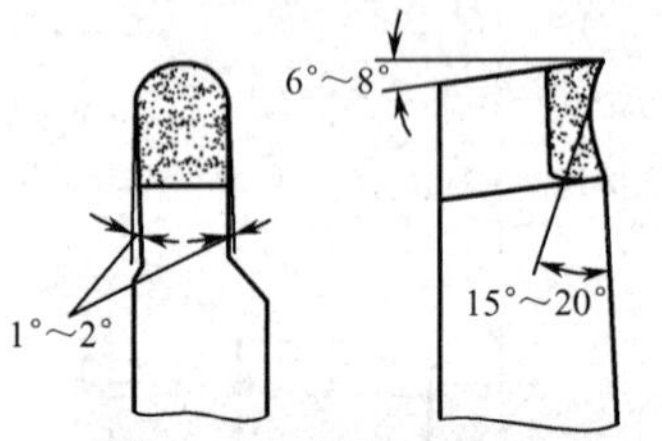  弧形沟槽车刀
2．找正、夹紧毛坯	用三爪自定心卡盘装夹，伸出长度为110mm，找正、夹紧毛坯外圆	

续表

步　　骤	车削内容	图　　示
3. 钻中心孔	切削速度选 v_c=8～10m/min，用 A3/5mm 中心钻钻中心孔	
4. 粗车各外圆	（1）选主轴转速为 800r/min，背吃刀量为 1～2mm，进给量为 0.20mm/r （2）粗车外圆ϕ24mm，长 100mm；ϕ16mm，长 45mm；ϕ10mm，长 20mm。各处均留精车余量约 0.3mm	
5. 车定位槽	（1）选主轴转速为 500r/min，背吃刀量为 1～2mm，进给量为 0.20mm/r （2）从外圆的阶台面量起，长 17.5mm 处为中心线，用圆弧刃车刀车出ϕ12.5mm 的定位槽	
6. 车削凹圆弧面	（1）选主轴转速为 500r/min，背吃刀量为 1～2mm （2）从ϕ16mm 外圆的阶台面量起，大于 5mm 处开始，用圆弧刃车刀向ϕ12.5mm 定位槽处移动，车削 R40mm 的圆弧面	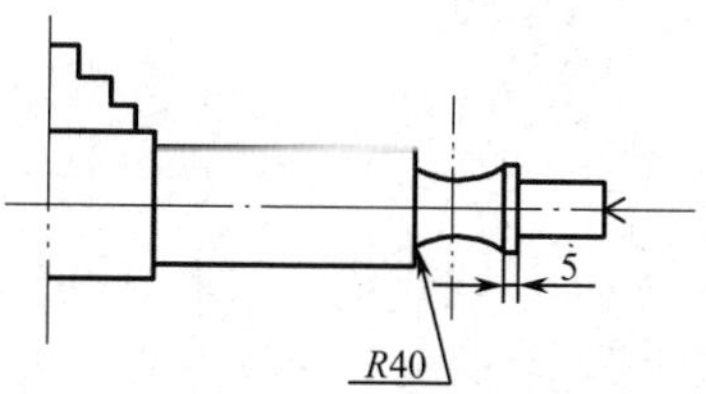

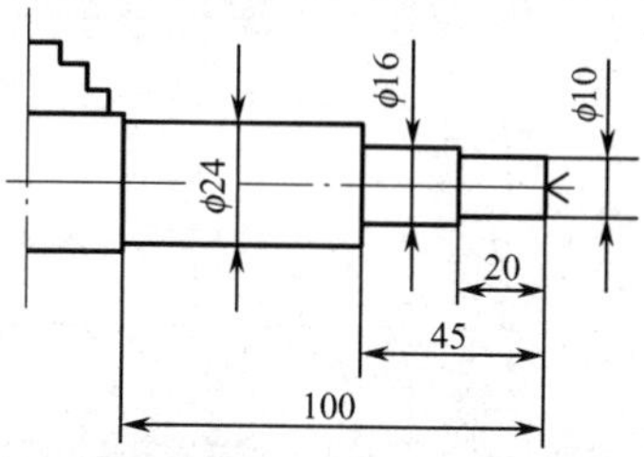

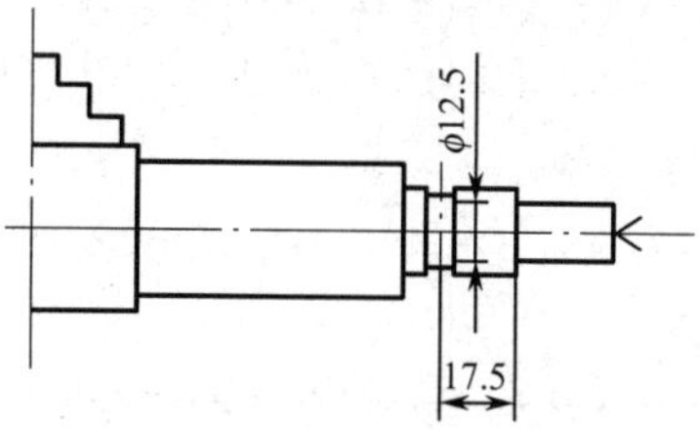

续表

步骤	车削内容	图示
7. 车凸圆弧面及外圆	（1）选主轴转速为 500r/min，背吃刀量为 1～2mm （2）从 ϕ16mm 外圆的阶台面量起，长 49mm 处为中心线，在外圆上向左、右方向车 R48mm 圆弧面 （3）精车 ϕ10±0.018mm，长 20mm 至尺寸要求，车 ϕ16mm 外圆 （4）用锉刀修整 （5）选主轴转速为 900～1120r/min，砂布抛光 （6）松开顶尖，用圆头车刀车 R6mm 圆弧面，并切下工件	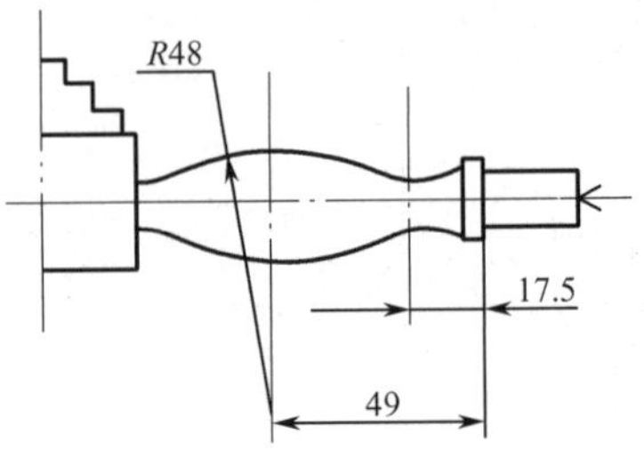
8. 修整圆弧面	（1）调头，夹持外圆 ϕ24mm（垫铜皮），找正并夹紧 （2）选主轴转速为 800r/min，用锉刀修整 R6mm 圆弧面 （3）选主轴转速为 900～1120r/min，用砂布抛光	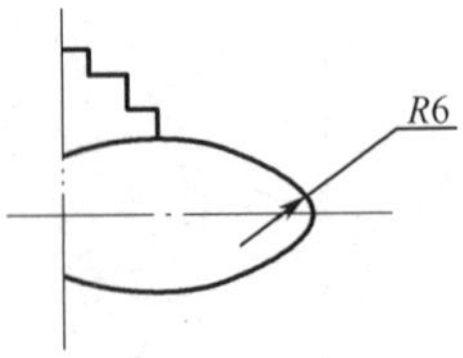
9. 检查	用专用样板检查橄榄球手柄	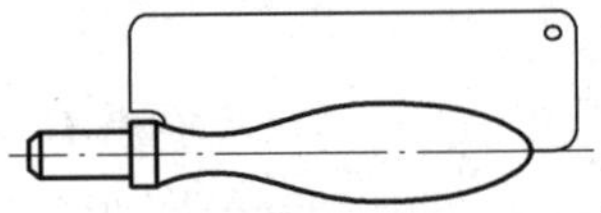

操作提示：

双手控制法

（1）双手控制法的操作关键是双手配合要协调、熟练。要求准确控制车刀切入深度，防止将工件局部车小。

（2）装夹工件时，伸出长度应尽量短，以增强其刚度。若工件较长，可采用一夹一顶的方法装夹。

（3）为使每次接刀过渡圆滑，应采用主切削刃为圆头的车刀。

（4）车削成形面时，车刀最好从成形面高处向低处递进。为了增加工件刚度，先车离卡盘远的一段成形面，后车离卡盘近的成形面。

（5）用双手控制法车削复杂成形面时，应将整个成形面分解成几个简单的成形面逐一加工。

（6）无论分解成多少个简单的成形面，其测量基准都应保持一致，并与整体成形面的基准重合。

（7）对于既有直线又有圆弧的曲线，应先车直线部分，后车圆弧部分。

锉刀修光和砂布抛光

（1）锉削修整时，不准用无柄锉刀，且应注意操作安全。

（2）操作时，应左手握锉刀柄，右手握锉刀前端，以免卡盘勾衣伤人。

（3）锉削修光时，应合理选择锉削速度。锉削速度不宜过高，否则容易造成锉齿磨钝；锉削速度过低则容易把工件锉扁。

(4)要努力做到轻缓均匀:推锉的力量和压力不可过大或过猛,以免把工件表面锉出沟纹或锉成节状等;推锉速度要缓慢(一般为40次/min左右)。

(5)要尽量利用锉刀的有效长度。同时,锉刀纵向运动时,注意使锉刀平面始终与成形表面各处相切,否则会将工件锉成多边形等不规则形状。

(6)进行精细修锉时,除选用油光锉外,可在锉刀的锉齿面上涂一层粉笔末,并经常用铜丝刷清理齿缝,以防锉屑嵌入齿缝而划伤工件表面,如图7-2-3所示。

(7)用砂布抛光工件时,应选择较高的转速,并使砂布在工件表面来回缓慢而均匀地移动。

(8)在最后精抛光时,可在砂布上加些机油或金刚砂粉,这样可以获得更好的表面质量,如图7-2-4所示。

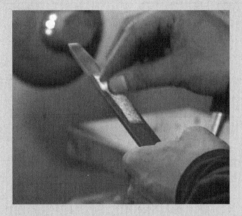
图 7-2-3 在锉刀锉齿面上涂粉笔末

图 7-2-4 在砂布上加些机油

四、结束工作

每位同学完成一件后,卸下工件,仔细测量是否符合图样要求,对工件进行评价。车成形面比车圆锥更易产生废品,其废品种类、产生的原因及预防措施如表7-2-6所示。

表 7-2-6 双手控制法车成形面时产生废品的原因及预防措施

废品种类	产生原因	预防措施
轮廓不正确	用双手控制法车削时,纵、横向进给配合不协调	加强车削练习,使左、右手的纵、横向进给速度配合协调
表面粗糙度达不到要求	(1)与"车轴类工件时,表面粗糙度达不到要求的原因"相同 (2)材料切削性能差,未经预备热处理,车削困难 (3)产生积屑瘤 (4)切削液选用不当 (5)车削痕迹较深,抛光未达到要求	(1)与"车轴类工件时,表面粗糙度达不到要求的预防措施"相同 (2)对工件进行预备热处理,改善切削性能 (3)控制积屑瘤的产生,尤其是避开产生积屑瘤的切削速度 (4)正确选用切削液 (5)先用锉刀粗、精修整,再用粗、细砂布抛光

每位同学完成操作后，卸下工件，仔细测量，看是否符合图样要求，填写橄榄球手柄的评分表（见表 7-2-7）。

表 7-2-7　橄榄球手柄的评分标准

序号	考核项目	考核内容及要求	配分	评分标准	检测结果	得分
1	外圆	$\phi 10\pm 0.018$mm	8	超差不得分		
2		$\phi 16$mm（未注公差按 GB/T 1804—2000）	3	超差不得分		
3		表面粗糙度 $Ra1.6\mu m$（2 处）	12	不符合要求不得分		
4	成形面	$\phi 12$mm，$\phi 24$mm（未注公差按 GB/T 1804—2000）	6	超差不得分		
5		曲线轮廓流线顺畅	6	目测检查，不符合要求不得分		
6		曲线尺寸 $R40$mm、$R48$mm、$R6$mm	15	专用样板检查，不符合要求不得分		
7		表面粗糙度 $Ra1.6\mu m$	10	不符合要求不得分		
8		不得有刀痕	4	不符合要求不得分		
9	长度	5mm、20mm、49mm、96mm（未注公差按 GB/T 1804—2000）	12	超差不得分		
10		表面粗糙度 $Ra6.3\mu m$（2 处）	4	不符合要求不得分		
11	锐角倒钝	轴向尺寸 0.3mm（2 处）	5	超差不得分		
12		角度 45°（2 处）	5	不符合要求不得分		
13	工具设备的使用与维护	正确、规范地使用工具、量具、刃具，合理保养及维护工具、量具、刃具	5	不符合要求酌情扣分		
		正确、规范地使用、保养及维护设备		不符合要求酌情扣分		
		操作姿势、动作正确		不符合要求酌情扣分		
14	安全及其他	安全文明生产，按国家颁发的有关法规或企业制定的有关规定	5	不符合要求酌情扣分，发生较大事故者取消考试资格		
		操作、工艺规程正确		不符合要求酌情扣分		
		试件局部无缺陷		不符合要求从总分中扣 1～10 分		
15	完成时间	360min		超过 5 分钟，扣 10 分；超过 20 分钟，不合格		
	指导教师评价	指导教师：		年　月　日		

课后小结

（根据实操完成情况进行小结）

任务 7-3 在三爪自定心卡盘上车偏心工件

 **学习目标**

（1）正确区分偏心工件、偏心轴、偏心套和偏心距。
（2）确定在三爪自定心卡盘上车偏心工件时的垫片厚度。
（3）具备在三爪自定心卡盘上车偏心轴的技能。
（4）具备在三爪自定心卡盘上、在 V 形架上检测偏心距的技能。

问题与思考

之前所学皆要求工件加工部位与机床的回转中心同轴，有没有一类工件的加工部位是与工件轴线不同轴的呢？这种与工件回转中心不同轴的工件能在车床上加工吗？若能，怎样加工呢？

工作任务

将 $\phi 35mm \times 40mm$ 的毛坯加工成如图 7-3-1 所示的形状和尺寸。

应根据工件的数量、形状、偏心距的大小和精度要求相应地采用不同的装夹方法，如在三爪自定心卡盘上、四爪单动卡盘上和用两顶尖装夹车偏心轴。

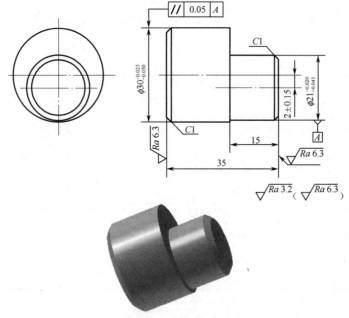

图 7-3-1 偏心轴

 **预备知识**

一、在三爪自定心卡盘上车偏心工件的方法

在三爪自定心卡盘的任意一个卡爪与工件基准外圆柱面（已加工好）的接触部位之间，

垫上一片预先选好厚度的垫片，使工件的轴线相对车床主轴轴线产生等于工件偏心距 e 的位移，夹紧工件后，即可车削，如图 7-3-2 所示。

二、选择垫片厚度

垫片厚度 x 可用下面的近似公式计算：

$$x=1.5e+k \quad (7\text{-}1)$$
$$k\approx 1.5\Delta e \quad (7\text{-}2)$$
$$\Delta e=e-e_{测} \quad (7\text{-}3)$$

式中　x——垫片厚度（mm）；
　　　e——工件偏心距（mm）；
　　　k——偏心距修正值，其正负值按实测结果确定（mm）；
　　　Δe——试切后，实测偏心距误差（mm）；
　　　$e_{测}$——试切后，实测偏心距（mm）。

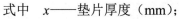

图 7-3-2　在三爪自定心卡盘上车偏心件

【例 7-1】　车削偏心距 $e=2$mm 的工件，试用近似公式计算垫片厚度 x。

解：（1）先不考虑修正值，按近似公式计算垫片厚度 x 为

$$x=1.5e=1.5\times 2=3\text{（mm）}$$

（2）垫入 3mm 厚的垫片进行试车削，试车后检查其实际偏心距 $e_{测}$。如实测偏心距为 2.04mm，则偏心距误差 Δe 为

$$\Delta e=e-e_{测}=2-2.04=-0.04\text{（mm）}$$

（3）计算偏心距修正值 k 为

$$k\approx 1.5\Delta e=1.5\times(-0.04)=-0.06\text{（mm）}$$

（4）修正垫片厚度 x 为

$$x=1.5e+k=1.5\times 2+(-0.06)=2.94\text{（mm）}$$

三、偏心距的检测

偏心距的检测如表 7-3-1 所示。

表 7-3-1　偏心距的检测

游标卡尺	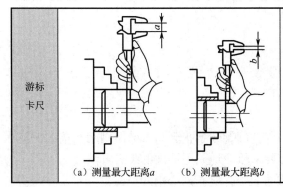 （a）测量最大距离 a　（b）测量最大距离 b	用精度值为 0.02mm 的游标卡尺（或深度游标卡尺）检测两外圆间的最大距离和最小距离，其差值的一半为偏心距 e，即 $$e=\frac{1}{2}(a-b)$$

续表

用百分表	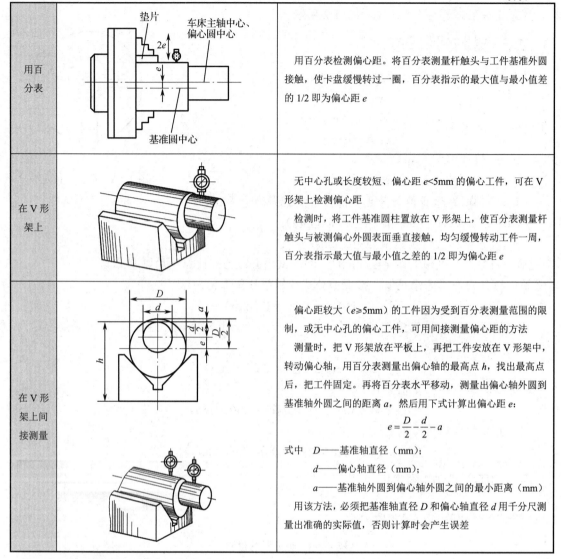	用百分表检测偏心距。将百分表测量杆触头与工件基准外圆接触,使卡盘缓慢转过一圈,百分表指示的最大值与最小值差的 1/2 即为偏心距 e
在V形架上		无中心孔或长度较短、偏心距 $e<5mm$ 的偏心工件,可在V形架上检测偏心距 检测时,将工件基准圆柱置放在V形架上,使百分表测量杆触头与被测偏心外圆表面垂直接触,均匀缓慢转动工件一周,百分表指示最大值与最小值之差的 1/2 即为偏心距 e
在V形架上间接测量		偏心距较大($e \geq 5mm$)的工件因为受到百分表测量范围的限制,或无中心孔的偏心工件,可用间接测量偏心距的方法 测量时,把V形架放在平板上,再把工件安放在V形架中,转动偏心轴,用百分表测量出偏心轴的最高点 h,找出最高点后,把工件固定。再将百分表水平移动,测量出偏心轴外圆到基准轴外圆之间的距离 a,然后用下式计算出偏心距 e: $$e = \frac{D}{2} - \frac{d}{2} - a$$ 式中 D——基准轴直径(mm); d——偏心轴直径(mm); a——基准轴外圆到偏心轴外圆之间的最小距离(mm) 用该方法,必须把基准轴直径 D 和偏心轴直径 d 用千分尺测量出准确的实际值,否则计算时会产生误差

**任务实施**

一、工艺分析

(1)车削偏心的基本原理:把所要加工偏心部分的轴线找正到与车床主轴轴线重合,但应根据工件的数量、形状、偏心距的大小和精度要求相应地采用不同的装夹方法。

(2)车削偏心轴的关键技术是如何保证轴线间的平行度和偏心距的精度。

(3)偏心工件可以在车床上用三爪自定心卡盘、四爪单动卡盘和用两顶尖装夹进行车削。在成批生产或偏心距精度要求较高时,则采用专用偏心夹具装夹车削。

（4）在三爪自定心卡盘上车偏心工件，适用于偏心距 e 精度一般、长度较短、形状较简单、加工数量较多且偏心距 $e \leqslant 6$mm 的短偏心工件。

（5）图 7-3-1 所示的偏心轴，$\phi 22_{-0.041}^{-0.020}$mm 的外圆和 $\phi 32_{-0.050}^{-0.025}$mm 外圆的轴线相互平行但不相重合，有 2±0.15mm 的偏心距要求，可用在三爪自定心卡盘的卡爪上垫垫片的方法来车削。

（6）本任务的关键是如何选择垫片的厚度以保证图中所要求的 $e=(2±0.15)$mm 偏心距。

二、准备工作

1．工件

检查毛坯尺寸：$\phi 40$mm×70mm。材料：45 号钢。数量：1 件。

2．工艺装备

需要准备三爪自定心卡盘、45°车刀、90°车刀、切断刀、25～50mm 千分尺、游标卡尺、0～10mm 百分表及磁性表座、5.85 mm 厚的弧形垫片等。

3．设备

CA6140 车床。

三、车削偏心轴的操作步骤

车削偏心轴的操作步骤如表 7-3-2 所示。

表 7-3-2　车削偏心轴的操作步骤

步骤	操作内容	图例
1．车削偏心轴左端	（1）在三爪自定心卡盘上夹持毛坯外圆，伸出长度为 50mm 左右，找正并夹紧 （2）用 45°车刀车平端面 （3）粗车、精车 $\phi 30_{-0.050}^{-0.025}$mm 外圆，长 40mm	

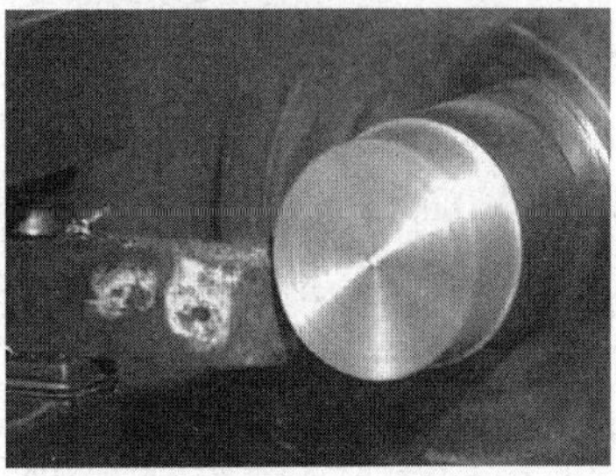

续表

步骤	操作内容	图例
1. 车削偏心轴左端	（4）倒角 $C1$mm	
2. 切断，保证总长	（1）切断，保留长度36mm	
	（2）车另一端面，保证总长35mm	
3. 车偏心外圆	（1）选择垫片厚度为3mm，并垫在三爪自定心卡盘的任一卡爪上，将工件初步夹住	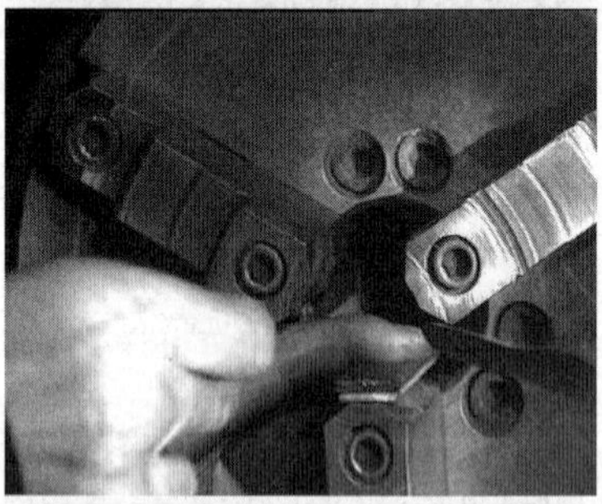
	（2）用百分表检查工件外圆侧素线与车床主轴轴线是否平行，使工件轴线不能歪斜，从而保证外圆与偏心轴轴线的平行度，校正完毕并夹紧	

续表

步 骤	操作内容	图 例
3. 车偏心外圆	（3）用百分表检测偏心距	
	（4）粗车$\phi 21_{-0.041}^{-0.020}$ mm 偏心外圆，留精车余量 0.5mm，保证长度 14.5mm	
	（5）精车偏心$\phi 21_{-0.041}^{-0.020}$ mm 外圆，长度保证 15mm	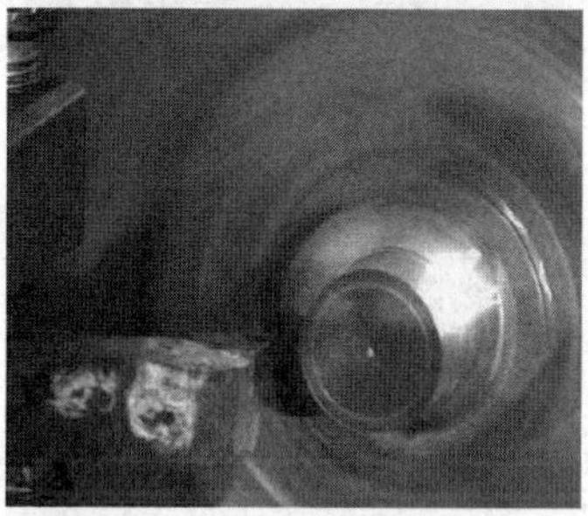
4. 检测	检测工件$\phi 21_{-0.041}^{-0.020}$ mm 外圆和长度 15mm	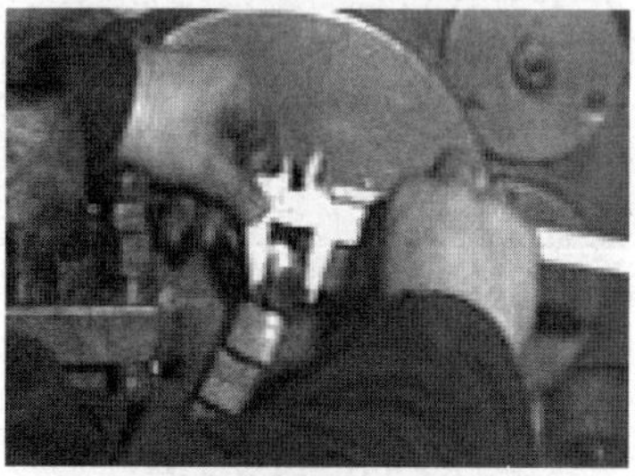
5. 倒角，并卸下完工工件	外圆倒角 C1mm，并卸下完工工件	

> **操作提示：**
>
> （1）应选择具有足够硬度的材料做垫片，以防装夹时发生挤压变形。垫片与卡爪接触的一面应做成与卡爪圆弧相匹配的圆弧面，否则垫片与卡爪之间会产生间隙，造成偏心距误差。
>
> （2）装夹工件时，工件轴线不能歪斜，以免影响加工质量。调整偏心距后仍要重新找正外圆侧素线与车床主轴轴线的平行度。
>
> （3）车偏心工件时，建议选用高速钢车刀车削，垫垫片的卡爪应做好标记。
>
> （4）开始车偏心时，由于偏心部分两边的切削量相差很多，车刀应先远离工件后再启动主轴。车刀刀尖从偏心的最外一点逐步切入工件进行车削，这样可有效防止工件碰撞车刀。
>
> （5）粗车偏心圆柱面是在光轴的基础上进行车削的，加工余量极不均匀，且为断续切削，会产生一定的冲击和振动。因此，外圆车刀应采取负刃倾角；刚开始车削时，背吃刀量稍大些，进给量要小些。

四、结束工作

1．自检与评价

每位同学完成一件后，卸下工件，仔细测量是否符合图样要求，填写车偏心轴的评分表，对车削工件进行评价。

2．质量分析

针对自己出现的质量问题，分析原因，并找出改进措施。

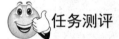**任务测评**

每位同学完成操作后，卸下工件，仔细测量，看是否符合图样要求，填写车偏心轴评分表（见表 7-3-3）。

表 7-3-3 车偏心轴评分标准

序号	考 核 项 目	考核内容及要求	配分	评 分 标 准	检测结果	得分
1	外径	$\phi 30_{-0.050}^{-0.025}$ mm	8	超差不得分		
2		$\phi 21_{-0.041}^{-0.020}$ mm	8	超差不得分		
3	表面粗糙度	$Ra3.2\mu m$（3 处）	3×3	超差不得分		
4		$Ra6.3\mu m$（两处）	2×2	超差不得分		
5	偏心距	2±0.15mm	19	超差酌情扣分		
6	长度尺寸	15mm	5	超差不得分		
7		35mm	5	超差不得分		
8	平行度公差	∥ 0.05 A	10	超差酌情扣分		
9	倒角	C1mm（两处）	1×2	超差不得分		

续表

序号	考核项目	考核内容及要求	配分	评分标准	检测结果	得分
10	工具、设备的使用保养与维护	正确、规范使用工具、刃具；合理保养、维护工量、刃具	5	不符合要求酌情扣分		
11		正确、规范使用设备，合理保养及维护设备	5	不符合要求酌情扣分		
12	安全文明生产	操作姿势正确、动作规范	5	不符合要求酌情扣分		
13		符合车工安全操作规程	15	不符合要求酌情扣分		
14	完成时间	150分钟内完成		超时酌情倒扣分		
指导教师评价		指导教师：　　　　　年　月　日				

课后小结

（根据实操完成情况进行小结）

参 考 文 献

[1] 彭德荫. 车工工艺与技能训练[M]. 北京：中国劳动社会保障出版社，2001.
[2] 王公安. 车工工艺与技能[M]. 北京：中国劳动社会保障出版社，2010.
[3] 史巧凤. 车工技能训练（第五版）[M]. 北京：中国劳动社会保障出版社，2014.